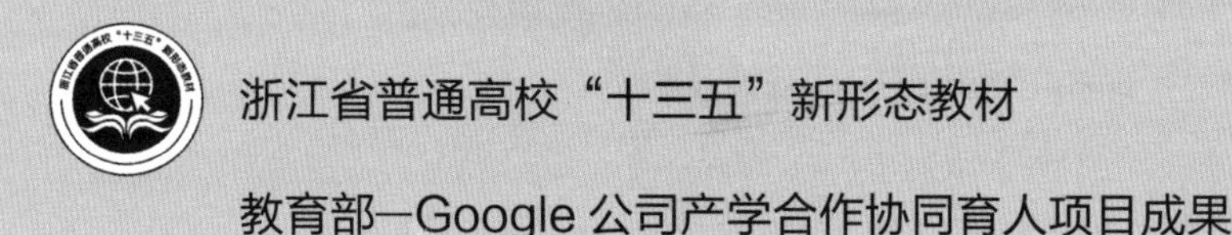

浙江省普通高校“十三五”新形态教材

教育部—Google公司产学合作协同育人项目成果

App Inventor

——零基础Android移动应用开发

吴明晖 编著

高等教育出版社·北京

内容提要

本书以Android的图形化、积木式编程软件 App Inventor 2中文版为载体，从编程零起点开始，通过一个虚拟的主角“小机器人安安”串起一系列精心设计的趣味案例。每章均以一个案例引导，一方面介绍App Inventor的编程方法和技巧，另一方面体现相关程序设计思想。通过对案例的演示和开发过程分析，由浅入深、系统化、渐进式地引出相关知识点，达到激发学生兴趣和创意，掌握App Inventor移动应用开发技能，增强计算思维能力培养的目标。

本书内容丰富，应用性和趣味性强，是作者多年来在App Inventor领域教学研究成果的系统化凝练。本书配有多媒体课件、案例素材和源代码等教学资源，免费向任课教师提供。与本书配套的慕课（MOOC）课程已经上线开课多轮，广受学员好评，配合MOOC课程可以更好地进行教学和学习。

本书适合作为高等学校信息类公共基础课程和中学信息技术相关课程的教材，也可作为对移动应用开发感兴趣的科技人员、计算机爱好者及各类自学人员的参考书。

图书在版编目（CIP）数据

App Inventor : 零基础Android移动应用开发 / 吴明晖编著. -- 北京 : 高等教育出版社, 2018.3（2024. 8 重印）
ISBN 978-7-04-049143-2

Ⅰ. ①A… Ⅱ. ①吴… Ⅲ. ①移动终端-应用程序-程序设计 Ⅳ. ①TN929.53

中国版本图书馆CIP数据核字(2017)第317243号

App Inventor：零基础 Android 移动应用开发
App Inventor：Lingjichu Android Yidong Yingyong Kaifa

策划编辑 时 阳　责任编辑 时 阳　封面设计 李卫青　版式设计 张 志
插图绘制 杜晓丹　责任校对 刘丽娴　责任印制 刁 毅

出版发行 高等教育出版社
社 址 北京市西城区德外大街4号
邮政编码 100120
印 刷 涿州市京南印刷厂
开 本 850mm×1168mm 1/16
印 张 18.25
字 数 330千字
购书热线 010-58581118
咨询电话 400-810-0598

网 址 http://www.hep.edu.cn
http://www.hep.com.cn
网上订购 http://www.hepmall.com.cn
http://www.hepmall.com
http://www.hepmall.cn

版 次 2018年 3 月第 1 版
印 次 2024年 8 月第 10 次印刷
定 价 59.00 元

物 料 号 49143-A0

App Inventor
——零基础Android移动应用开发

吴明晖

1 使用计算机访问http://abook.hep.com.cn/187831，或手机扫描二维码，下载并安装Abook应用。
2 注册并登录，进入“我的课程”。
3 输入封底数字课程账号（20位密码，刮开涂层可见），或通过Abook应用扫描封底数字课程账号二维码，完成课程绑定。
4 单击“进入课程”按钮，开始本数字课程的学习。

课程绑定后一年为数字课程使用有效期。受硬件限制，部分内容无法在手机端显示，请按提示通过计算机访问学习。

如有使用问题，请发邮件至abook@hep.com.cn。

平台简介

趣味案例

完整素材

实例应用

http://abook.hep.com.cn/187831

前　言

移动互联网发展迅猛，Android作为发展势头最好的系统平台之一，越来越得到用户的接受和重视。开发Android应用（App）并不一定要富有编程经验的计算机专业人士才行，其实零基础、非专业的学生也完全可以凭兴趣开发出自己的专属App，实现自己的创意梦想。App Inventor是一个基于网络、图形化、积木式的Android App开发环境，它简单易用，无须编写传统文本方式的枯燥代码，而是通过拼装一个个预设好的图形化积木块来实现App开发，避免了复杂的语法错误。所有的开发工作都可以在浏览器中完成，并且能够通过手机进行实时调试，从而使得App的开发变得前所未有的轻松和有趣。通过App Inventor，开发人员可以更加专注于创意的实现，在寓教于乐中自然而然地养成计算思维。

好的教材源于持续不断的教学改革和教学实践，并能体现教学改革的成果。本书作者是国内最早从事App Inventor教学与课程建设者之一。自2012年11月在西安的Google中国教育峰会上开始接触到App Inventor，就深深地被吸引，感觉通过这样一个平台可以更好地促进学生进行编程方面的学习，App Inventor是计算思维培养的一个有力工具。在此之后，作者就开始了App Inventor的学习和教授之路。

2013年7月，受Google公司中国教育合作部委托，作者在杭州市青少年活动中心开始了第一次面向中小学教师的师资培训，当时基于App Inventor 1.0 Beta版平台，以本书案例的第一版为教学案例，进行了为期3天的培训，成效喜人，师生对学习App开发都充满热情。杭州市学生参加App Inventor移动应用开发全国中学生挑战赛的成绩一直非常突出。此后，作者每年都会作为主讲教师进行多次App Inventor的师资培训。

2013年9月，作者作为负责人开始建设Google精品课程“App Inventor —— 零基础Android移动应用开发”，一年后完成建设，并将所有案例、课件开源共享，这也是国内早期较有影响力、系统化的App Inventor课程。

2014年3月，作者开始在中国大学MOOC平台进行SPOC（small private online course，小型私有化在线课程）课程建设与教学，探索线上线下结合和翻转课堂教学方法。

2014年5月，作者作为负责人进行Google创新项目“兴趣引领、案例引导、项目驱动、学赛互促的App Inventor教学探索与实践”研究。

2015年9月，作者受Google公司中国教育合作部委托，开始MOOC（massive

online open course，大规模在线开放课程，中文译为“慕课”）课程建设，课程于2016年5月在网易云课堂平台上线，截至2018年1月，已经完成4轮开课，有10 000多名学员加入本课程的学习。此课程还是Google App Inventor 应用开发全国中学生挑战赛的推荐学习课程。

2015年12月，本课程入选浙江省精品在线开放课程建设项目。

2016年7月，作者作为负责人进行教育部–Google产学合作育人项目“基于MOOC+COOC 的课程建设与SPOC+翻转课堂模式的教学改革实践”研究，开始进一步开展基于本教材内容的教学模式和方法改革。

2016年12月，作者开始进行中国高校计算机教育慕课联盟的面向应用型人才培养的移动互联网应用开发（Android）课程群课程资源建设项目研究。

一本好的教材需要经过多年的教学改革和教学实践。早在2014年9月，Google公司就立项了《App Inventor——零基础Android移动应用开发》的教材出版资助计划。说来惭愧，虽然在2013年就已经有了本书最原始的书稿，应该是国内最早开始撰写的App Inventor教程，但由于种种原因，包括但不限于：App Inventor平台版本的变更（1.0版本是基于Java Applet的，2.0版本改为纯Web形式，两者并不兼容），相关技术平台的变更（例如，本书实例原来采用的百度API Store关闭了免费服务和新用户注册，后来改为采用阿里云），课程建设的持续改进（由于作者一直处于App Inventor的一线教学，也一直在进行教学改革研究，总觉得还有很多待完善补充的地方，不愿匆匆交付出版），教材形态的发展（从传统单一纸质教材向立体化新形态教材转变，增加了更多教学短视频等内容），MOOC课程建设的结合（开始建设MOOC课程后，觉得有必要把教材和MOOC课程结合起来，更加方便读者自主学习），等等诸如此类的众多因素，加上作者略带完美主义的眼光，使得本书的诞生过程稍显漫长。现在市场上已有不少相关图书，内容基本都是案例的堆积，还有不少使用1.0版本的平台和英文软件界面，内容不成体系是普遍问题，并不是特别适合教学使用。作者在这几年间也一直不断接到各校教师催促本教材尽快出版的信息，但本着事情做了就要做好的原则，一直顶着压力不断修改，终于在2018年春得以面世。

本教材以Android的图形化积木式编程软件 App Inventor 2中文版为载体，不要求任何编程基础，从零起点开始，通过案例引导和项目驱动的教学方式，培养学生的计算思维能力，并使其具备基本的Android应用开发能力。在教学内容的选择和组织上，突出Android平台的特点和基于App Inventor开发移动互联应用的主要方法和技能，并融入计算思维培养，教学内容具有鲜明的趣味性和实用性特色。

本教材不以语法和组件的使用细节作为主线来组织教学内容，而是通过一个虚拟的主角“小机器人安安”来串起一系列精心设计的趣味案例。教材中每章均以一个案例引入，一方面介绍App Inventor编程的方法和技能，另一方面体现相关程序设计思想。通过对案例的演示和开发过程分析，由浅入深，逐步引出需要掌握的知识点，达到激发学生兴趣和创意，增强计算思维培养的目标。全书分为11章。

第1章　Android与App Inventor

介绍Android系统和App Inventor开发平台的基本特性，讲述App Inventor 2开发平台的搭建和主要组成模块，让读者对App Inventor有初步的印象。

第2章　安安诞生记

通过“安安机器人”系列第一个App“安安诞生记”一步一步地开发来讲解App Inventor 2的开发环境及从设计、开发到调试、安装的整个开发过程，让读者能够快速地开发和部署第一个Android小应用，对软件开发有直观的初体验。结合这个案例，还将介绍基本的程序设计思想和App Inventor的开发体系结构。

第3章　安安猜价格

以“安安猜价格”为案例展开。“猜价格”是一个比较有趣的小游戏，用户输入所猜测物品的价格，系统会提示猜高了还是猜低了，以及已经猜过的次数。通过这个案例，重点讲述逻辑设计中“控制”模块（条件判断、循环）、“变量”、“数学”、“逻辑”等内置模块的应用，并对一般程序设计中的“数据类型和变量”“运算”“语句与程序结构”等概念进行阐述。

第4章　安安爱画画

以“安安爱画画”为案例，对绘画类App的开发进行讲解。该App具有最基本的绘图功能，可以在画布上画线、画圆、画字或者随意用手指触屏作画，画好后可以保存，并且可以通过RGB配比调色。通过本案例，对画布、球形精灵、滑动条等组件和屏幕触摸、滑动等事件进行讲解分析。本例开始介绍多个屏幕App的开发，讲解多个屏幕间的调用和数据传递。

第5章　安安抓蝴蝶

以“安安抓蝴蝶”小游戏为例，对小游戏App的开发进行讲解。关键点包括动画精灵的移动、触摸检测、定时周期性任务处理、游戏计分规则设计和用户体验等。结合案例的开发，对“列表与数据结构”“命名规则”“注释”“测试与调试”“增量式开发”

等软件开发中的最佳实践进行讨论。

第6章　安安历险记

以“安安历险记”小游戏为例，展示另外一种风格的动画小游戏的开发，包括更加动感的精灵呈现效果、精灵的碰撞检测、使用方向传感器来控制游戏操作、初步的人工智能策略等。重点对程序设计中的过程及人工智能思想进行讲解分析。结合案例的开发，对“过程与参数”进行详细讲解。

第7章　安安的通信小助手

以“安安的通信小助手”小应用为例，主要展示如何在App Inventor中实现短信、电话、数据存储等功能。重点对程序设计中的微数据库、文件等数据持久化方案进行解析。

第8章　安安爱弹琴

以“安安爱弹琴”小应用为例，主要展示如何实现一个Android平台的简单电子琴，主要功能包括不同琴键的发声和弹奏录音、回放功能。案例中采用列表记录弹奏的过程，通过对列表的一些高级用法分析和回放弹奏过程的设计，重点讨论程序设计中的“递归过程”。

第9章　安安爱成语

“安安爱成语”是一个成语接龙的App，可分为单人版和蓝牙联机对战版。要点包括如何从Excel成语词典中读取数万条成语，如何检查输入的是否是成语，如何判断是否符合成语接龙的游戏规则，以及如何进行蓝牙设置、实现蓝牙服务器和客户机的数据通信。文件、列表的高级用法和多机数据通信是本章的要点。

第10章　安安爱旅游

以“安安爱旅游”小应用为例，主要展示旅游中常用的几个场景功能的设计与实现，包括指南针、当前位置信息获取、地图定位、基于网络存储的旅游日记本、拍照等功能。重点对基于位置的服务（LBS）应用和网络数据存储与访问进行讨论。

第11章　安安的股市

以“安安的股市”小应用为例，通过调用Web服务来查询沪深股市行情，展示基于Web API的App开发过程。重点对程序设计中的API和Web服务、JSON格式数据解析进行讲解分析，讨论面向服务的软件开发思想。

附录

附录包括两部分，第一部分介绍如何利用新浪SAE搭建数据网络云存储服务，第二部分介绍如何安装和使用App Inventor的扩展组件。

本书是作者多年来在App Inventor领域教学成果的凝练和体现，是一套宜教易学的立体化新形态教材。配合已经建设的MOOC课程资源，学生可以更方便地随时随地利用碎片化时间进行主动学习，教师也可以尝试新的教学模式和方法，如基于MOOC+SPOC的翻转课堂等。

在使用本书进行教学的过程中，应该强调学生是课堂的主体，教师更多地扮演导师和技术支持的角色，课程不再以教师讲、学生听的模式开展。应强化讨论与指导，每章案例讲授完毕后，教师均应和学生进行一场头脑风暴，通过讨论使学生更好地总结已学知识，激活创新创意，学生的求知欲也会进一步加强。在授课模式上建议采取“理论实验一体式”，即理论课和实验课都在多媒体机房上，边讲边练；或者“集中实训式”，即在假期集中安排1 ~ 2周时间专门讲授该课程。

本书可以针对不同授课对象采用不同授课方案，主要包括：① 作为计算类专业的程序设计课程的部分内容，对原有的程序设计课程进行改造，在程序设计课程前期先讲App Inventor，再讲C语言程序设计等传统程序设计类课程，通过对比式讲解，促进学生对程序设计的理解；② 面向全校开设公共选修课，旨在通过趣味应用开发促进学生养成计算思维，降低学生，尤其是文科类学生对计算机编程的恐惧；③ 面向创意设计类专业学生开设专业选修课，旨在通过简单的图形化积木式开发，触发设计类学生在移动App领域的灵感，让设计作品与科技同步；④ 面向中小学信息技术教师培训和扩展性课程建设，以促进中小学生的计算思维培养和创新科技竞赛项目的发展；⑤ 针对高职院校学生特点，开设App Inventor移动应用开发类课程，实现较低起点的创意激发和应用开发实务。

本书在撰写过程中得到很多朋友的支持和帮助，感谢丁莹和作者共同开发了本书部分案例的最初版本；感谢郑贝佳、朱卓越、章瑜、颜晖等教师参与了本书的文字组织编排和校读工作。此外，还特别感谢在App Inventor教学和推广中结识的新老朋友，包括华南理工大学的李粤博士、美国麻省理工学院（MIT）的李伟华（App Inventor平台的核心开发人员、现Thunkable公司的创始人之一）、Google公司中国教育合作项目部的朱爱民经理和邓倩女士、杭州市青少年活动中心的谢奕女主任、兰州大学的周庆国教授等，以及很多参加过该课程师资培训的教师，他们为本书提出了很多很好的意见和建议。在此，一并向他们表示衷心的感谢！

由于作者水平有限，本书虽几易其稿，不敢轻易交付，但总觉时间仓促，书中难免有欠妥之处，敬请广大读者批评指正。欢迎大家关注微信公众号“AppMOOC”保持沟通交流，新形态教材平台也会持续进行内容更新，相信可以和大家共同推进App Inventor的发展和推广。

作者

2018年1月

目 录 CONTENTS

第1章
Android与App Inventor

Android作为发展势头最好的系统平台之一，越来越得到用户的接受和重视。开发Android的应用程序（简称“应用”，App）并不一定要有丰富编程经验的计算机专业人士才行，其实零基础、非专业的学生也完全可以凭兴趣开发出自己的专属App，实现自己的创意梦想。App Inventor是一个基于网络、图形化积木式的Android App开发环境，它简单易用，无须编写传统枯燥的代码，而是通过拼装一个个预设好的图形化积木块来实现App开发，避免了复杂的语法错误，从而使得软件开发变得前所未有的轻松和有趣。开发人员可以专注于创意的实现，在寓教于乐中培养计算思维。通过本章的学习，读者将了解Android系统和App Inventor开发平台的基本特性，掌握App Inventor 2开发平台的搭建，并初步熟悉App Inventor 2开发环境。

本章要点

（1）了解Android。
（2）了解App Inventor。
（3）访问并注册App Inventor 2开发网站。
（4）初步了解App Inventor 2开发环境。

教学课件
第1章教学课件

微视频
Android简介

1.1 Android平台简介

Android是由Google（谷歌）公司和开放手机联盟共同开发的一款基于Linux的开放源代码操作系统，主要用于移动设备，如智能手机和平板电脑等。Android英文单词的本意为“机器人”，因此Android系统的代表形象也是一个小机器人，国内一般把Android翻译为“安卓”。2003年10月，安迪·鲁宾（Andy Rubin）等人创建了Android公司并组建了Android团队；2005年8月被Google公司收购。2007年11月，Google公司与84家硬件制造商、软件开发商及电信运营商组建开放手机联盟，共同研发、改良Android系统。随后，Google公司以Apache开源许可证的授权方式发布了Android的源代码。第一部Android智能手机发布于2008年10月。Android逐渐扩展到平板电脑及其他领域，如智能电视、智能手表等。2011年第一季度，Android在全球的市场份额首次超过塞班系统，跃居全球第一。2013年第四季度，Android平台手机的全球市场份额已经达到78.1%。2015年9月30日，Google公司CEO Sundar Pichai在新品发布会上表示，全球Android设备数量已达14亿台。2017年5月Gartner公司的数据显示，Android智能手机市场的占比高达86.1%。

Android系统的快速发展和它具有的自身特点和优势是分不开的，其主要特点和优势如下。

1. 开放性

开放性是Android平台的优势，开放的平台允许任何移动终端厂商加入Android联盟，非常有利于用户、开发者、平台提供商和硬件厂商的参与，显著地推动了Android产业链的完善和发展。同时，软件开发者也有了更多的选择，可以采用众多的第三方支持技术，快速实现及部署应用程序。

2. 丰富的硬件选择

这一点还是与Android平台的开放性相关。由于Android的开放性，众多厂商推出了千奇百怪、各具功能特色的产品。Google IO 2011上推出了ADK（accessory development kit），使得扩展Android外设又前进了一大步，通过ADK用户可以控制能通过USB、蓝牙等接入的任何设备，为用户提供了足够的想象空间和可能性。

3. 开发商不受任何限制

Android平台为第三方开发商提供了一个十分自由的环境，使得开发商不会受到各种条条框框的限制，能够极大地促进各类新软件的诞生。而且市集式的应用程序发布模式使单个的开发团队和大型开发公司有了相同的机会获得消费者，因此创意的快速实现和发布显得非常重要。

4. 无缝集成互联网服务

如今，叱咤互联网的Google公司已经走过十多年历史。从搜索巨人到全面的互联网渗透，Google服务如联系人、地图、邮件、搜索等已经成为连接用户和互联网的重要纽带，Android平台手机可以无缝集成这些优秀的Google服务。而且由于其开放性和快速提升的市场占有率，几乎所有主流的互联网服务商都尝试将主流服务集成到Android平台上，更多的互联网提供商甚至通过深度定制Android平台推出自己的云服务终端。Android各版本的logo图标如图1.1所示。

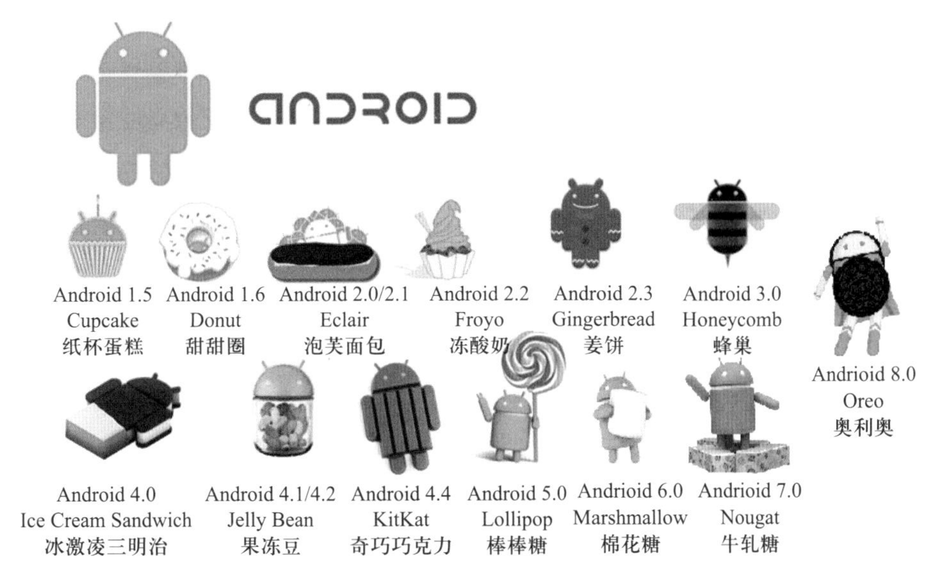

图 1.1　Android各版本的logo图标

1.2　App Inventor简介

微视频
App Inventor简介

App Inventor是用来开发Android应用程序的平台，可以在多种浏览器中使用，例如Safari、Firefox、Chrome等（不支持IE浏览器），支持Mac OS X、GUI/Linux、Windows等操作系统。

同时，App Inventor是通过网络进行设计的，因此所有的设计方案存储在云端服务器中，方便用户通过任何一台计算机进行设计。

App Inventor主要有三大作业模块。

（1）组件设计器（designer）：主要作用是界面设计、组件布局与组件属性设定。

（2）逻辑设计器（blocks）：主要作用是通过搭建积木块的方式，将封装好的程序代码进行连接，可以操作不同属性的元素组件、行为组件和函数组件等模块进行“程序设计”，当然这些操作都不涉及传统文本方式的编码。

（3）模拟器（emulator）：在没有Android设备时，可以用模拟器进行应用测试，但模拟器在部分功能上（如加速度传感器等）无法提供测试。

App Inventor 2可以在几分钟之内就构建完成一个小应用程序，组件编辑和逻辑编辑工作都可以完全在浏览器中进行，并且能够实现实时测试。

1.3 用App Inventor开发App的过程

采用App Inventor进行App开发大大降低了技术门槛，开发者可以更好地实现他们的创意和创新思想。一般的App开发过程如图1.2所示，是一个围绕创意构思的循环迭代开发过程。

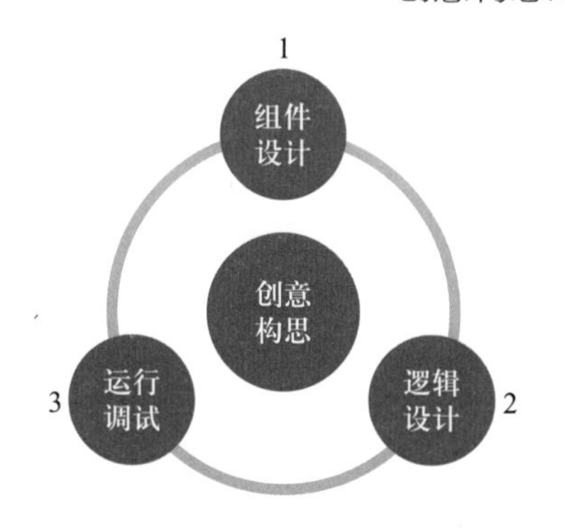

图1.2 采用App Inventor开发App的过程

（1）首先要有构思，这个App具有什么样的功能？外观界面是什么样的？怎样和使用者交互？具有什么样的行为？

例如，开发一个涂鸦画板的App，实现如下功能。

① 有一面涂鸦墙，可以直接通过触摸屏幕作画。

② 可以选不同的画笔颜色，有一些预先设定好的常规颜色，如红色、黄色等，还可以通过RGB三色混合出自定义颜色。

③ 可以设置不同的画笔粗细。

④ 可以清空已经画好的屏幕，保存已经做好的图。

⑤ 可以拍一张照片或者选一张存在手机中的图片作为底图，在此基础上画画。

（2）在App Inventor的开发环境中进行界面和组件设计，搭建出App的外观，如图1.3所示。

（3）为App加上行为，通过逻辑设计来实现，在逻辑设计的工作面板中进行组件模块的拖放拼接。部分代码模块如图1.4所示，都是积木形式的模块拼接。

（4）测试App的运行效果是否达到了预期目标。如果没有，继续修改完

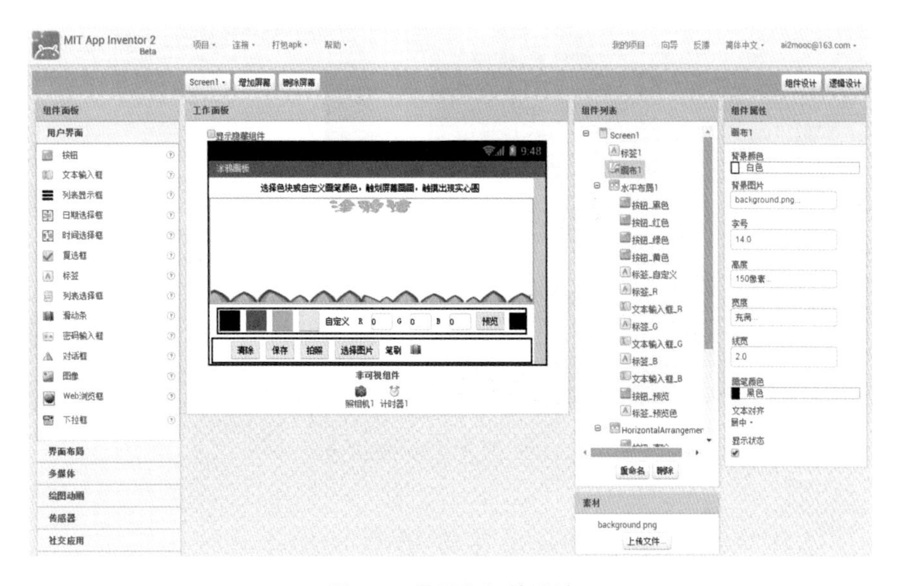

图 1.3　界面和组件设计

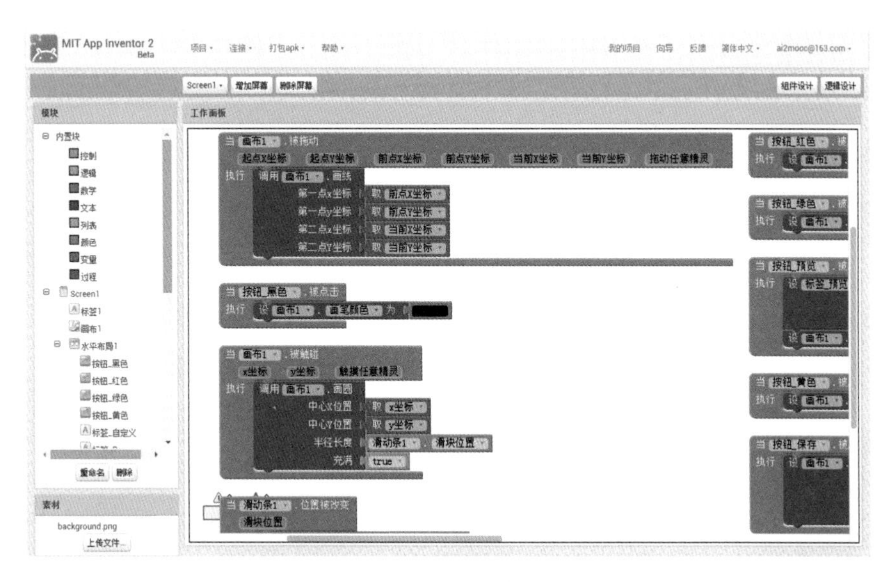

图 1.4　行为和逻辑设计

善，否则就可以进行下一个版本的开发或者发布App。图1.5所示就是采用模拟器进行App的调试运行。当然还可利用Android手机等设备进行调试，具体方法在第2章中详述。

以上步骤是一个循环反复的过程。通常，开发一个App不是一蹴而就的，需要不断调整完善，在这个过程中会进一步激发创造思维，开发出更好的App。

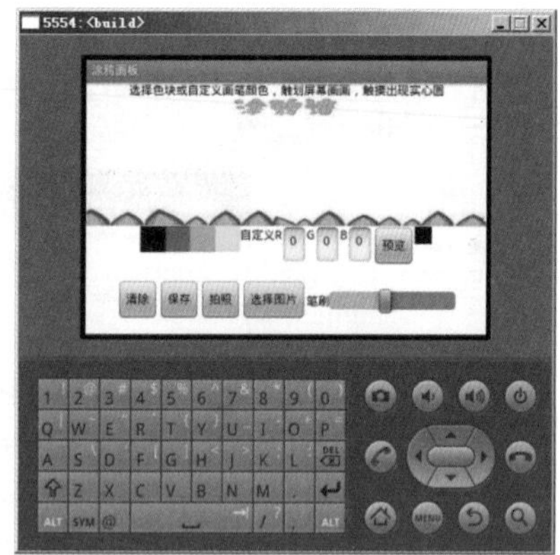

图1.5　采用模拟器进行App调试运行

微视频
App Inventor开发环境

1.4　访问App Inventor 2开发平台

App Inventor 2需要连接Internet网络在Web浏览器中运行。通过Wi-Fi或者USB数据线连接Android手机，或用App Inventor 2自带的模拟器就能开发App。以下是应用App Inventor进行开发的一些基本环境要求。

1. 操作系统要求

Macintosh（采用Intel处理器）：Mac OS 10.5/10.6或者更高版本。

Windows: Windows XP/7/Vista。

GNU/Linux: Ubuntu 8或者更高版本，Debian 5或者更高版本。

2. 浏览器要求

Mozilla Firefox：3.6或更高版本。

Apple Safari：5.0或更高版本。

Google Chrome：4.0或者更高版本。

Internet Explorer：不支持。

3. 移动终端要求

Android操作系统2.3或者更高版本。

App Inventor的官方网址是http://appinventor.mit.edu，通过浏览器访问显示的页面如图1.6所示。

单击Resources菜单下的Get Started链接，或者直接访问http://appinventor.mit.edu/explore/get-started.html，即可开始初学者教程，如图1.7所示。

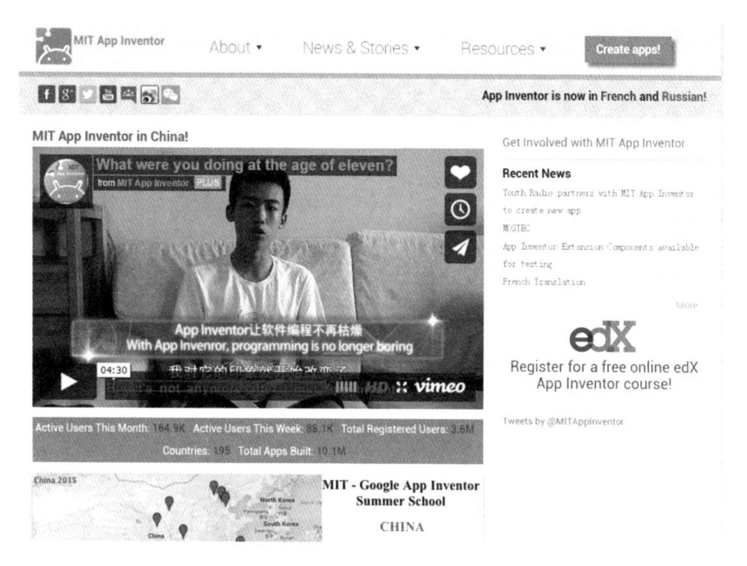

图1.6　App Inventor官方网站首页

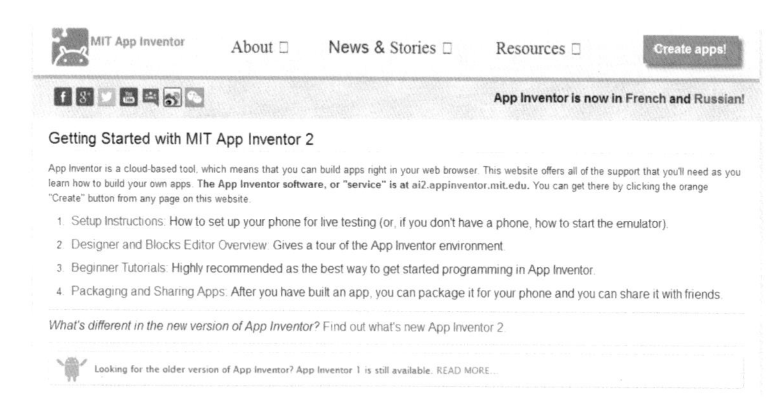

图1.7　初学者教程

单击其中的Setup Instructions链接就可以看到App Inventor的安装步骤，网址为http://appinventor.mit.edu/explore/ai2/setup.html。

单击如图1.6所示的官网主页右上角的Create apps！按钮，或者直接访问http://ai2.appinventor.mit.edu，就可以进入开发页面。App Inventor 2的登录界面如图1.8所示。

由于国内网络环境问题，目前不能畅通地访问Google部分网站，包括Gmail服务，因此暂时还不能顺畅地在App Inventor 2的官网平台进行App的开发。不过现在MIT App Inventor团队和广州市教育信息中心（广州教科网）合作，已经在国内部署了一个同步的开发网站，网址是http://app.gzjkw.net，首页如图1.9所示。

广州教科网的网站除了能在国内顺畅访问外，还加入了一些特色的本地服务，比如默认为中文界面，可以用QQ账号登录等。

图1.8　App Inventor 2的登录界面

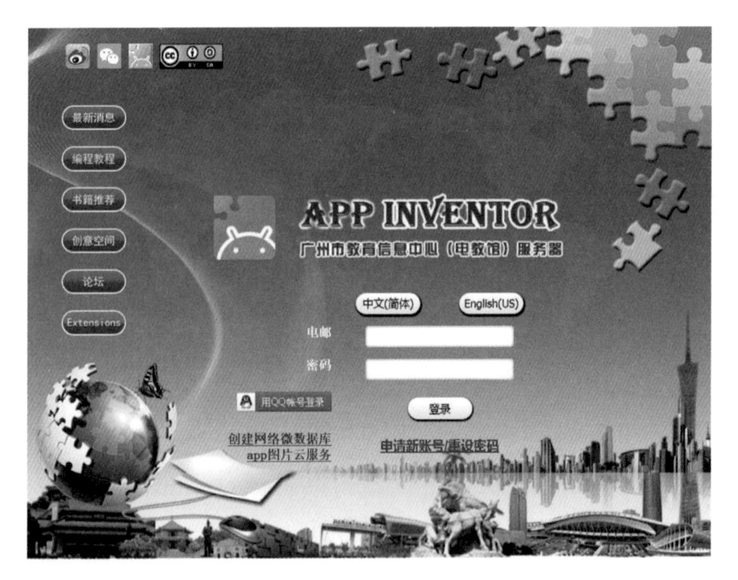

图1.9　广州教科网App Inventor 2开发网站首页

1.5　熟悉开发环境

完成账号注册，登录后进入开发页面，界面如图1.10所示。

单击页面左上角的“新建项目”按钮，创建一个新项目，在出现的对话框（图1.11）中输入想创建的App的名字，如ProjectA，单击“确定”按钮。

新建一个项目后，就会进入组件设计界面，如图1.12所示。

界面最上方的菜单功能如表1.1所示。

图 1. 10　开发界面

新建项目...

项目名称:　ProjectA

取消　　确定

图 1. 11　“新建项目”对话框

项目名称只能由字母开头，全名只能由字母、数字和下画线组成。尽管是中文版，但目前项目名称还不支持中文。

图 1. 12　新项目组件设计界面

表1.1　菜单功能

菜单	说明
项目	“项目”菜单中包含对项目的操作，具体如下：新建、删除、通过源代码导入项目和通过模板导入项目等；保存、另存为、为项目设立检查点；导出单个和导出全部项目代码；上传、下载和删除密钥等
连接	“连接”菜单中包含所有的3种连接模式，具体如下：通过AI伴侣、模拟器和USB进行连接；此外还有重置连接和强行重置功能
打包apk	“打包apk”菜单中包含编译后获取apk打包文件的方式，一种是“打包apk并显示二维码”，可以通过手机直接扫描二维码来下载安装apk包；另一种是“打包apk并下载到电脑”，可以把打包好的apk包下载到本地计算机
帮助	“帮助”菜单中包含所有帮助信息的链接，具体如下：关于平台信息、AI伴侣下载和更新等
我的项目	单击后出现用户所有的项目列表
简体中文	切换开发页面的语言，包括英语、西班牙语、意大利语、俄罗斯语、繁体中文等
账号名	退出已登录账号

1.5.1　组件设计

1. 工作面板

App Inventor采用可视化的设计开发方法，组件设计页面的正中间是工作面板，显示的主要部分是一个屏幕界面，可以拖放一些需要的组件到这个屏幕中，就像设计App最终运行的屏幕效果图一样。如图1.13所示，屏幕上方有3个功能按钮，分别是Screen1、“增加屏幕”和“删除屏幕”，具体介绍如表1.2所示。

图1.13　屏幕界面

表 1.2　屏幕界面相应按钮功能

按钮	功能
Screen1	显示当前编辑的屏幕名称，单击可以实现多个屏幕之间的切换
增加屏幕	用于增加新的屏幕
删除屏幕	用于删除当前编辑的屏幕

2. 组件面板

页面的左侧为组件面板，组件面板中把所有组件按用途特性分为了多个类组。下面简单介绍各类组件。

用户界面组件如图1.14所示，组件功能的简要介绍如表1.3所示。

图 1.14　用户界面组件

表 1.3　用户界面组件功能

组件	功能
按钮	用户通过触摸按钮来完成应用中的某些动作。按钮可以感知用户的触摸，可以改变按钮的某些外观特性，如启用属性可以决定按钮是否能够感知触摸
复选框	复选框组件供用户在两种状态中做出选择。当用户触摸复选框时，将触发响应的事件。可以在设计视窗及编程视窗中设置它的属性，从而改变它的外观
日期选择框	一个按钮，单击后弹出窗口，允许用户从中选择日期
图像	用于显示图像的组件，可以在设计视窗或编程视窗中设置需要显示的图片，以及图片的其他外观属性

续表

组件	功能
标签	用来显示文字的组件
列表选择框	在用户界面上显示为一个按钮，当用户单击时，会显示一个列表供用户选择
列表显示框	该可视组件用于显示文字元素组成的列表
对话框	对话框组件用于显示警告、消息以及临时性的通知
密码输入框	密码输入框供用户输入密码，将隐藏用户输入的文字内容（以圆点代替字符）
滑动条	滑动条由一个进度条和一个可拖动的滑块组成，可以左右拖动滑块来设定滑块位置。拖动滑块将触发“位置变化”事件，并记录滑块位置。滑块位置可以动态更新其他组件的某些属性
下拉框	单击该组件时将弹出列表窗口
文本输入框	用户可以在其中输入文字的组件
时间选择框	一个按钮，当用户单击时，弹出窗口供用户选择时间
Web浏览框	该组件用于浏览网页，可以在设计或编程视图中设置默认的访问地址（URL），可以设定视窗内的链接是否响应用户的单击而转到新的页面。用户可以在视窗中填写表单

界面布局组件如图1.15所示，组件功能的简要介绍如表1.4所示。

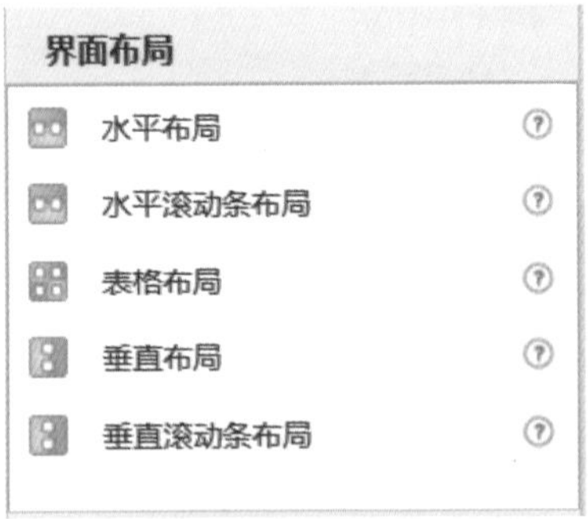

图 1.15　界面布局组件

表 1.4　界面布局组件功能

组件	功能
水平布局	水平布局组件可以实现内部组件自左向右的水平排列，在垂直方向上居中对齐
水平滚动条布局	可以滚动显示的水平布局
表格布局	使内部组件按照表格方式排列

续表

组件	功能
垂直布局	垂直布局组件可以实现内部组件自上而下的垂直排列，最先加入的组件在顶部，后面的组件依次向下排列
垂直滚动条布局	可以滚动显示的垂直布局

多媒体组件如图1.16所示，组件功能的简要介绍如表1.5所示。

图1.16　多媒体组件

表1.5　多媒体组件功能

组件	功能
摄像机	该组件可以利用设备的摄像机记录视频
照相机	照相机组件是非可视组件，可以使用设备上的照相机进行拍照
图像选择框	当用户点击时，将打开设备上的图库，显示其中的图片，供用户进行选择
音频播放器	多媒体组件，可以播放音频，并控制手机的振动。该组件适用于播放持续时间较长的音频文件，如歌曲
音效	多媒体组件，可以播放声音文件，并使手机产生数毫秒的振动。该声音组件更适用于播放短小的声音文件，如音效
录音机	用于录制声音的多媒体组件
语音识别器	使用Android设备的语音识别功能，收听用户的讲话，并将语音转换为文字
文本语音转换器	将文字转换为语音播放出来
视频播放器	用于播放视频的多媒体组件，在应用中显示为一个矩形方框，用户触摸时将出现控制箭头，控制播放、暂停、快进、快退

续表

组件	功能
Yandex语言翻译器	用于将单词和语句翻译为不同语言的组件，基于Yandex的相关网络服务

绘图动画组件如图1.17所示，组件功能的简要介绍如表1.6所示。

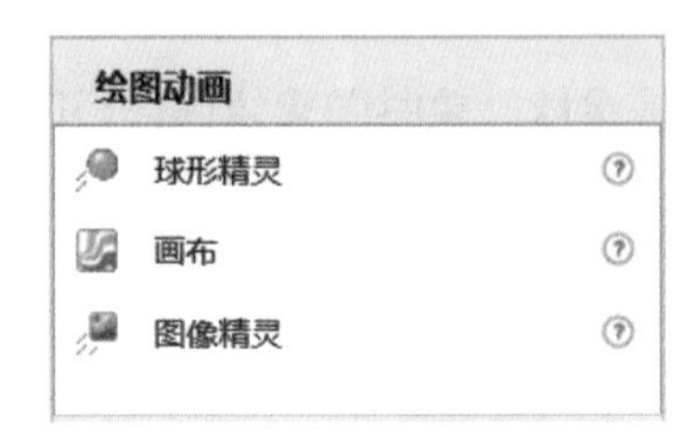

图1. 17　绘图动画组件

表1. 6　绘图动画组件功能

组件	功能
球形精灵	与图像精灵类似，球形精灵组件与图像精灵组件之间的差别在于，后者可以通过设置图像属性来改变外观，而球形精灵的外观只能通过改变颜色及半径来实现
画布	一个二维的、具有触感的矩形面板，可以在其中绘画，或让精灵在其中移动。画布可以感知触摸事件并获知触碰点，也可以感知对其中精灵（图像精灵或球形精灵）的拖曳
图像精灵	图像精灵只能被放置在画布内，有多种响应行为：它可以回应触摸及拖曳事件，也可以与其他精灵（球形精灵或其他图像精灵）及画布边界产生交互；图像精灵具有自主行为，可根据属性值进行移动；它的外观由图片属性所设定的图像决定

传感器组件如图1.18所示，组件功能的简要介绍如表1.7所示。

传感器
加速度传感器
条码扫描器
计时器
陀螺仪传感器
位置传感器
NFC
方向传感器
Pedometer
距离传感器

图1. 18　传感器组件

表 1.7　传感器组件功能

组件	功能
加速度传感器	可以用于侦测晃动，并测出加速度3个维度分量的近似值
条码扫描器	利用条码扫描器读取条码信息的组件
计时器	可用于创建计时器的非可视组件，以固定的时间间隔发出信号来触发事件；也可以实现各种时间单位（年、月、日、时、周）之间的转换和处理
陀螺仪传感器	陀螺仪传感器，用来测量三维加速度
位置传感器	提供位置信息的非可视组件，提供的信息包括纬度、经度、高度（如果设备支持）及街区地址，也可以实现“地理编码”，即将地址信息（不必是当前位置）转换为纬度（用由地址求纬度方法）及经度（用由地址求经度方法）
NFC	提供近场通信（near field communication）功能的非可视组件，目前该组件只支持文字信息的读写
方向传感器	方向传感器用于确定手机的空间方位，该组件为非可视组件，以角度的方式提供下面3个方位值：翻转角、倾斜角、方位角
Pedometer	用于计算行走步数的组件
距离传感器	距离传感器，用于测量手机屏幕和某个物体之间的距离，典型用途如测量手机和耳朵的距离，以决定手机屏幕是关闭还是点亮

社交应用组件如图1.19所示，组件功能的简要介绍如表1.8所示。

图 1.19　社交应用组件

表 1.8　社交应用组件功能

组件	功能
联系人选择框	该组件是一个按钮，用户单击时会显示联系人列表，从中选中某个联系人后，将显示此联系人的属性信息
邮箱地址选择框	该组件是一个文本框，当用户输入联系人的名字或E-mail地址时，手机上将显示一个下拉列表，用户通过选择来完成E-mail地址的输入。如果有许多联系人，列表的显示会延迟几秒钟，并在给出最终结果前显示中间结果
电话拨号器	用来拨号并接通电话的组件
电话号选择框	该组件是一个按钮，用户单击时将显示手机中的联系人列表；用户选中联系人后，联系人的相关信息被保存
信息分享器	该组件为非可视组件，用于在手机的不同应用之间分享文件及（或）消息，组件将显示能够处理相关信息的应用列表，并允许用户从中选择一项应用来分享相关内容。例如，在邮件类、社交网络类及短信类应用中分享某些信息
短信收发器	一个发送短信的组件，其内容属性用于设定即将发送的短信的内容，电话号码属性用于设定接收短信的电话号码，而发送短信方法用于将设定好的内容发往指定的电话号码
推特客户端	可以与Twitter进行通信的非可视组件

数据存储组件如图1.20所示，组件功能的简要介绍如表1.9所示。

图 1.20　数据存储组件

表1.9 数据存储组件功能

组件	功能
文件管理器	用于保存及读取文件的非可视组件，可以在设备上实现文件的读写。默认情况下，文件将被写入与应用有关的私有数据目录中
数据融合表	数据融合表是一个网络服务，用户可以用它来保存、分享、查询以及可视化数据表格。使用该组件，用户可以利用谷歌表格API V1.0来创建、查询、修改上述表格
微数据库	微数据库是一个非可视组件，用来保存应用中的数据。微数据库为应用提供了一种永久的数据存储，即每次应用启动时，都可以获得那些保存过的数据
网络微数据库	非可视组件，通过与Web服务通信来保存并读取信息

通信连接组件如图1.21所示，组件功能的简要介绍如表1.10所示。

图1.21 通信连接组件

表1.10 通信连接组件功能

组件	功能
activity启动器	该组件通过调用启动活动对象的方法来启动一个Android活动对象。可被启动的活动包括启动由App Inventor创建的其他应用，启动照相机应用，执行网络搜索，在浏览器中打开指定网页，以指定坐标位置打开地图应用，还可利用启动活动来传递文本数据
蓝牙客户端	蓝牙客户端组件
蓝牙服务器	蓝牙服务器组件
Web客户端	非可视组件，用于发送HTTP的GET、POST、PUT及DELETE请求

乐高机器人组件如图1.22所示，组件功能的简要介绍如表1.11所示。

图1.22　乐高机器人组件

表1.11　乐高机器人组件功能

组件	功能
Nxt电机驱动器	用于使乐高机器人发生转动和移动的高级接口
Nxt颜色传感器	用于调用乐高机器人颜色传感器的高级接口
Nxt光线传感器	用于调用乐高机器人感光传感器的高级接口
Nxt声音传感器	用于调用乐高机器人声音传感器的高级接口
Nxt接触传感器	用于调用乐高机器人触觉传感器的高级接口
Nxt超声波传感器	用于调用乐高机器人超声波传感器的高级接口
Nxt指令发送器	用于向乐高机器人直接发送命令的低级接口
EV3马达	该组件为乐高EV3机器人提供控制马达的功能
EV3颜色传感器	该组件提供乐高EV3机器人颜色传感器的功能
EV3陀螺仪传感器	该组件提供乐高EV3机器人陀螺仪传感器的功能
EV3接触传感器	该组件提供乐高EV3机器人接触传感器的功能
EV3超声波传感器	该组件提供乐高EV3机器人超声波传感器的功能

续表

组件	功能
EV3声音	该组件为乐高EV3机器人提供控制声音的功能
EV3绘画	该组件提供乐高EV3机器人绘图功能
EV3指令发送器	该组件提供向乐高EV3机器发送指令的低级接口

工作面板右侧为组件列表以及素材列表。当往屏幕Screen1中拖放了某些组件后，这些组件会显示在组件列表中。例如在Screen1中拖放了一个按钮组件后，显示效果如图1.23所示。

图1.23　在Screen1中拖入一个按钮组件的效果

最右边的组件属性为当前选中组件的详细属性列表，在工作面板或者组件列表中选中任意组件时会出现其对应属性。如图1.23所示，当选中按钮1组件时，组件属性显示的就是按钮1的所有详细属性值。

1.5.2　逻辑设计

在开发页面右上角，有如图1.24所示的两个按钮图标。这两个按钮用于切换组件设计视图和逻辑设计视图。

图 1. 24　切换按钮

逻辑设计视图如图1.25所示，最左列是“模块”栏，列出了所有内置块和该屏幕中所有的组件。左下方是“素材”栏，可用于直接上传素材文件。工作面板占据了大部分空间，其左下角显示的是当前项目中出现的错误或者警告个数；右上方是一个书包图标，可以实现多个屏幕之间的代码复制；右下方是一个垃圾桶图标，可以通过把不需要的积木块放进去，从而实现删除功能；工作面板中间的空白部分就是进行代码块拼接的地方，可以随着模块增加而滚动显示。

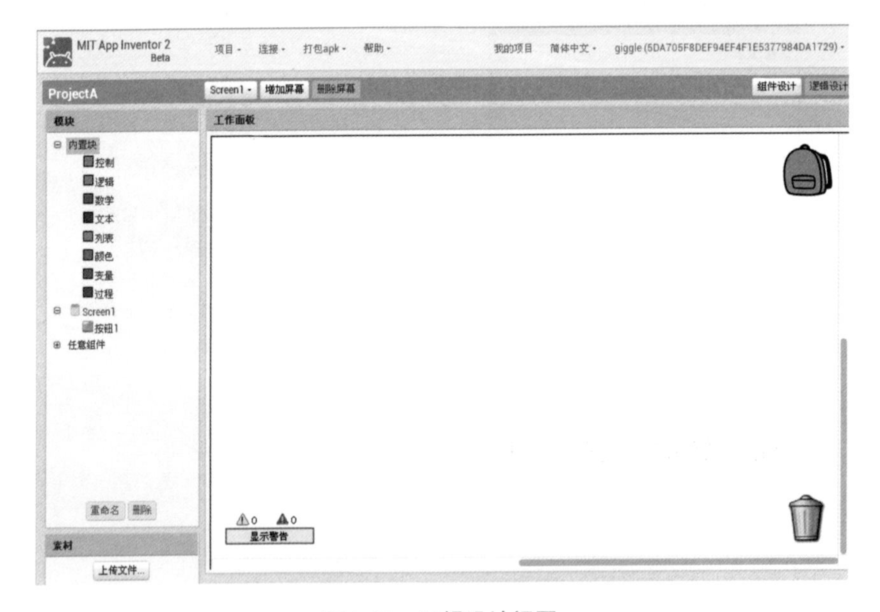

图 1. 25　逻辑设计视图

内置块包括控制、逻辑等8种类别，每种模块都有不同的颜色作为识别色，方便开发者选取和阅读。内置块的主要类别和功能简介如表1.12所示。

表 1. 12　内置块的类别和功能

内置块	简介
控制	实现各种控制流程的模块，包括条件分支、循环、屏幕间的跳转、关闭屏幕，退出程序等
逻辑	实现逻辑运算的模块，包括否定、等于/不等于、并且/或者等

续表

内置块	简介
数学	实现数学运算的模块，包括数字、比较运算、加减乘除运算、随机数、四舍五入、求平方根、求 sin 值、进制转换等运算
文本	实现文本运算的模块，包括求文本长度、合并文本、大小写转换、求子串位置、文本分割、文本替换等运算
列表	实现列表相关运算的模块，包括创建列表、添加列表项、查找列表项、求列表长度、随机选取列表项、求列表项在列表中的位置、替换列表项、删除列表项、复制列表、列表和 CSV 转换等运算
颜色	实现与颜色相关运算的模块，提供红、白、黑等各种颜色值模块，可以进行通过 RGB 值合成颜色、分解颜色等运算
变量	提供与变量相关的模块，包括定义全局变量、定义局部变量、取变量值和修改变量值等
过程	提供定义过程的模块，包括定义无返回值的过程和有返回值的过程

当单击“模块”栏中任何一个组件（包括内置块和屏幕内的组件）时，都会弹出该组件所关联拥有的编程模块，主要包括以下几类。

（1）事件处理模块（事件处理器）：如图 1.26 所示，颜色为土黄色，外形呈现大写 C 样式。可以在其中拼接其他代码块，当相应事件发生时就会执行内部模块。

图 1. 26　事件处理模块

（2）调用过程模块：如图 1.27 所示，颜色为紫色。通过该模块可以调用组件所提供的预设功能。

图 1. 27　调用过程模块

（3）属性取值模块（属性取值器）：如图 1.28 所示，颜色为淡绿色。通过该模块可以获取组件某个具体属性的值。

按钮1 . 背景颜色

图 1.28 属性取值模块

（4）属性设置模块：如图1.29所示，颜色为深绿色。通过该模块可以设置组件某个具体属性的值。

设 Screen1 . 屏幕方向 为

图 1.29 属性设置模块

不同组件所提供的关联模块并不相同。

开发者通过选择拼接相应的模块实现App的逻辑设计，只有插槽相互吻合的模块才能正确拼接上。当逻辑设计正确完成后，就可以赋予App行为，实现相应的功能。如图1.30所示，当按钮1被单击时就会执行内部代码块，先把Screen1的背景颜色设置为淡绿色，然后把按钮1的宽度设为Screen1宽度的1/3。

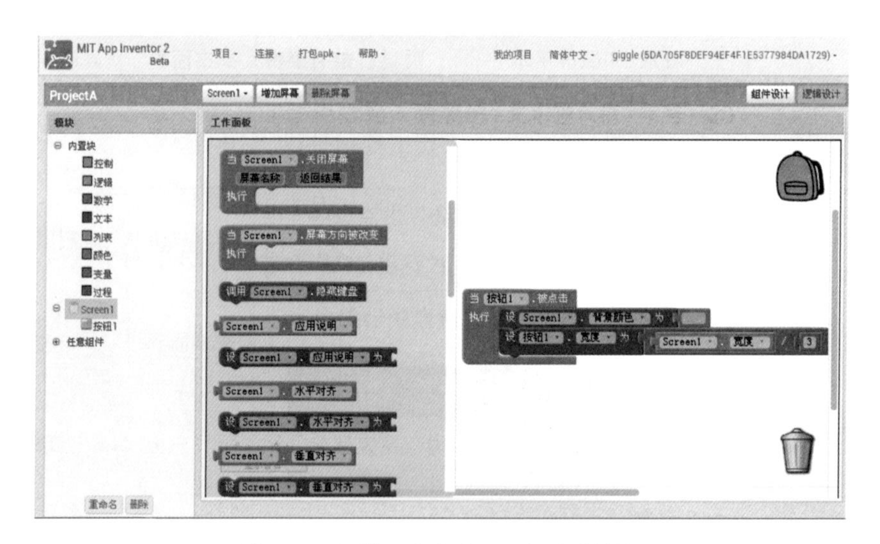

图 1.30 逻辑设计中选取组件关联模块

练习与思考题

1. App Inventor 2的开发分为组件设计和逻辑设计两部分，各自的作用是什么？这样做有什么优点？
2. 观察不同类别的模块的颜色特性，这样分色设计对编程有什么益处？
3. 在学校开发了一半的项目，如果回家换一台计算机后还能继续开发吗？
4. 了解什么是开源软件，举几个典型例子。

5. 现在主流的手机操作系统有哪几种？各自的优缺点是什么？

实验

1. 体验App Inventor开发平台。

（1）在国内的App Inventor开发服务平台 http://app.gzjkw.net上注册一个开发者账号。

（2）新建一个项目。

（3）找一款自己熟悉的App，可以模仿这个App拖放一些组件进行界面设计，暂时达不到想象中的样子也没关系。

（4）尝试修改一些组件的属性值，观察工作面板中屏幕内组件的外观变化。

2. 探索App Inventor网络资源。

通过搜索引擎以“App Inventor”为关键词进行网络搜索，看看有哪些资源对App Inventor的学习有帮助。如果发现特别好的资源，请整理并分享给大家。

第2章 安安诞生记

教学课件
第2章教学课件

本章通过一个简单有趣的App“安安诞生记”来介绍App Inventor的开发环境和开发过程，让大家能够快速地开发出自己的第一个Android小应用。通过这个过程获得对软件开发的直观初体验，并将结合这个App的开发过程介绍基本的程序设计思想和App Inventor的开发体系结构。

本章要点

（1）了解如何通过App Inventor组件来设计App。

（2）熟悉第一批用到的组件，包括按钮、屏幕、音效、对话框和加速度传感器等。

（3）学会使用“逻辑设计”编辑器来定义组件行为。

（4）通过模拟器测试所开发的App。

（5）打包apk安装包，下载和安装所开发的App到手机中。

（6）管理App Inventor的源代码文件。

（7）初步了解程序设计思想。

（8）了解App Inventor开发体系结构。

微视频
“安安诞生记”App
运行演示

案例apk
“安安诞生记”apk
安装文件

2.1 “安安诞生记”案例演示

在开发之前，需要对App进行构思和设计，然后才是把这些创意实现出来，变成可以在手机上运行的App。

作为本书小主人公的第一次出场，为它设计一个有关诞生过程的App再好不过了。“安安诞生记”App的主要运行过程如图2.1所示。

（1）猜猜孵化基地里下一只蛋会孵化出什么？

（2）点击“点我试试”红色按钮，手机会振动一下，弹出提示对话框：恭喜小机器人安安诞生了！这时小安安通过语音和大家打招呼：“大家好，我是安安。”

（3）点击Ok按钮确认，可爱的安安显示在屏幕中央。

（4）摇晃一下手机，手机会振动，屏幕又切换回到开始界面。

（5）按手机的返回键，会弹出选择对话框，根据用户的选择确定是否关闭App。

（6）安安诞生记有一个专属图标，安装后的应用图标如图2.1（f）所示。

（a）开始界面

（b）弹出提示对话框

（c）安安诞生了

（d）回到开始界面

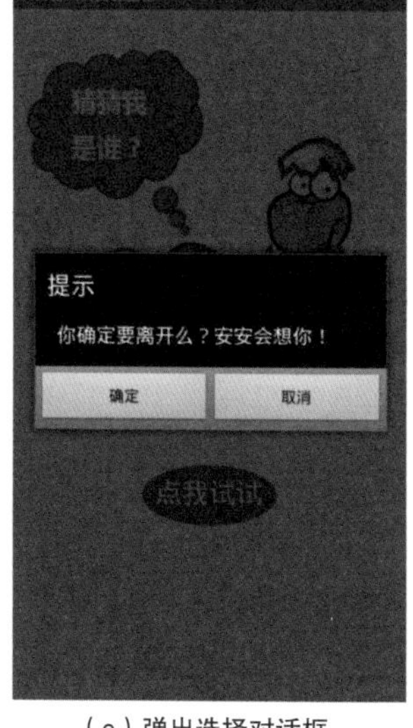

（e）弹出选择对话框

（f）安装完成后的应用图标

图 2. 1 “安安诞生记” 案例演示

2.2 “安安诞生记”组件设计

微视频
素材准备讲解

2.2.1 素材准备

通过以上案例展示，可以对“安安诞生记”的界面、交互和行为都有所了解。为了实现这些效果，需要准备一些素材。

3张图片：分别是孵化基地的背景图、小机器人安安诞生后的图片、应用图标对应的图片。

一个音频文件：安安诞生后打招呼的声音。

在App Inventor中，支持的图片文件格式有png、gif和jpg等；支持的音频文件格式有arm、mpg和mp3等。

以上素材可以在本案例实验资源包中找到，如图2.2所示，读者也可以将这些换成自己感兴趣的素材。

案例素材
“安安诞生记”App
的素材资源

AnAn.png

back.png

icon.jpeg

hi.amr

图 2. 2 “安安诞生记” 资源文件

微视频
新建项目讲解

2.2.2 设计界面

用自己的账号登录开发网站，新建一个项目，命名为AnAnBirth。

1. 上传素材

首先要把项目用到的素材上传到开发网站。如图2.3所示，找到“素材”栏（页面右边，组件列表下方），单击“上传文件”按钮，将3个图片文件和一个声音文件逐一上传。上传成功后会显示素材文件列表。

项目名称暂不支持中文。

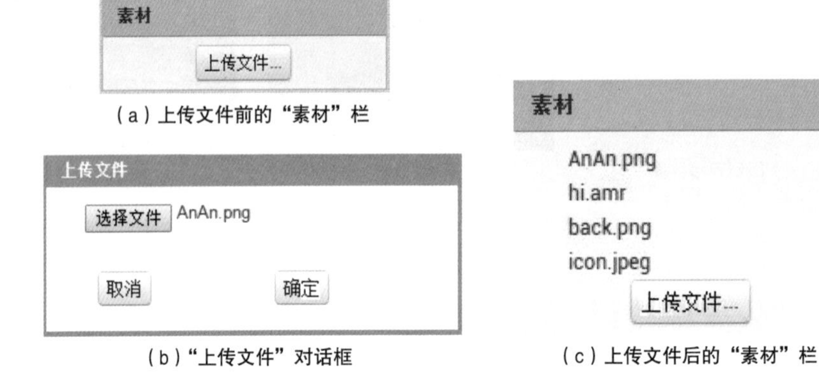

（a）上传文件前的“素材”栏

（b）“上传文件”对话框

（c）上传文件后的“素材”栏

图2.3 上传素材

微视频
屏幕组件讲解

2. 设置屏幕组件属性

在App Inventor中，每一个App都至少有一个Screen组件。新建项目时会默认建立一个Screen1组件，这是后面应用开发的基础。在这个Screen1组件中，需要根据需求设置相应属性值，这些属性值将会影响App的界面和交互效果。

Screen1组件的属性如图2.4所示，详细信息如表2.1所示，表中所示的属性采用默认的属性值，不作修改。

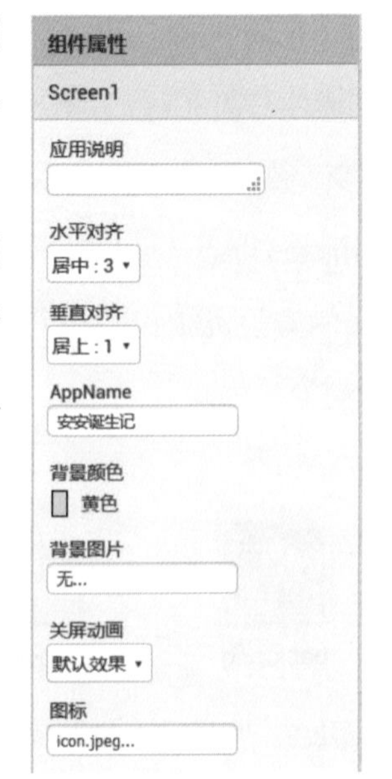

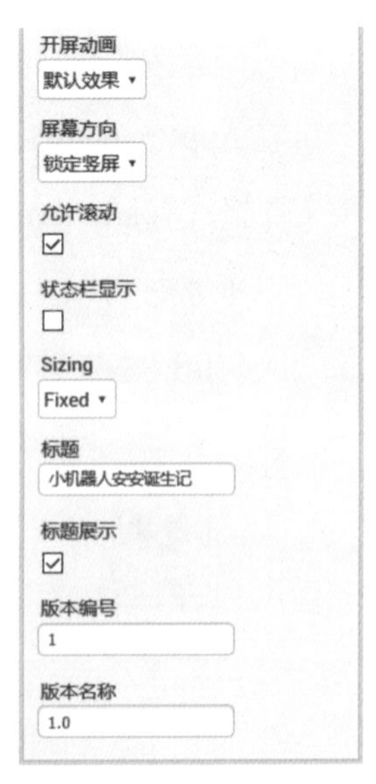

图2.4 屏幕组件属性

表 2. 1　屏幕组件属性

属性	说明	修改值
应用说明	关于App的说明，可以用于注释	默认
水平对齐	控制屏幕中组件的水平对齐方式	居中
垂直对齐	控制屏幕中组件的垂直对齐方式。仅当“允许滚动”属性为假时才能设置	默认
AppName	App的名称，安装后会显示在App图标下	安安诞生记
背景颜色	屏幕背景颜色	黄色
背景图片	如果设置了背景图片，但同时背景色不为“透明”，则背景图片不可见	默认
关屏动画	关闭屏幕时的效果	默认
图标	应用安装后的图标，如果此处不设置，App安装后将使用统一默认的图标	icon.jpeg
开屏动画	打开屏幕时的效果	默认
屏幕方向	设置App竖屏或横屏等显示方式	锁定竖屏
允许滚动	屏幕是否可以滚动	默认
状态栏显示	勾选则显示手机状态栏，这时App非全屏显示	取消勾选
标题	显示在屏幕左上角的文字	小机器人安安诞生记
标题展示	App屏幕是否显示标题	默认
版本编号	设备识别的版本号，必须为正整数，是App版本升级的判断依据	默认
版本名称	提供给用户的版本号	默认

3. 加入图像组件

从“用户界面”组件栏中拖放一个“图像”组件到Screen1中，如图2.5所示。

图2.5中“图像”组件居于屏幕的中间，这是因为Screen1的“水平对齐”属性设置为“居中”。如果Screen1的“水平对齐”属性没有修改，是默认值“居左”，则该“图像”组件会出现在屏幕的左侧。

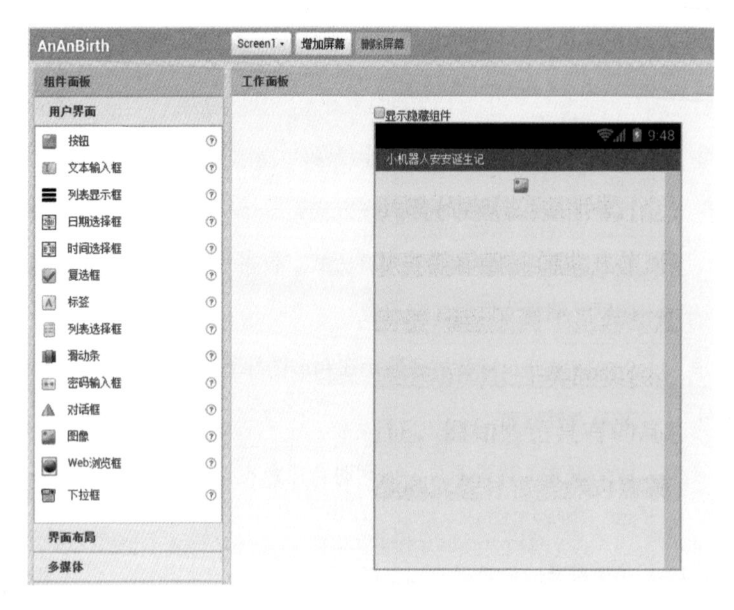

图2.5　添加“图像”组件

一个组件的对齐方式是由它的父容器所决定的。所谓父容器，就是它被安放进的组件。本例中，Screen1 就是“图像”组件的父容器。

4. 为“图像”组件重命名

把该“图像”组件的名称从自动命名的“图像1”重命名为“图像_显示”，操作过程如图2.6所示。虽然在开发过程中系统会自动以“组件类型+序号”的方式给每个组件命名，以保证每个组件名不重复，但这样很难明确每个组件的具体用途，尤其是在后期进行行为逻辑编程时。因此，一个好的习惯是给每个组件都取一个有意义的名字。

取名非常重要，名称应该做到“见名知意”。

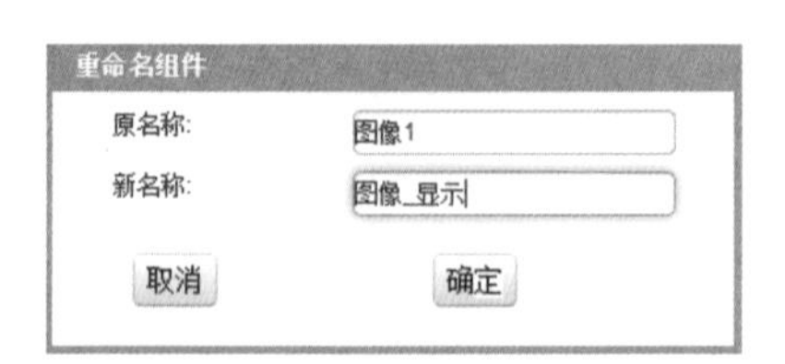

图2.6　“重命名组件”对话框

在“重命名”按钮旁边还有一个“删除”按钮，可以用来删除不需要的组件。

5. 设置“图像”组件属性

“图像_显示”组件的属性如图2.7所示，表2.2为“图像”组件的属性介绍。这里，图片的高度和宽度是根据屏幕和图片的比例及大小设定的。要根据实际情况设置，否则图片可能会变形。

组件属性

图像_显示

高度

360像素...

宽度

充满...

图片

back.png...

旋转角度

0.0

放大/缩小图片来适应尺寸

☐

可见性

☑

图 2. 7　“图像”组件属性

表 2. 2　“图像”组件属性

属性	说明	修改值
高度	图片高度	360 像素
宽度	图片宽度	充满
图片	“图像”组件显示的图片	back.png
旋转角度	旋转角度	默认
放大/缩小图片来适应尺寸	放大/缩小图片来适应尺寸	默认
可见性	图片是否可见	默认

6. 加入其他组件

采用相同的方法拖放其他组件到屏幕中并重命名。表2.3所示是本例所有组件的信息列表。

表 2. 3　所有组件的说明及命名

组件	所在组件栏	用途	命名
Screen		应用默认的屏幕，作为放置所需其他组件的容器，Screen1 的名字不能修改	Screen1
图像	用户界面	用于显示孵化基地和安安的图片	图像_显示
按钮	用户界面	用于响应用户点击事件，显示安安诞生	按钮_点我试试
音效	多媒体	用于音效，可播放声音和产生手机振动效果	音效_安安

微视频
按钮组件讲解

续表

组件	所在组件栏	用途	命名
加速度传感器	传感器	用于检测是否摇晃了手机	加速度传感器_晃动手机
对话框	用户界面	用于弹出对话框	对话框_提示

下面逐个设置其他组件的属性。图2.8所示为“按钮_点我试试”组件的属性设置，表2.4所示为“按钮_点我试试”组件的属性介绍。

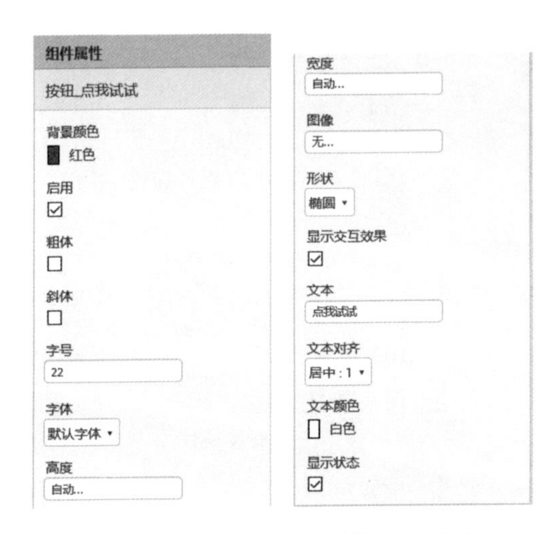

图2.8 “按钮_点我试试”组件属性

表2.4 “按钮_点我试试”组件属性

属性	说明	修改值
背景颜色	按钮的背景颜色	红色
启用	按钮是否可用	默认
粗体	按钮中文字是否加粗	默认
斜体	按钮中文字是否倾斜	默认
字号	按钮中文字的大小	22
字体	按钮中文字的字体	默认
高度	按钮的高度	默认
宽度	按钮的宽度	默认
图像	按钮的背景图片	默认
形状	按钮的形状	椭圆
显示交互效果	点击按钮时的交互反馈效果	默认
文本	按钮中显示的文字	点我试试
文本对齐	按钮中文字的对齐方式	居中
文本颜色	按钮中文字的颜色	白色
显示状态	按钮是否可见	默认

“音效_安安”组件的属性设置如图2.9所示，属性说明如表2.5所示。“最小间隔”表示的是最小时间间隔，而“源文件”表示的是播放声音时的音频源文件。媒体素材文件可以像本例前面所述一开始就全部上传到开发网站上去，也可以在设置属性时再上传。

微视频
音效等其他组件讲解

图2.9　“音效_安安”组件属性

表2.5　“音效_安安”组件属性

属性	说明	修改值
最小间隔	最小时间间隔	默认
源文件	声音的媒体文件	hi.amr

图2.10所示为“加速度传感器_晃动手机”组件的属性设置，表2.6所示为对应的属性介绍。

组件属性

加速度传感器_晃动手机

启用

☑

最小间隔

400

敏感度

适中 ▾

图2.10　“加速度传感器_晃动手机”组件属性

表2.6 “加速度传感器_晃动手机”组件属性

属性	说明	修改值
启用	加速度传感器是否可用	默认
最小间隔	最小时间间隔	默认
敏感度	感应器的灵敏度	默认

图2.11所示为“对话框_提示”组件的属性设置，表2.7所示为对应的属性介绍。

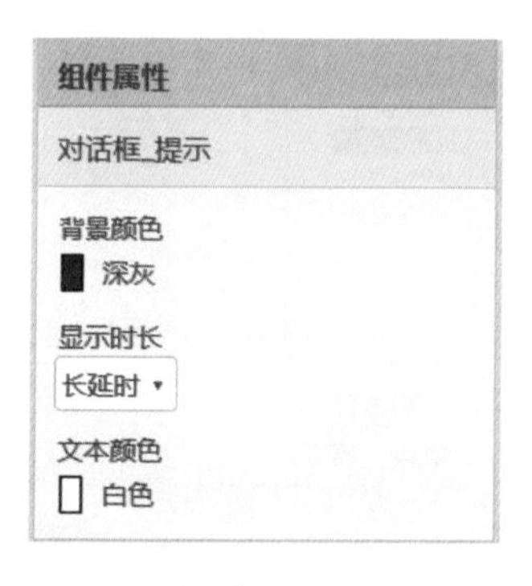

图2.11 “对话框_提示”组件属性

表2.7 “对话框_提示”组件属性

属性	说明	修改值
背景颜色	提示的背景颜色	默认
显示时长	提示对话框出现的时间长度	默认
文本颜色	提示文字的颜色	默认

界面设计完成后的效果如图2.12所示。

2.3 “安安诞生记”行为编辑

微视频
点击按钮行为的逻辑设计讲解

对App进行行为编辑，需要单击开发网页右上角的“逻辑设计”按钮，切换到逻辑设计界面进行。

1. 点击按钮后的行为

通过前面的案例展示可知，当点击按钮时会触发一系列行为，其流程如图2.13所示。

图2. 12　“安安诞生记”界面设计效果

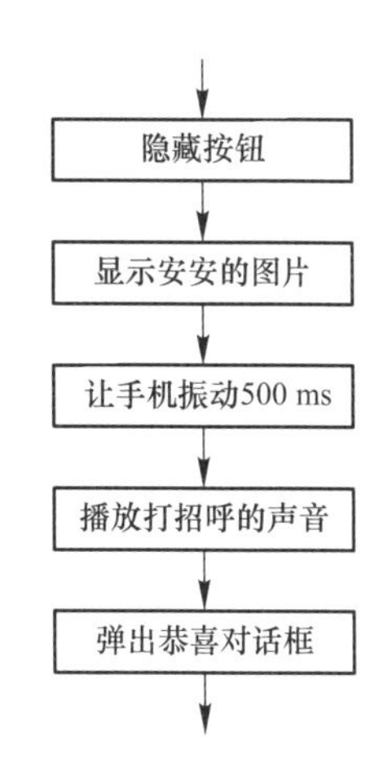

图2. 13　安安出现流程图

所有在Screen1中加入的组件都显示在Screen1组件树列表下。当单击“按钮_点我试试”组件时，会出现关联的事件处理器模块、属性取值器模块、属性设置器模块和过程调用模块。为了响应按钮的点击事件，需要在对应的事件处理器模块中编写行为逻辑。先将“按钮_点我试试.被点击”事件处理器拖入屏幕，如图2.14所示，然后根据流程找到其他相应模块拼接进“按钮_点我试试.被点击”事件处理模块中，最终结果如图2.15所示。有些模块，如文本和数字，需要根据实际需求输入具体值。

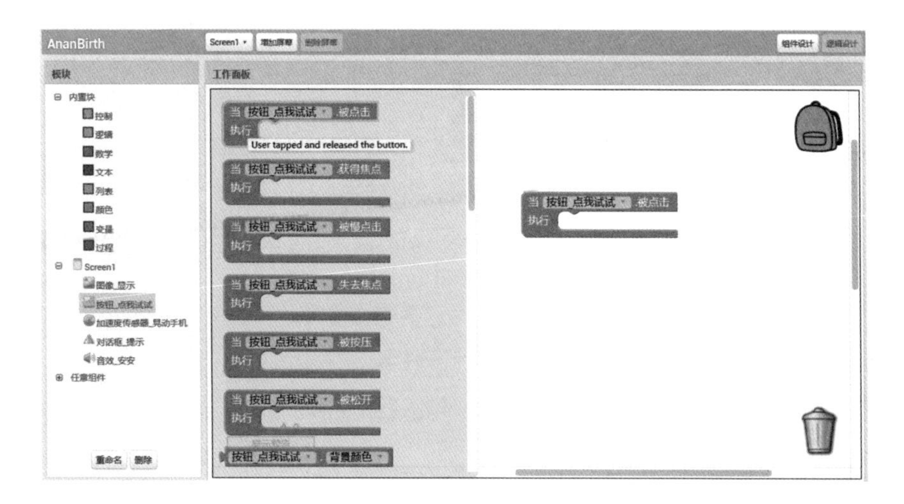

图2. 14　拖放被点击事件处理器模块

当 按钮_点我试试 .被点击
执行 设 按钮_点我试试 . 显示状态 为 false
设 图像_显示 . 图片 为 " AnAn.png "
调用 音效_安安 .震动
毫秒数 500
调用 对话框_提示 .显示消息对话框
消息 " 小机器人安安诞生了！ "
标题 " 恭喜 "
按钮文本 " Ok "
调用 音效_安安 .播放

图2.15　安安出现行为实现

图2.14中所用到模块的具体说明如表2.8所示。

表2.8　安安出现行为模块说明

组件	模块	说明
按钮_点我试试	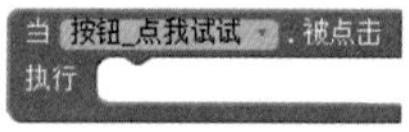 当 按钮_点我试试 .被点击 执行	点击事件处理器，用于编写响应点击事件的行为逻辑
音效_安安	 调用 音效_安安 .震动 毫秒数	让手机振动，有一个参数槽，用于设置振动的时间长度（单位为ms）
图像_显示	 设 图像_显示 . 图片 为	设置显示图片的方法，有一个参数槽，用于设置图片的文件名
按钮_点我试试	 设 按钮_点我试试 . 显示状态 为	设置按钮是否可见的方法，有一个参数槽，值为true或者false
音效_安安	 调用 音效_安安 .播放	调用播放音效属性所设置的声音文件的过程
对话框_提示	 调用 对话框_提示 .显示消息对话框 消息 标题 按钮文本	弹出对话框，要设置3个参数： “消息”：要显示的信息主体； “标题”：对话框标题栏的文字； “按钮文本”：对话框按钮上的名称
逻辑	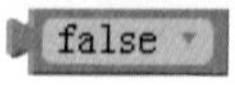 false	布尔值，此例中用来改变按钮的可见性
文本	 " "	文本字符串，此例中用来标示图片的文件名
数字	0	数字，此例中用来标示手机振动的时长

点击Ok按钮后，希望通过摇晃手机还原到之前的场景，流程图如图2.16所示，具体实现如图2.17所示。

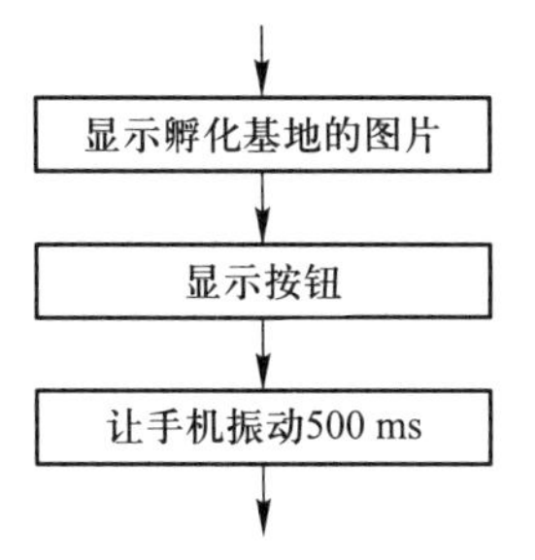

图2.16　晃动手机行为流程图

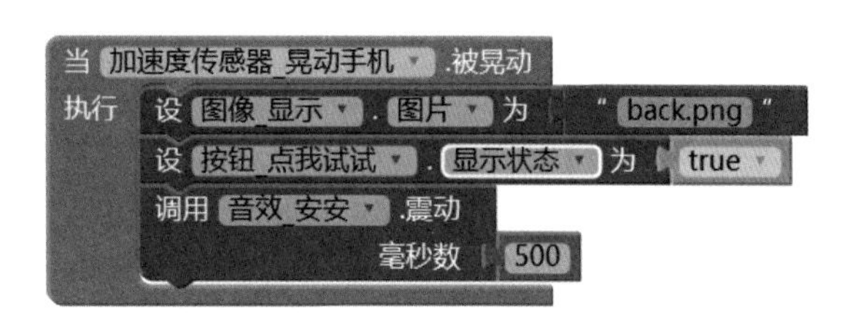

图2.17　晃动手机行为实现

2. 防止晃动事件误处理

当完成了手机晃动事件处理器的行为逻辑代码编写后，一旦检测到有手机晃动事件就会执行其中的代码模块，不仅是在安安诞生后的界面，在孵化基地的界面实际上也一样会起作用。这样在孵化基地界面时就会有点击按钮和摇晃手机两个事件同时发生，然后各自处理，从而引起混乱。因而可以进一步优化，在孵化基地界面不允许处理晃动事件，只有在安安诞生后的界面才允许处理晃动。为了实现这个目的，需要做以下3步修改。

（1）在界面设计时，取消选中“加速度传感器_晃动手机”组件的“启用”属性，如图2.18所示。这样在孵化基地界面中“加速度传感器_晃动手机”组件不会工作，当然也就不能响应和处理晃动事件了。

组件属性

加速度传感器_晃动手机

启用

☐

最小间隔

400

敏感度

适中 ▾

图2.18　“加速度传感器_晃动手机”组件的属性更新

（2）在“按钮_点我试试”组件的“被点击”事件处理器中设置“加速度传感器_晃动手机”组件的“启用”属性为true，这样“加速度传感器_晃动手机”组件就可以开始工作了。

（3）在“加速度传感器_晃动手机”的“被晃动”事件处理器中设置“加速度传感器_晃动手机”组件的“启用”属性为false，这样当回到孵化基地界面时，“加速度传感器_晃动手机”组件又不能工作了。修改后的代码如图2.19所示。

（a）“被点击”事件处理器

（b）“被晃动”事件处理器

图2. 19　冲突预防行为实现

微视频
关闭应用的逻辑设计讲解

3. 关闭应用

Android手机设备一般都有一个回退键，如果需要关闭应用，可以通过响应回退键的按压事件来实现，在按压回退键事件处理器中直接调用内置块“控制”组件中的“退出程序”模块即可，实现代码如图2.20所示。

但是为了防止用户误操作，无意中触摸到回退键而关闭应用，可以通过弹出选择对话框来询问用户是否真的要关闭应用。流程如图2.21所示，对应行为如表2.9所示，实际操作如图2.22所示。

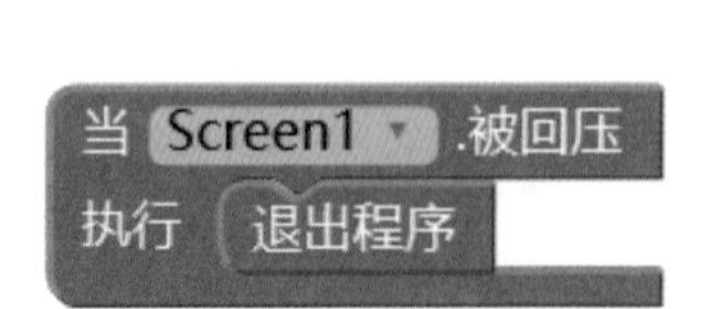

图2. 20　按压回退键关闭应用

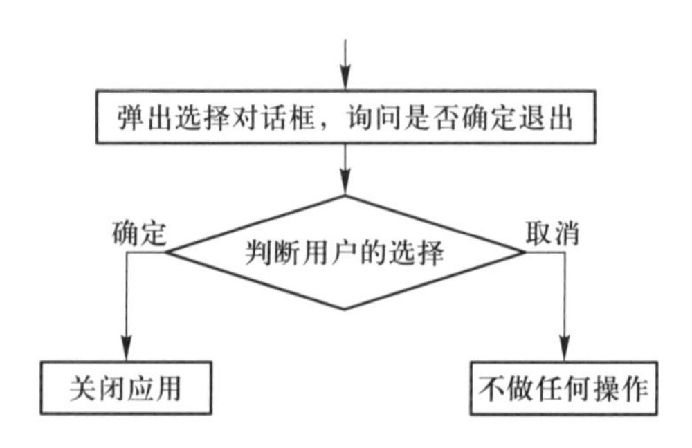

图2. 21　关闭应用流程图

表 2.9　关闭应用行为模块说明

组件	模块	说明
Screen1	当 Screen1 .被回压 执行	手机设备回退键按压事件处理器
对话框_提示	调用 对话框_提示 .显示选择对话框 消息 标题 按钮1文本 按钮2文本 允许撤销 true	弹出选择对话框，有5个参数槽。 消息：要显示的信息主体； 标题：对话框标题； 按钮 1 文本：对话框按钮 1 名称； 按钮 2 文本：对话框按钮 2 名称； 允许撤销：是否显示“取消”按钮
对话框_提示	当 对话框_提示 .选择完成 选择值 执行	选择对话框得到选择结果后的事件处理器。传入了一个参数“选择值”，值为被选的按钮名称
控制	如果 则	条件分支语句，当“如果”参数槽中拼入的条件模块结果成立（值为true）时，执行内部代码模块
控制	退出程序	关闭应用

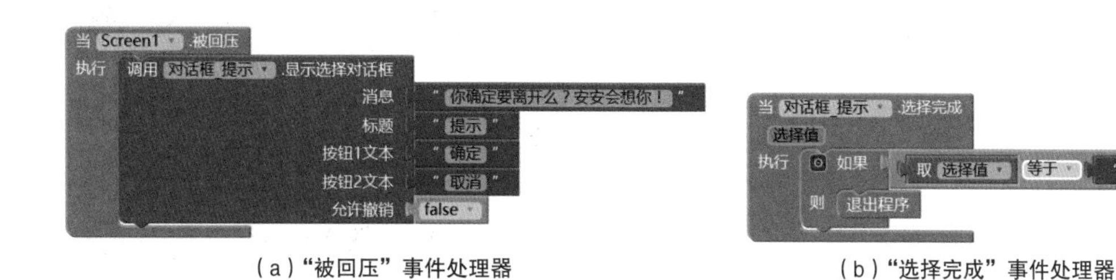

（a）“被回压”事件处理器　　（b）“选择完成”事件处理器

图 2.22　关闭应用行为实现

2.4　项目调试及运行

App Inventor 2提供了3种项目调试方式，这里先采用模拟器方式进行。

微视频
通过模拟器进行项目调试运行的讲解

2.4.1　连接模拟器

在使用模拟器之前，需要预先安装模拟器软件MIT_Appinventor_Tools_2.3.0，该软件官网的介绍页面为http://appinventor.mit.edu/explore/ai2/

setup-emulator.html，也可以从其他途径下载。

安装完成后，桌面上显示的图标如图2.23所示。

在Windows或者Linux系统中，用户需要双击该图标，启动aiStarter窗口，如图2.24所示。Mac系统会自动启动aiStarter。

图2.23　aiStarter图标

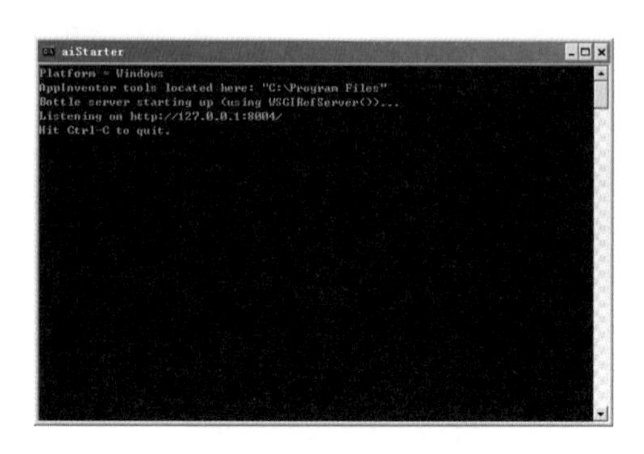

图2.24　连接模拟器

再打开开发网页，如图2.25所示，选择“连接”→“模拟器”命令。

网页会显示连接模拟器的提示。第一次需要等待一段时间，等待过程中，aiStarter窗口如图2.26所示。

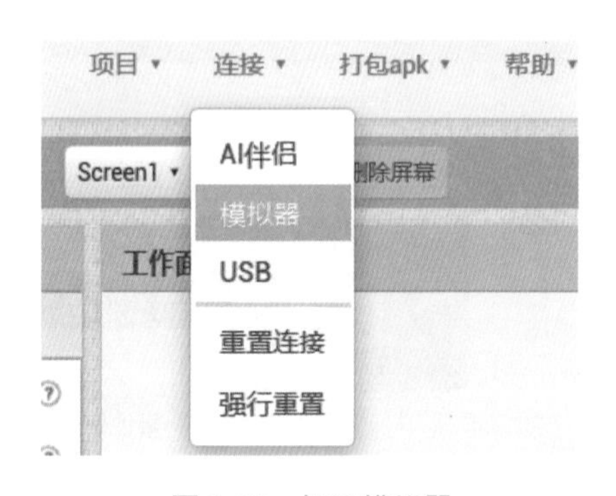

图2.25　打开模拟器

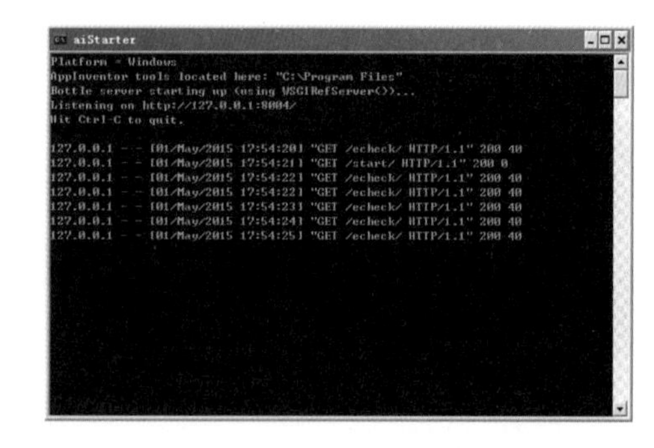

图2.26　aiStarter运行界面

直至手机5554：<build>界面出现，则说明模拟器启动成功，如图2.27所示。

由于模拟器中预装的调试专用App“AI伴侣”不是最新版本，系统会弹出对话框提示升级伴侣程序，单击“确定”按钮，如图2.28所示。

当模拟器中的伴侣程序升级完成后，关闭模拟器或者选择开发网页菜单中的“连接”→“重置连接”命令，然后重新选择模拟器进行连接。连接成功后，就会在模拟器中运行正在开发的App了，运行界面如图2.29所示。

图2.27　手机5554：<build>界面

（a）升级伴侣程序

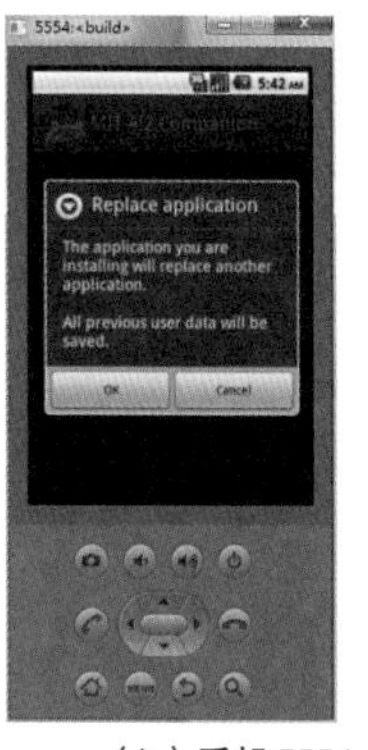

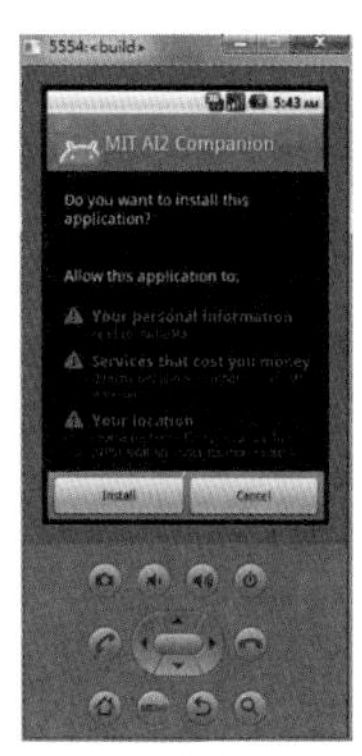

（b）手机5554：<build>界面

图2.28　升级伴侣程序后的模拟器界面

（a）APP首页　　（b）APP成功运行界面

图2.29　在模拟器中运行App

微视频
手动升级伴侣讲解

在模拟器中可以对App进行测试，比如单击“点我试试”按钮就可以看到运行效果，如图2.29（b）所示。不过遗憾的是，模拟器不支持检测手机摇晃的功能，如果要测试晃动手机后是否能正确回到孵化基地页面，还需要采用真实的手机进行测试，这时推荐采用Wi-Fi无线连接手机的方式进行。

模拟器中的AI伴侣程序升级可能是初学者遇到的一个难题，在不同计算机中的表现并不相同，有时并不会出现升级按钮，而只是提示版本太低，这时候需要手动进行升级。如果遇到问题，可以扫描二维码观看升级方法。

2.4.2　无线Wi-Fi连接到手机

Android手机内要有SD存储卡，才能执行以下操作。

首先需要在手机上下载安装MIT AI2 Companion App，软件下载地址为http://app.gzjkw.net/companions/MITAI2Companion.apk，或者通过扫描如图2.30

图2.30　下载MIT AI2 Companion APP的二维码

所示的二维码获取。这些信息可以通过在开发网站选择“帮助”→“AI同伴信息”命令找到。

下载完成后，在手机上安装“MITAI2Companion.apk”文件，软件运行界面如图2.31所示。

再打开开发网页，如图2.32所示，选择“连接”→“AI伴侣”命令。

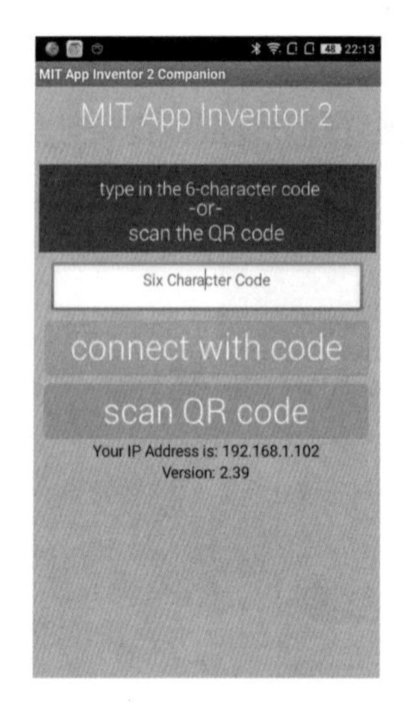

图2.31　AI伴侣运行界面

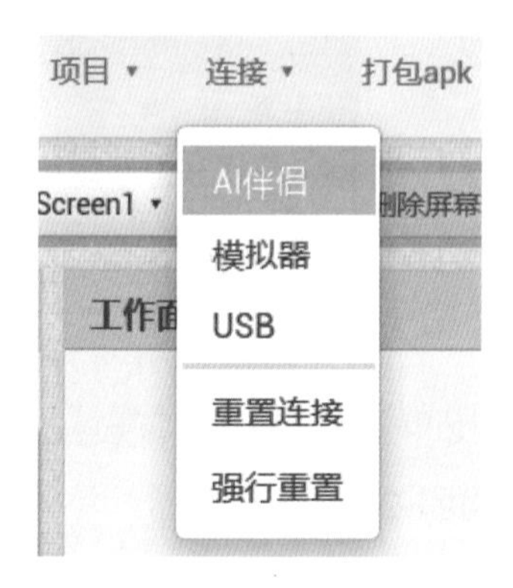

图2.32　通过Wi-Fi连接手机

当出现二维码时，可以使用如图2.31所示的scan QR code命令扫描。也可以直接在光标处输入如图2.33所示的“编码为：”后面对应的6位字符串。

操作完成后，手机上就会出现应用运行界面。

如果连接不成功，可能的解决方案如下。

（1）可能是安装的“AI伴侣”App版本太旧，可以通过升级或者下载安装最新版本的“AI伴侣”App解决。

（2）检查设备是否正常联网。

图2.33　应用二维码

（3）计算机和移动设备的网络不在同一网段，或者连接的不是同一无线网络。需要保证计算机和移动设备连接的无线网络处于同一网络。

（4）所在地的网关协议不允许无线连接，这种情况下仍然可以通过模拟器或者USB接口连接手机进行应用的调试运行。

2.4.3　使用USB接口连接手机

使用USB接口连接手机的方式也需要预先在计算机上安装aiStarter，具体步骤详见2.4.1节。另外也需要在移动设备上安装“AI伴侣”App，具体步骤详见2.4.2节。

安装完成后，需要对手机进行如下设置。

（1）在手机的主屏幕上选择“设置”→“应用程序”命令，勾选“未知源”选项（允许运行Android应用市场以外的程序，不同品牌的手机Android系统的“设置”菜单可能会有所区别）。

（2）选择“设置”→“应用程序”→“开发”命令，勾选“保持唤醒状态”选项。

（3）用USB线与计算机连接，会出现以下对话框通知。

① 一个“USB连接”的通知，手机通过USB连接到计算机。

② 一个“USB调试连接”的通知，手机有USB调试打开（选择“设置”→“应用程序”→“开发”命令）。

如果没有看到这个对话框，则说明手机没有与计算机连接成功，这时需要检查手机设置是否正确，USB连接是否正确，计算机中是否安装好手机驱动程序。

完成以上3个步骤后，就可以使用USB接口连接手机了。

打开开发网页，如图2.34所示，选择“连接”→USB命令。

完成后，手机上就会出现应用运行界面。

App Inventor中的部分功能，如“关闭应用”不支持联机调试。这时需要将应用安装到设备，才能调试相应的功能。

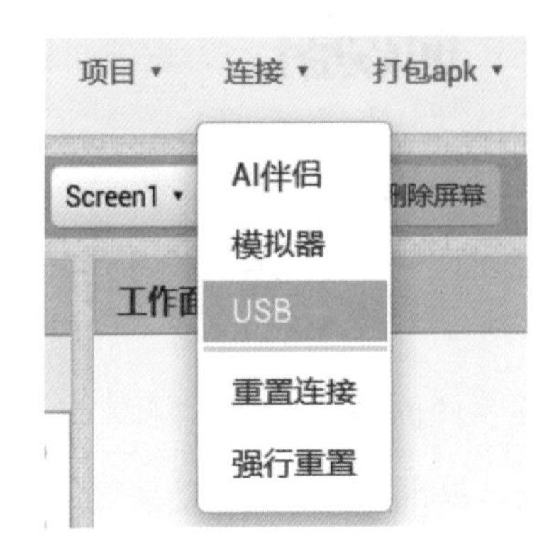

图2.34　通过USB接口连接手机

微视频
打包和安装apk文件讲解

2.4.4　打包apk文件

与手机连接成功后，可以直接在开发网页上方选择“打包apk”命令，生成可以安装到手机的Android App安装包。

如图2.35所示，打包apk有两种方式可供选择。

（1）打包apk并显示二维码。这种方式会在服务器端打包生成apk，并给出一个可供下载的二维码。用户可以直接扫码进行App的下载安装。这种方式不必把apk安装包下载到计算机中，调试比较方便；但这个二维码下载链接只有两个小时的有效期，过期就不能下载了。

（2）打包apk并下载到计算机。当打包生成好apk后，这个apk安装包会

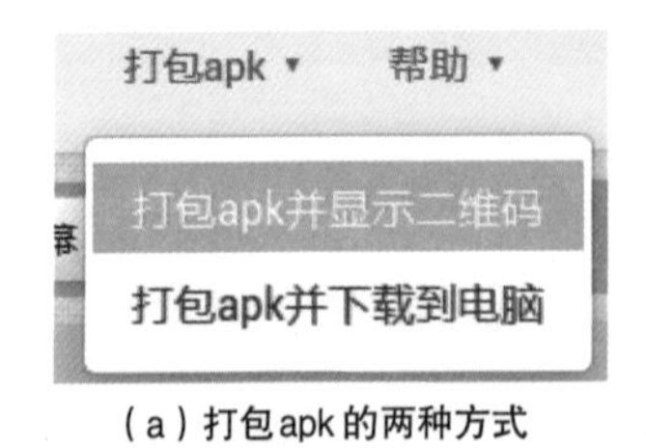

（a）打包apk的两种方式

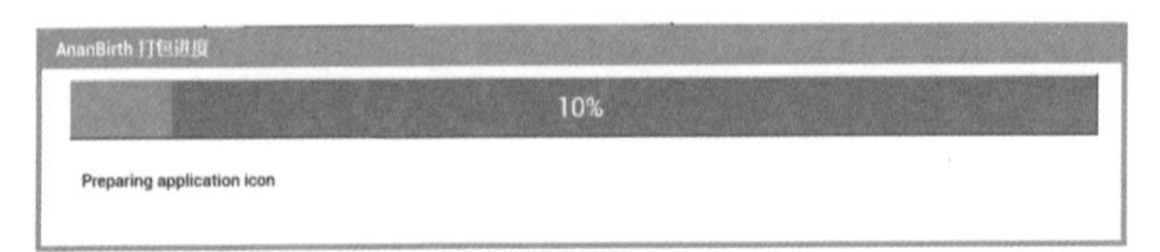

（b）“Anan Birth打包进度”提示框

（c）项目Anan Birth的二维码地址

图2.35　打包apk安装包

下载到计算机中。用户可以通过其他方式将App安装到自己的手机中。这种方式可以直接把apk文件分享给其他人，方便其他人安装。

任何一台计算机只要能联网访问开发网站，就可以通过登录自己的账户，方便地进行开发。但是所有的开发网站都无法保证一定不会宕机、出错等情况，因此，还是需要定期下载和备份已经编写好的应用。

2.5　程序设计

2.5.1　程序设计

现代计算机功能非常强大，不但可以进行科学计算，还能播放多媒体，上网，甚至在很多游戏和应用中体现出很高的智能。但完成这些任务靠的不仅仅是强大的CPU等硬件，关键是需要有相应的软件来指挥硬件执行。软件，也就是计算机程序，是人们为解决某种问题用计算机可以识别的代码编排的一系列处理步骤，计算机只能严格按照这些步骤去执行。计算机所表现出来的无所不能实际上都是由软件控制的，否则计算机就无法正常工作。

计算机最基本的处理单元是机器指令。单独一条机器指令只能完成一个最基本的功能，例如实现一次加法运算或者进行一次大小判断。每一条机器指令都是一串由“0”和“1”组成的二进制代码，因此要记住每一条指令及其含义非常困难，编写出来的程序也难以阅读和理解。另外，由于不同的计算机硬件系统所支持的指令系统不同，所以直接用机器指令编写的程序不具有兼容性，在一种机器上编制的程序在另一种机器上可能根本无法运行，这将是令人难以忍受的。所以，人们设计了各种程序设计语言来编写程序，由程序设计语言所编写的程序更利于人们阅读和理解，这些程序再通过一种软件（如编译系统）被转换成计算机能直接执行的指令序列。因此程序设计语言可以看作人与计算机交流的语言，能够有效地提高软件开发的效率。

在计算机技术的发展过程中，出现过各种各样的程序设计语言，如C、Pascal、BASIC等，这些语言主要擅长描述计算机问题的解决过程，因此也被称为面向过程的语言，使用这些语言进行的程序设计被称为面向过程的程序设计。与面向过程程序设计相对应的是面向对象程序设计。面向对象程序设计（object oriented programming，OOP）是一种新的计算编程范型，强调直接以问题域（现实世界）中的事物为中心来思考问题、认识问题，并根据这些事物的本质特点，把它们抽象地表示为系统中的类和对象作为系统的基本构成单位，并在系统构造中尽可能运用人类的自然思维方式。

对象是世界上客观存在的事物，它具有状态和方法（操作）。对象的状态由该对象具有的属性值决定，而方法用于改变对象的状态，是对象的行为。对象实现了数据和操作的结合，它们被封装在一起。

类是具有相同特征和行为的对象的抽象，对象是类的实例。类具有属性，属性用来描述该类对象在某个方面的特征，例如按钮具有的高度、宽度、颜色、文字内容、字体等特征。类也具有方法，是对象操作的抽象，例如按钮具有改变字体的方法。

典型的面向对象程序设计语言有在C语言的基础上发展出的C++语言、支持跨平台环境的Java语言等。

传统的程序设计是直接在文本编辑器中编写代码，完成后再上机调试，验证是否正确。这个过程比较烦琐。可视化的集成开发环境一般以面向对象程序设计为基础，可以帮助开发人员大幅提高开发效率，得到了业界的普遍认可。很多传统的非面向对象语言经过扩展都演化为支持可视化的面向对象程序设计语言，例如Pascal演化为Delphi，BASIC演化为Visual Basic等。在这些可视化集成开发环境中，根据面向对象思想预先设计好了很多组件，如按钮、文本框等界面组件，网络连接、报表打印组件等，这些可供开发者选用的组件其实就是类，将这些组件类实例化后就形成了开发对象，这为软件开发带来了极大的便利。可视化集成开发环境已经成为当前主流的软件开发环境。

微视频
App Inventor应用开发体系结构讲解

2.5.2 App Inventor应用开发体系结构

App Inventor也是一种可视化的集成开发环境。App Inventor应用了面向对象程序设计思想，把设计界面常用的元素和行为封装成组件，如可视的组件按钮、标签、图像等，非可视的组件如音效、传感器、微数据库等；而逻辑编辑器将各种可能的处理行为封装成内置块组件，如事件处理器、方法调用、流程控制等。通过积木块的拖放拼接来实现代码编写，这样编程者就不需要再关心编程的语法细节，避免繁杂的语法错误，从而把精力都放到创意上来，以最快的方式实现创意。

用App Inventor开发出的App体系结构如图2.36所示，包括组件、数据、过程、行为4大部分。

1. 组件

在App Inventor中，组件可以根据可见性分为两类：可视的和非可视的。可视组件是那些App运行时用户在界面上能看得见，如按钮、文本框和标签等组件。可视组件一般用于构建App的用户界面。

非可视组件是那些在App运行时看不见的组件，因此它们并不作为用户界面的一部分，而是提供了一些访问设备的内建功能。例如，短信收发器组件可以用来发送和处理短信文本，位置传感器组件可以检测设备的地理位置，文本语音转换器组件可以把文字变成声音。

此外还有一类特殊的非可视组件，如颜色、文本、列表、数学、逻辑等，由于它们在编程中被普遍使用且与屏幕界面无关，因此被归类到逻辑设计视图的“内置块”中。这样就不必在组件设计界面拖放这类组件到屏幕中，只需在逻辑设计中直接使用即可。

2. 数据

计算机软件最根本的操作是对数据的处理，首先需要表示和保存各类数据。

组件的属性表示组件某方面的特性信息。例如，部分可视组件有高度和宽度等属性，这些属性定义了组件的外观。非可视组件，如计时器的时间间隔属性，定义了周期性激发的时间间隔长度。这些组件的属性值就是数据的一种。

App中除了可以用组件的属性值来记录各种数据外，还可以通过定义变量来实现。变量可以理解为计算机编程语言中能存储计算结果或能表示值的抽

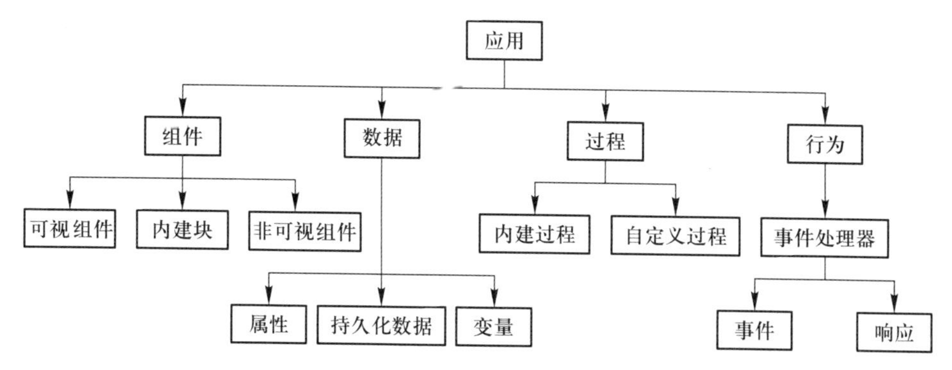

图2.36　App Inventor应用的体系结构

象概念。定义变量相当于为程序中要用到的数据取了一个名字，然后可以通过变量名来使用这个数据。变量相当有用，可以保存程序运行时用户输入的数据（如用户名和密码）、特定的运算结果（如打地鼠游戏中的得分和时间），或是需要显示在界面中反馈给用户的数据（如地图中当前位置的经纬度）等。变量是App运行时临时存放在内存中的一些数据，一旦关闭了App，App原来所占用的内存将被释放掉，这些变量关联的数据也就不再可用了。

如果希望App记录的数据不仅在它运行时可以用，而且当它关闭后重新打开时也能接着用，例如游戏App中的历史最高分，那么只用变量是无法实现的，这就需要进行数据持久化，例如将这些数据存放到外存（如SD卡或者云服务器）中。那些在App关闭后仍然保存的数据叫作持久化数据，它一般存放在文件或者某种类型的数据库中。App Inventor提供了一类专用于数据存储的组件，包括文件管理器、FusiontablesControl、微数据库和网络微数据库等，以实现数据的持久化存储和访问。

3. 过程

在App Inventor中，一般组件除了有属性外，还有一系列方法。有专用于属性值读取和修改的方法（属性取值器模块和属性设置器模块），还有用于实现某些功能方法，如照相机组件的拍照方法，通过调用它就可以完成拍照等特定的功能。这些方法是App Inventor的内建过程。

此外，App Inventor还提供了自定义过程功能，开发人员可以将实现一定功能的模块集合封装为一个整体，并为这个过程取一个名字和设置参数列表，以后就可以通过调用过程来实现代码的复用。这样不仅减少了重复编写代码的工作量，还使得代码变得简洁易懂，提高了程序的可维护性，降低了错误率。

4. 行为

可视组件定义了App的人机交互界面，但App的行为是由具体的交互过程体现的。App Inventor中的行为是由事件驱动的。所谓事件，就是发生了某种特殊情况，比如某个按钮被点击，手机接收到一条新的短信等。在App Inventor中，通过定义对事件的响应过程（事件处理器）来体现App的行为。

事件有很多种类型，不同组件所能响应的事件也不尽相同。事件可以通过触发方式进行分类，如表2.10所示。

表2.10 事件类型

事件类型	说明
用户触发事件	用户通过App可视界面触发的事件，这是最常见的事件类型。比如点击某个按钮事件，屏幕触摸和划动事件等
系统初始化事件	App启动是一个系统初始化事件，可以在Screen1的初始化事件处理模块中编写相应的响应功能。比如一个游戏App要读取并显示最近一次玩家登录过的账号作为默认账号
时间事件	App中有一些活动是由时间触发的，比如打地鼠游戏中的地鼠每隔1 s就会随机改变位置。App Inventor有计时器组件，它可以被用来触发时间事件
动画事件	动画事件是动画类对象专属的事件，可以方便地用来处理各类与动画和游戏相关的功能。比如两个动画精灵发生了碰撞，球形精灵弹到了边界等
外部事件	还有一些事件是由外部环境触发的，比如当手机收到一条短信时会触发一个事件，手机所在的地理位置发生改变时也会触发一个事件等

事件发生时，App会调用一系列过程模块来做出相应的处理。一般把响应某个事件而执行的一系列过程模块称为事件处理器。事件处理器是App Inventor执行的基本单元，任何功能模块代码都必须包含到某个事件处理器中才有可能被执行。一个App可能有一系列事件处理器：一些用来处理初始化工作，一些用来响应用户的输入，一些由时间触发，一些由外部事件触发，等等。设计App的行为逻辑就是通过这种方式进行的，为每个所关注的事件设计相应的事件处理器来响应处理。App的行为是由所有事件处理器集合决定的。

一个App的创建者必须从终端用户的外部角度和程序员的内部角度去看待要创建的App。通过App Inventor，可以设计App的外观和行为（一系列事件处理器），使得App的行为如你所想。

练习与思考题

1. 如果没有Android设备，还能不能利用App Inventor开发Android应用？如果能，有什么限制吗？
2. 在逻辑设计编辑器中，每个组件所关联的编程模块是否相同？可以分为几类？是否每个组件的关联模块都类别齐全？

3. 组件的属性可以在设计阶段设定，那能否在运行阶段动态改变？通过什么方法实现？

4. 如果一段代码模块没有放入任何一个事件处理器中，这段代码模块会不会被执行？

实验

1. **行动起来，根据“安安诞生记”App的教程，自己动手实践一遍，先学会模仿，从设计开发、模拟运行到apk打包下载安装到手机，感受整个过程。**

2. **在完成模仿开发后，适当做些改变和探索，例如：**

（1）在Screen组件中找到控制屏幕方向的属性，修改属性值为“自动感应”，看看运行时的效果有什么变化。

（2）给App换一个有个人特色的图标，应该怎么做？

（3）类似地，修改其他组件的一些属性，感受App的变化。

3. **开发一个“我的漫画书”App，使得可以通过按钮翻阅上传到素材库中的漫画图片（3 ~ 5页）。具体过程如下。**

（1）准备3 ~ 5个图片文件，内容为漫画书的小片段，可以从网站搜索下载。漫画图片内容不限，但要符合我国法律规定。

（2）设计App的界面，翻页可以通过按钮来实现，比如“前一页”和“后一页”按钮。

（3）编写App的行为，使其能正常翻页，并有适当的翻页提示，如“已经是第一页，不能往前翻了”，“已经是最后一页，不能往后翻了”等。

（4）完成测试工作后，导出源代码文件和apk安装文件，分享给大家，让大家一起体验你的成果。

第3章
安安猜价格

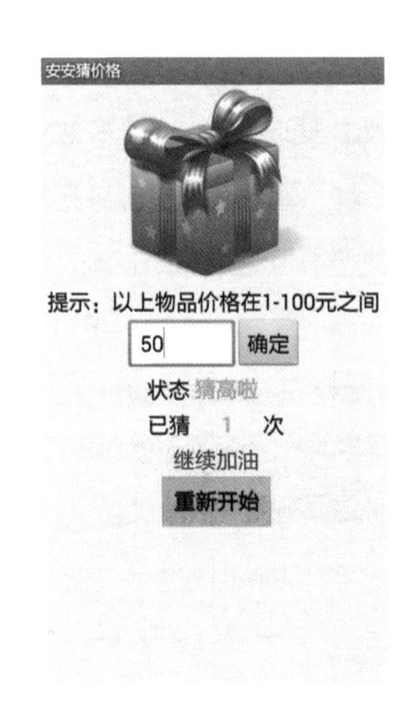

上一章开发了第一个小应用，机器人安安也由此诞生了，接下来，安安将带着大家开始一系列的开发和探索。本章的案例为“安安猜价格”。猜价格在生活中是一个比较有趣的小游戏，用户输入猜测的价格，系统会提示猜高了还是猜低了，以及已经猜过的次数。通过这个简单的案例，要进一步熟悉App Inventor开发环境及整个开发过程，并重点了解逻辑设计中条件判断模块的使用方法和“变量”这一内置块的应用。

本章要点

（1）定义和使用变量。
（2）如何产生随机数。
（3）控制屏幕的布局。
（4）了解数据和运算。
（5）学习条件判断模块。
（6）学习循环执行模块。

教学课件
第3章教学课件

微视频
"安安猜价格"App
运行演示

案例apk
"安安猜价格"apk
安装文件

3.1 "安安猜价格"案例演示

"安安猜价格"App的案例演示过程如图3.1所示。

（1）快来猜猜神秘礼物的价格是多少？系统会随机产生一个1 ～ 100之间的整数。

（2）输入猜测的数字，点击"确定"按钮，如果比实际价格高，则系统提示"猜高啦"，并把猜测次数加1，提示"继续加油"。

（3）继续根据提示输入数字，直到猜中为止，此时"确定"按钮失效，神秘礼物图片变成安安，系统提示"恭喜，猜对啦！"

（4）重新开始吗？点击"重新开始"按钮，再来一次吧，一切都恢复到初始状态。

（5）安装后应用图标如图3.1（e）所示。

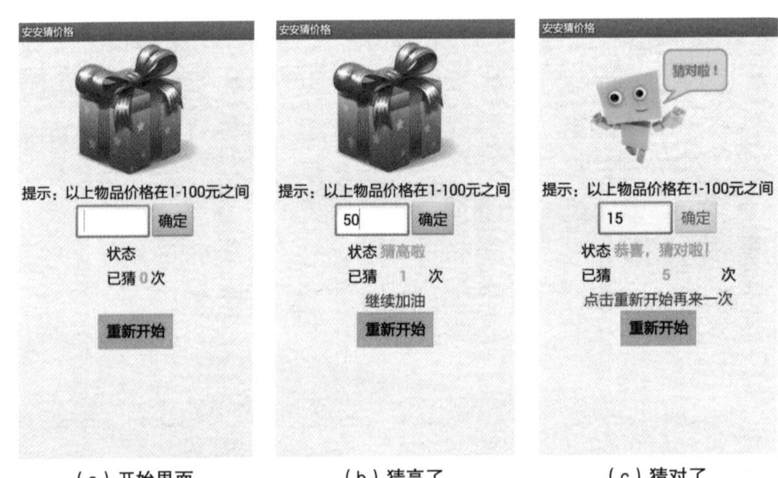

（a）开始界面　（b）猜高了　（c）猜对了

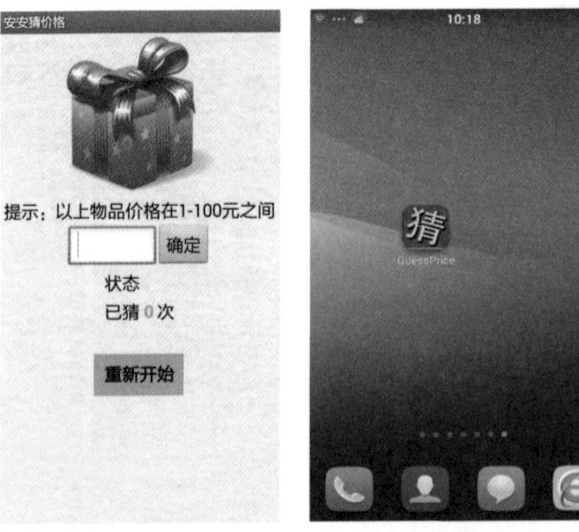

（d）重新开始　（e）安装完成的应用图标

图3.1 "安安猜价格"案例演示

3.2 “安安猜价格”组件设计

案例素材
“安安猜价格”App 的素材资源文件包

3.2.1 素材准备

通过以上案例展示，读者可以对界面、交互和行为都有所了解。为了实现这些效果，需要准备的素材为4张图片：background.jpg（背景图片）、gift.png（礼物图片）、anan.png（安安图片）、icon.jpg（图标图片），如图3.2所示。这些素材可以在本案例实验资源包中找到，也可以换成自己喜欢的图像文件。

图3. 2 “安安猜价格”资源文件

3.2.2 设计界面

微视频
界面设计讲解

用自己的账号登录开发网站后，新建一个项目，命名为“GuessPrice”。把项目要用到的素材上传到开发网站后，就可以开始设计用户界面了。

按照图3.3所示添加所有需要的组件，按照表3.1所示设置所有组件的属性。

图3. 3 “安安猜价格”界面设计

表 3.1 所有组件的说明及属性设置

组件	所在组件栏	用途	命名	属性设置
Screen	—	应用于默认的屏幕，作为放置其他所需组件的容器	Screen1	水平对齐：居中 AppName：安安猜价格 背景颜色：透明 背景图片：background.jpg 图标：icon.jpg 状态栏显示：取消勾选 标题：安安猜价格
图像	用户界面	用于神秘物品和安安的图片	图像	高度：180 像素 宽度：200 像素 图片：gift.png
标签	用户界面	用于提示系统产生的物品价格区间	标签_提示	字号：20 文本：提示：以上物品价格在 1 ~ 100 元之间
水平布局	界面布局	将组件按行排列	水平布局 1	默认
文本输入框	用户界面	用于用户输入猜测的价格数值	文本输入框_价格	字号：20 宽度：100 像素
按钮	用户界面	用于响应点击“确定”按钮提交价格行为	按钮_确定	字号：20 文本：确定
表格布局	界面布局	将组件按行列表格形式排列	表格布局 1	列数：3
标签	用户界面	用于放置文字“状态”	标签_状态	字号：20 文本：状态
标签	用户界面	用于显示用户输入的价格是否猜中的状态提醒	标签_提醒	粗体：勾选 字号：20 文本： 文本对齐：居中 文本颜色：橙色
标签	用户界面	用于放置文字“已猜”	标签_已猜	字号：20 文本：已猜

App Inventor 的界面设计虽然比较简单，通过直接选取一些组件加入屏幕中即可，但组件的位置并不能做到拖放到哪里就停留在哪里。为了达到界面组件布局效果，需要用到“布局”类组件。

续表

组件	所在组件栏	用途	命名	属性设置
标签	用户界面	用于记录用户猜中价格的次数	标签_计数	粗体：勾选 字号：20 文本：0 文本对齐：居中 文本颜色：橙色
标签	用户界面	用于提示是否猜中	标签_提示2	字号：20 文本： 文本颜色：红色
标签	用户界面	用于放置文字“次”	标签_次	字号：20 文本：次
按钮	用户界面	用于响应点击“重新开始”按钮行为	按钮_重新开始	背景颜色：橙色 粗体：勾选 字号：20 文本：重新开始

表3.1中未提及组件的各属性采用默认的属性值，不作修改。

在本例中，为了实现“文本输入框_价格”组件和“按钮_确定”组件并列一行，需要先放置一个“水平布局”组件，然后将两个组件放置在“水平布局”组件内。“水平布局”组件可以把所有放置在它内部的组件水平摆放。

微视频
界面布局组件讲解

“标签_状态”等其他5个标签组件需要实现2行3列的摆放，需要通过一个“表格布局”组件来完成。“表格布局”组件采取表格形式规划其内部组件，其中的组件会在一个行列形式的网格中摆放。如果多个组件占用同一个网格，那么只有最后一个组件是可见的。每一行的组件都在垂直方向上中心对齐。每列的宽度由这列中最宽的组件决定。行宽也是如此。

另外，“布局”类组件还有“垂直布局”组件，可以实现内置组件垂直排列。

微视频
逻辑设计思想和
流程图讲解

3.3 “安安猜价格”行为编辑

“安安猜价格”的行为流程如图3.4所示。

1. 随机产生一个价格

首先，系统随机产生一个礼物的价格并保存起来，以后用户每次输入猜

微视频
产生价格、实现猜测次数加1讲解

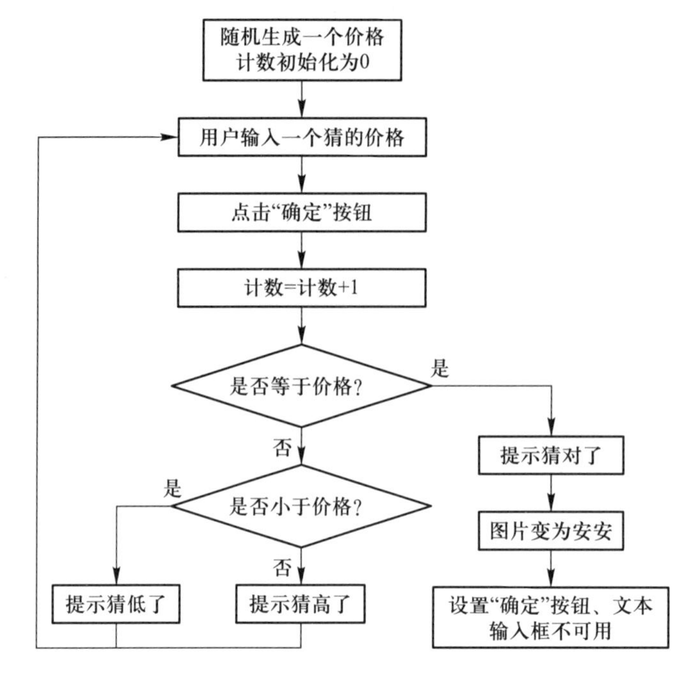

图3.4 “安安猜价格”行为流程图

的价格后要和这个价格比较。这需要一个价格“变量”来实现。

在App Inventor 2中，使用“变量”内置块定义变量。“初始化全局变量……为……”模块用来定义全局变量，如图3.5所示，其中模块中“我的变量”表示变量名，由用户根据需要进行修改。注意，同一个屏幕中的变量名称不能重复。此例中把变量名修改为“价格”，初始化全局变量 价格 为 。

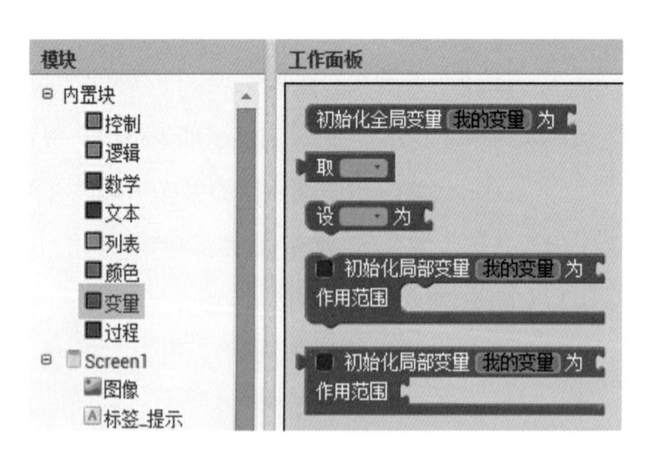

图3.5 “变量”内置块

变量“价格”的值要初始设置为系统随机产生的1 ~ 100之间的整数，在定义时可以调用“数学”内置块中的“随机整数”模块进行初始化，如图3.6所示。

在本例中还需要记录猜测的次数，每次猜测都会加1，因此还需要一个“计数”变量，将变量的初始值设为数值0。定义好的两个全局变量如图3.7所示。

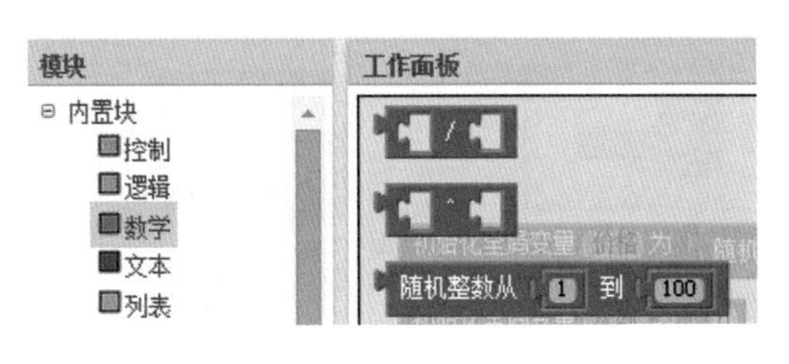

图3.6　“随机整数”模块

图3.7　定义全局变量

2. 猜测次数加 1

变量定义好后，应用变量实现猜测次数计数功能，当用户点击一次“确定”按钮，已猜次数增加1，并在App界面显示。具体实现代码如图3.8所示。

实现的思路就是当每次点击“确定”按钮时，让全局变量“计数”值在自身数值上加1，设置“标签_计数”的文本值为当前计数值。

定义全局变量后，在“变量”内置块使用“取……”模块 获取并使用全局变量，使用“设……为……”模块 给选取的全局变量重新赋值，在工作面板中，通过将光标悬浮于变量名上，同样也可以获取变量名并重新赋值，如图3.9所示。

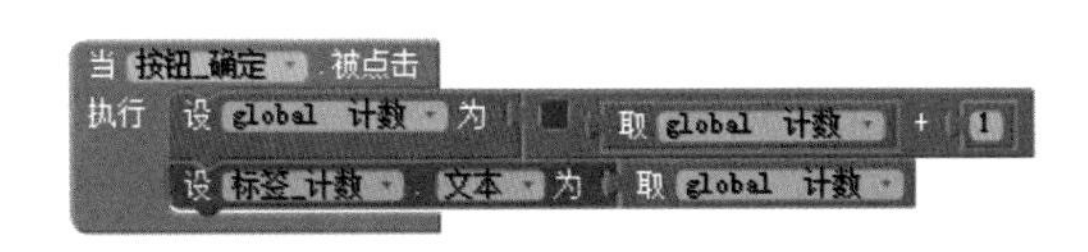

图3.8　计数功能的实现代码

图3.9　使用全局变量并重新赋值

3. 判断是否猜中价格

当用户在文本框中输入数字时，系统要对输入值与随机产生的价格进行大小判断。这将面临3种情况，即“输入值=价格”、“输入值<价格”或“输入值>价格”，而针对不同的情况，需要给用户不同的反馈，系统所执行的语句也将有所不同。

微视频
判断是否猜中价格讲解

在App Inventor中，提供了这种面对不同条件控制程序运行流程的模块，即“如果……则……”条件分支模块。由于本例中要针对3种情况选择不同的执行语句，因此需要多次判断。“如果……则……”模块的默认形态如图3.10

(a) 所示，只有一个条件槽，如果需要针对更多情况进行处理，则可以通过单击左上角蓝色齿轮小图标展开拼接模块，再根据需要拖入即可，如图3.10（b）所示。最终，本例中需要用到的3种条件判断模块如图3.10（c）所示。

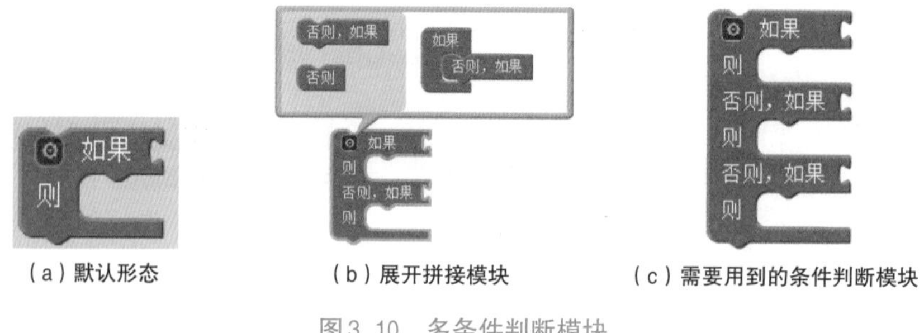

（a）默认形态　　（b）展开拼接模块　　（c）需要用到的条件判断模块

图3. 10　多条件判断模块

整个判断价格是否猜中的实现思路如下：如果“输入值=价格”条件成立，说明用户猜中价格，则执行设置相应提醒文本内容，不启用文本输入框和“确定”按钮，设置图片的程序，否则继续判断“输入值<价格”是否成立，如果成立，则执行设置“猜低啦”“继续加油”提醒文本的程序，如果不成立则继续判断“输入值>价格”是否成立，如果成立，则执行设置“猜高啦”“继续加油”提醒文本的程序。具体实现代码如图3.11所示。

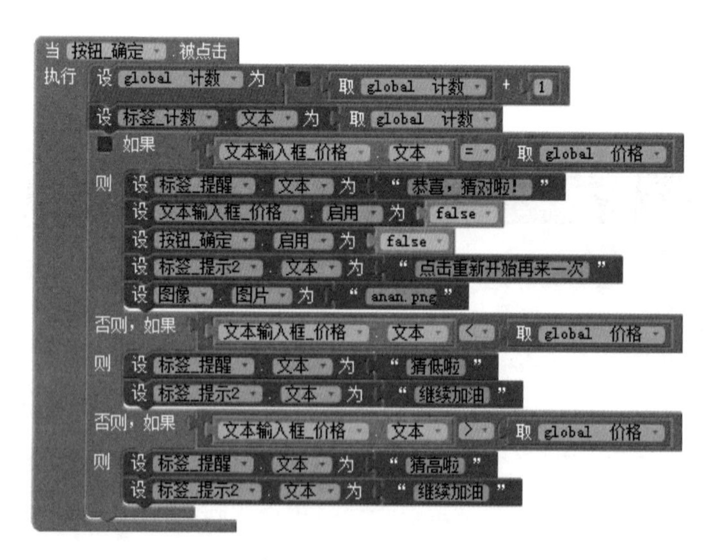

图3. 11　判断用户是否猜中价格的行为实现

在猜对价格时，之所以要加入设置价格文本输入框和“确定”按钮的启用状态为false的语句，主要是为了增强用户体验，防止出现猜对后还能继续猜的情况，否则将导致计数错误等问题。

4. 实现“重新开始”

微视频
实现重新开始讲解

当用户在任何时候点击“重新开始”按钮时，App都会恢复到打开时的初始界面，而且还需要把所有用户不能直接看到的内部变量值进行初始化。处理的流程如图3.12所示，实现代码如图3.13所示。

至此，本案例的初步开发工作就完成了，所有代码如图3.14所示。下一步就可以进行安装调试了。

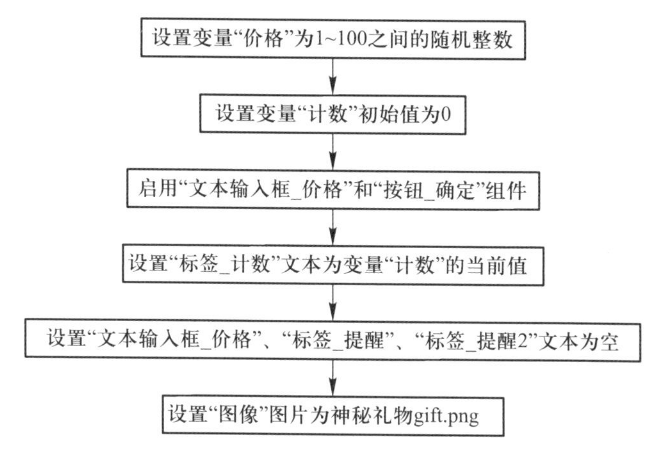

图3.12　“重新开始”按钮被点击时所触发的行为流程图

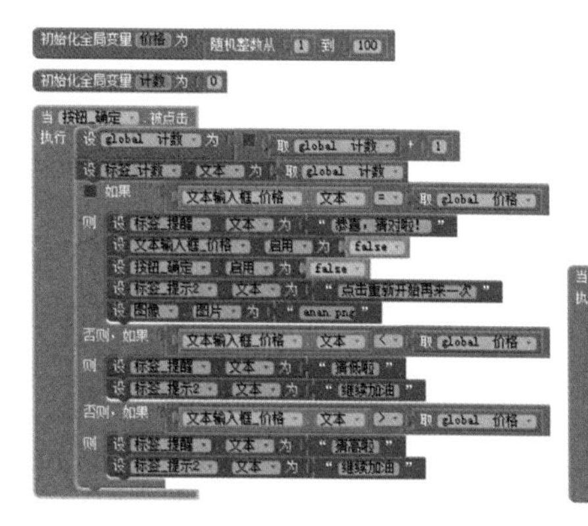

图3.13　“重新开始”按钮功能实现代码

图3.14　本案例所有代码

3.4　数据与运算

1. 常量、变量和数据类型

微视频
常量变量和数据类型讲解

程序是用来处理数据的，因此数据是程序的重要组成部分。在App Inventor中，数据有常量和变量之分。

所谓常量，是指在程序运行过程中，其值始终不能被改变的量，通常是固定的数值或者字符串。例如，上例中用到的1、100、“gift.png”、“恭喜，猜对啦！”等都是常量。常量可以直接在程序中使用。

所谓变量，是指在程序运行过程中，其值可以发生改变的量。在App Inventor中，变量需要先定义，然后通过指定的变量名来代表。这可以理解为变量由两部分组成：变量的标识符（即“名字”）和变量的内容（即“值”）。变量的内容在程序运行过程中是可以变化的，如上例中所定义的“计数”变量和“价格”变量。

数据多种多样，而程序设计语言本身的描述能力总是有限的。为了使程序设计语言能充分、有效地表达各种各样的数据，一般将数据抽象为若干种类型。数据类型就是对某些具有共同特点的数据集合的总称。

在App Inventor中提供的基本数据类型有以下几种。

（1）数值类型。数值类型的值除了像整数5、实数3.141 5等纯数值外，还可以用来表示时间信息。

（2）文本类型。文本类型的值是由字母、数字、符号和汉字等构成的字符串。

（3）逻辑类型。逻辑类型也称为布尔类型，表示该变量的值只有两种：true和false，分别表示“真”和“假”。一般用来表示逻辑判断的结果，通过该值来控制某组件是否可用、可见等。

（4）颜色类型。颜色也被设定为一种数据类型，便于用户直观地进行编程开发。

（5）列表类型。列表实际上是一种稍微复杂的数据结构，一个列表可以由很多项单元组成，就像一列火车，每节车厢就是一个单元，每个单元都可以存放信息。App Inventor 把列表设定为一种数据类型，这为开发人员带来了便利。

常量和变量都有数据类型，常量的数据类型由它所属的模块决定，如 1 属于“数学”模块，所以它是数值类型， “gift.png” 属于文本模块，所以它是文本类型， true 属于逻辑模块，所以它是布尔类型。

在App Inventor中，变量的类型是在定义变量并进行初始化赋值时由值的类型确定的。例如 初始化全局变量 计数 为 0 ，变量“计数”的数据类型就是数值类型，而定义为 初始化全局变量 提示信息 为 “保存成功！” ，则变量“提示信息”的数据类型就是文本类型。如果在定义变量时不对该变量的值进行初始化赋值，那么该变量的数据类型为待定，需要等到程序运行时有赋值操作时再确定。

微视频
赋值运算讲解

2. 赋值运算

赋值运算的作用是把一个表达式的值赋给一个变量。App Inventor的“变量”模块中提供了模块实现赋值运算。如把数值27赋值给变量x的模块为，新赋的值将替换原来的值。

在其他程序设计语言，比如C语言中，一般赋值运算符为“=”，赋值表达式的简单形式如下：

变量=表达式；

在App Inventor中，上述赋值表达式等价于C语言中的赋值表达式“x=27；”。

赋值表达式的基本运算过程如下。

（1）计算赋值运算符右侧表达式的值。

（2）将赋值运算符右侧表达式的值赋给赋值运算符左侧的变量。

例如，会先计算插槽表达式的值3×7的结果为21，然后再将21赋给x。实际上，相对于其他编程语言，App Inventor处理数据类型时兼容性很强。例如，可以把数字2和文本“3”加起来，这个表达式的值为数值5。在运算发生前，App Inventor会自动把文本“3”转换为数字3。但如果试图把数字2和字母b加起来则会引发错误（字母b模块无法拼接进去），因为App Inventor不能把字母b转换为一个数字。所以，在使用不同数据类型进行操作时要稍微小心点，但App Inventor已经让编程尽量简单了。

在其他编程语言中，数据类型的划分一般会更细。例如，大多数编程语言会根据数字的精度和表示范围将数据划分为不同的数据类型，比如整数integer、浮点数float、双精度浮点数double、短整数short、长整数long等，也会区分单个字符char和字符串string等。

3. 运算

程序对数据的处理是通过一系列运算实现的，运算通常是用运算符来表达的。常见的运算有4类：赋值运算、算术运算、关系运算和逻辑运算。

微视频
运算讲解

对每种数据类型，都有针对这种数据类型值的处理方法，和组件的方法类似。例如，方法+用来把两个数的值相加，而方法“求长度”用来测量文本字符串的长度。

4. 变量定义

变量分为局部变量与全局变量，局部变量又可称为内部变量，由某对象或某个过程所创建的变量通常都是局部变量，只能被内部引用。在App Inventor中，局部变量只能在事件处理器模块中定义和调用。全局变量则可以在事件处理器外的任何地方创建，也可以在程序的任何地方使用。本例中所定义的变量均为全局变量。在给变量起名时要尽量做到“见名知意”，使人一看到变量名就知道它的含义。

微视频
算术运算讲解

5. 算术运算

算术运算包括加、减、乘、除、求余和其他一些操作，如表3.2所示。

表3.2 算术运算模块

运算模块	+	-	×	/
名称	加	减	乘	除

其中，加法和乘法模块左上角有一个蓝色齿轮小图标，展开后可以拼接更多数字参与运算。

此外，App Inventor还提供了求模数等运算模块，可以实现求两个整数相除的余数和商数，如图3.15所示。如[模数 23 除以 5]的值为3，[余数 23 除以 5]的值为3，[商数 23 除以 5]的值为4。

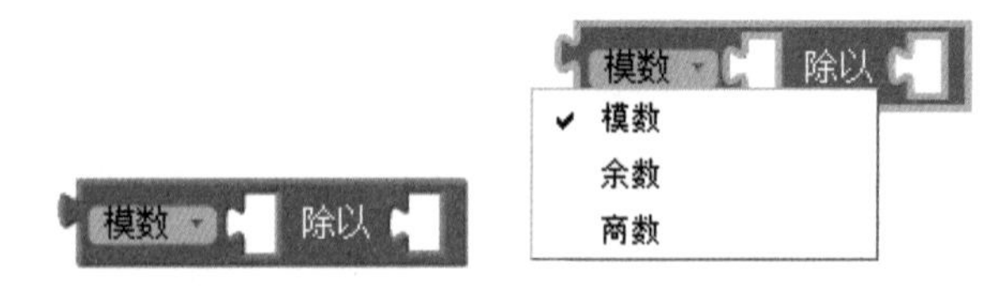

图3.15 求模数运算模块

微视频
关系运算讲解

6. 关系运算

关系运算就是比较运算，对两个操作数进行比较，运算结果是true或false。例如，式$x \leqslant 15$比较两个数x和15的大小，若x的值是9.5，该式成立，结果为true；若x的值是21.3，该式不成立，结果为false。

在App Inventor中提供了6种关系运算符，如表3.3所示，它们都是双目运算符，即运算符的左右都有一个操作数参与运算。

表 3.3　关系运算符

运算符	=	≠	<	≤	>	≥
名称	等于	不等于	小于	小于或等于	大于	大于或等于

用关系运算符将两个表达式连接起来的式子被称为“关系表达式”。在App Inventor中，由“数学”组件提供关系运算模块，如图3.16所示。

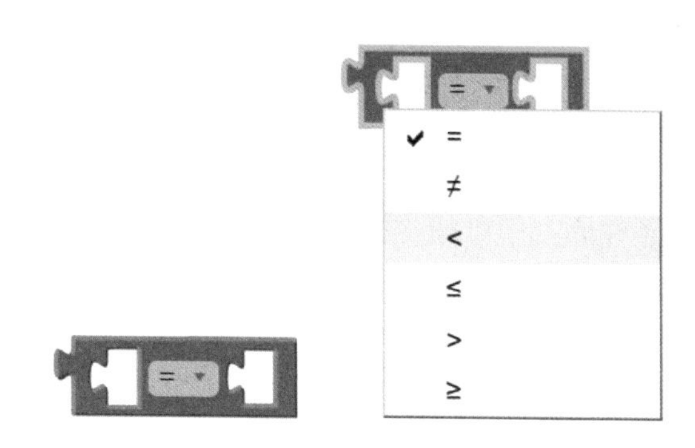

图 3. 16　关系运算模块

在App Inventor中，可以用关系表达式来描述给定的一些条件。例如，判断x是否大于0，可以用 取 global x > 0 模块来表示，它比较两个操作数x和0，如果x是正数，则该表达式的值为true，即为真；否则条件不成立，表达式的值为false，即为假。

7. 逻辑运算

逻辑表达式就是用逻辑运算符将逻辑运算对象连接起来的式子，它的值反映了逻辑运算的结果。App Inventor提供了4类逻辑运算模块，如表3.4所示。逻辑运算对象可以是关系表达式或逻辑表达式，逻辑运算的结果是true或false。

微视频
逻辑运算讲解

表 3. 4　逻辑运算模块

运算模块	等于	否定	并且	或者
名称	等于/不等于	非	且	或

设a和b表示逻辑运算对象，逻辑运算模块的功能描述如下。

取 global a 等于 取 global b：如果a的值和b的值相等，则结果为true；否则，结果为false。

取 global a 不等于 取 global b：如果a的值和b的值相等，则结果为false；否则，结果为true。

否定 取 global a：如果a为true，则结果为false；如果a为false，则结果为true。

取 global a 并且 取 global b：当a和b都为true时，结果为true；否则，结果为false。

取 global a 或者 取 global b：当a和b都为false时，结果为false；否则，结果为true。

通过逻辑运算，可以计算出综合多个条件的最终结果。例如在某大学，学生参评奖学金的条件为：学分绩点排名年级前25%，或者学分绩点排名年级前50%且学科竞赛获得省级三等奖以上奖项。

各种运算符把不同类型的常量和变量按照语法要求连接在一起就构成了表达式。这些表达式还可以复合起来形成更复杂的表达式。表达式的运算结果可以赋给变量，或者作为控制语句的判断条件。需要注意的是，单个变量或者常量也可以看作一个特殊的表达式。

微视频
语句与程序结构讲解

8. 语句与程序控制

一个程序的主体是由语句组成的。语句决定了如何对数据进行运算，也决定了程序的走向，及根据运算结果确定程序下一步将要执行的语句。控制语句是程序设计的核心，它决定了程序执行的路径，也决定了程序的结构，如分支结构、循环结构等。

最简单的程序结构就是顺序结构，即依次书写的一系列语句，程序按书写的顺序一条语句一条语句地执行。

微视频
分支结构讲解

9. 分支结构

如果要在程序的执行过程中改变执行顺序，比如根据某一条件表达式的计算结果选择不同的程序语句，这时需要用到分支结构。

在App Inventor中提供了“如果……则……”模块，该模块用于实现分支结构，可根据表达式的值选择语句执行。“如果……则……”模块如图3.10所示，位于“控制”内置块中，可以实现简单的单条件和多条件判断功能，单击模块左上角蓝色齿轮小图标会出现扩展结构，可根据需要调整为多种形式的多条件判断模块。图3.17列举了其中的一部分。

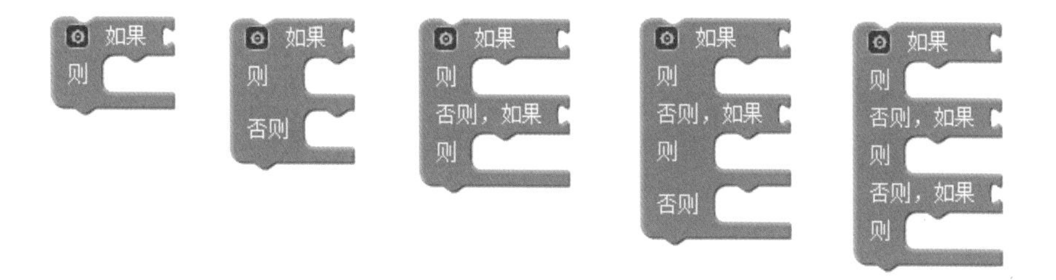

图3.17　分支模块

例如，为鼓励居民节约用水，自来水公司采取按月用水量分段计费的办法，居民应交水费y（元）与月用水量x（吨）的函数关系式如下（设$x \geqslant 0$）。输入用户的月用水量x（吨），计算并输出该用户应支付的水费y（元）：

$$y=\begin{cases} \dfrac{4x}{3} & x \leqslant 15 \\ 2.5x-10.5 & x>15 \end{cases}$$

根据题意，计算y值的程序语句是要根据x值的不同而有所区别，是一个明显的分支结构。编写的核心代码模块如图3.18所示。

图3.18　实现分段计算水费的代码模块

在App Inventor中还提供了一个带返回值的分支语句模块，以上问题可以采用另一种实现方法，如图3.19所示。

图3.19　另一种实现分段计算水费的代码模块

微视频
循环结构讲解

10. 循环结构

循环结构用于控制语句或者语句段落的多次执行。一般有两种基本形式。

（1）指定次数循环：其基本形式为“执行循环体语句N次”，其中N是一个正整数。

（2）条件循环：其基本形式是“当条件C成立时，反复执行循环体”，其中C是条件表达式。

在App Inventor中，也分别提供了相应的循环模块。

如图3.20（a）所示，循环变量“数字”的取值范围为1到5，每执行一次循环体语句后循环变量加1，因此循环体能执行5次，当循环变量增加到6时，将超出循环取值范围，退出循环。例如要计算1+2+3+…+100的值，可以通过图3.21所示的代码实现。

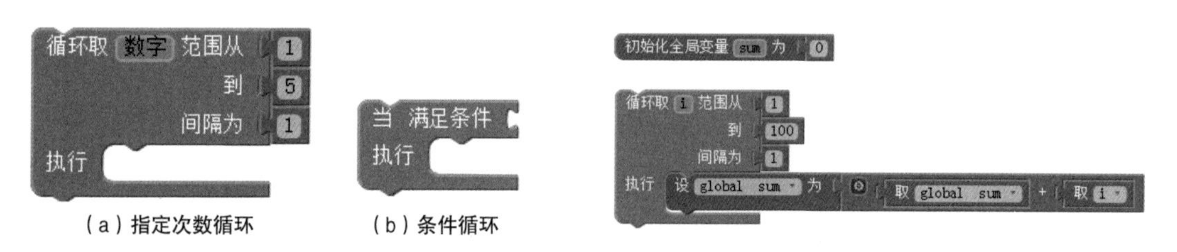

图3.20　循环模块　　　　图3.21　采用指定次数循环实现“求1～100累加和”

以上代码可以通过如图3.22所示的流程图加以理解。

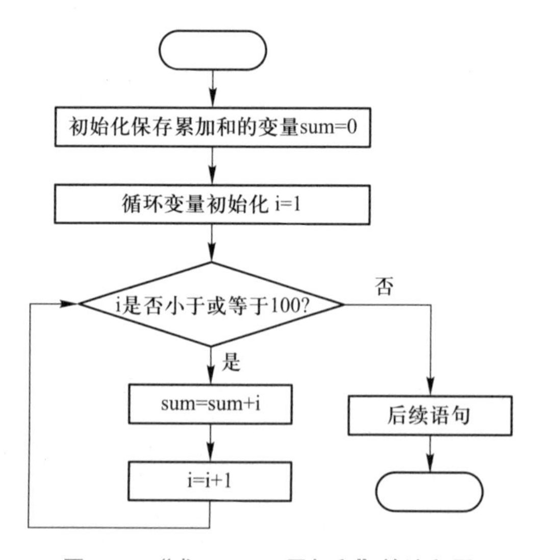

图3.22　“求1～100累加和”的流程图

同样地，实现求1～100累加和的功能，还可以采用图3.20（b）所示的条件循环模块，具体的代码模块如图3.23所示。

```
初始化全局变量 sum 为 0
初始化全局变量 i 为 1
当 满足条件 取 global i ≤ 100
执行 设 global sum 为 取 global sum + 取 global i
     设 global i 为 取 global i + 1
```

图 3. 23　采用条件循环实现“求 1 ～ 100 累加和”

由于条件循环模块中没有自带循环变量i，因此需要定义一个变量i，并且初始化其值为1。循环执行条件就是判断i ≤ 100是否成立。循环体有两条语句，一条语句更新sum值，另一条语句改变循环变量i的值，让i+1，这样i会随着每次执行循环体语句逐渐增加，当其值超过100时，循环条件将不再成立，循环结束。

在写条件循环语句时，如果设计不当，有可能会让循环条件一直成立，比如上例中漏写第2句循环变量加1的语句，那么程序执行会陷入死循环，一直在执行循环体语句。这时给用户的感觉就是一直计算不出结果，像死机了一样没有反应。

3.5　机器猜价格

前面开发完成了由用户猜价格的小应用，如果没有特定的策略，猜中需要的次数可能相差很大，运气好的话第一次就能猜对，但运气不好时就难说了。下面开发两个机器猜价格的功能。一个是笨笨机器模式，另一个是聪明机器模式。为此需要在界面上加两个按钮，通过点击按钮激活相应的猜测模式。修改后的界面如图3.24所示。

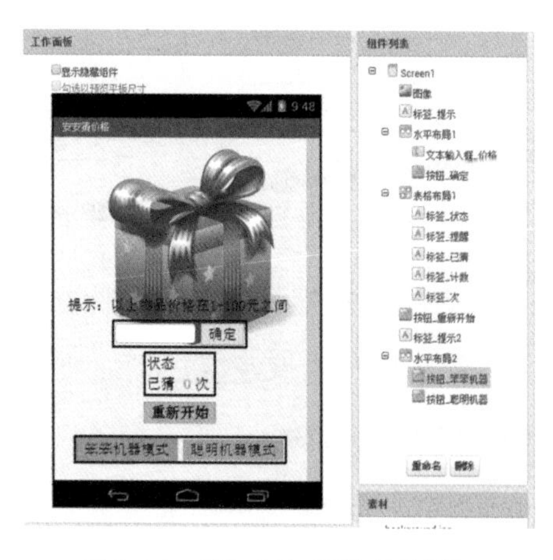

图 3. 24　增加了机器模式的界面

新增的3个组件设置如表3.5所示。

表3.5　新增组件的说明及属性设置

组件	所在组件栏	用途	命名	属性设置
水平布局	界面布局	将组件按行排列	水平布局2	默认
按钮	用户界面	用于响应点击“笨笨机器模式”按钮的行为	按钮_笨笨机器	背景颜色：绿色 字号：20 文本：笨笨机器模式
按钮	用户界面	用于响应点击“聪明机器模式”按钮的行为	按钮_聪明机器	背景颜色：粉色 字号：20 文本：聪明机器模式

3.5.1　笨笨机器模式

微视频
笨笨机器模式讲解

笨笨机器模式的策略就是从第一个数（最小一个）开始，一个一个试，每次加1，直到最后成功为止。其实现流程如图3.25所示。

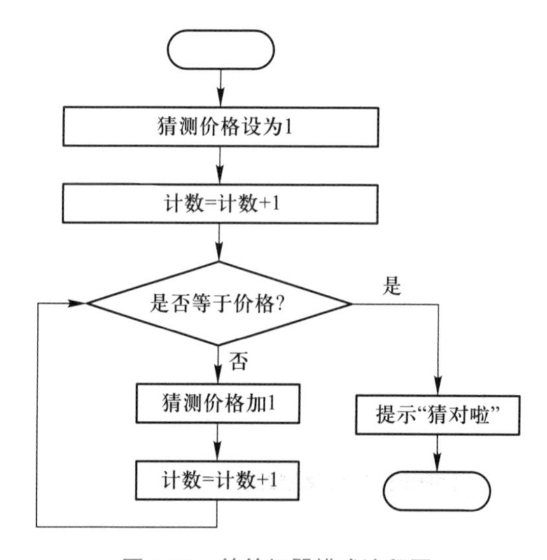

图3.25　笨笨机器模式流程图

在笨笨机器策略中，会不停地把当前的猜测价格和礼物价格对比判断，只要不相等，就会把猜测价格加1和计数次数加1后接着比较，如此循环，直到相等为止。这是一种典型的循环结构，根据一定条件判断是否要重复执行循环体语句。App Inventor的控制模组中提供了“当满足条件……执行……”语句模块，如图3.26所示。

利用“当满足条件……执行……”语句模块可以完成笨笨机器模式的行为，最终代码如图3.27所示。

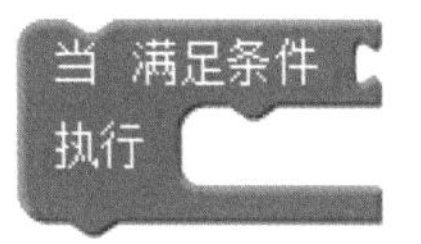

图3.26　“当满足条件……执行……”语句模块

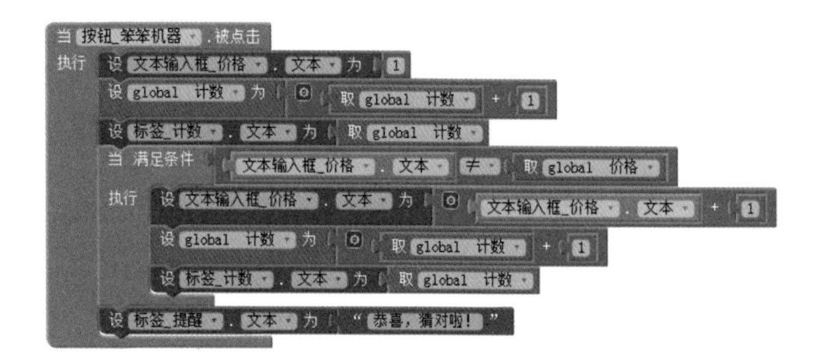

图3.27　笨笨机器模式实现代码

当采用笨笨机器模式猜价格时，运气最好时就是礼物价格正好为1，那么第一次猜就对了。而当礼物价格是100时则需要猜100次才猜到，这和前面由用户无策略地随机猜测效果差不多，只不过出价步骤由人工变成了软件自动进行。如果考虑到出价后会给出是高还是低的反馈，平均效果还不如人工猜测。

3.5.2　聪明机器模式

聪明机器模式不再是随机出价或者逐个出价，而是利用游戏规则，设计比较好的出价策略。这里介绍一种算法，叫作“二分法”。每次出价取当前价格区间的中间值，如果不是该价格，则更新价格区间，这样每次价格区间都可以缩小一半。以本题为例，第一次出价为50，如果提示价格太高，则说明价格上限应该更新为小于50的最大整数，即49，更新后的价格区间为[1, 49]；而如果提示价格太低，则说明价格下限应该更新为大于50的最小整数，即51，后面只需要在[51, 100]区间中猜测即可。如此反复，直到猜对为止。聪明机器模式流程图如图3.28所示。

微视频
聪明机器模式讲解

如图3.29所示，在实现聪明机器模式时，新定义了3个全局变量并进行了初始化，分别是“价格下限”、“价格上限”和“猜测价格”；然后根据图3.28所示的流程图用App Inventor中的相应模块进行实现。

通过聪明机器模式进行猜测，发现只需要很少几次就能猜对。最好的情况是第1次就猜对，而最差的情况也会在第7次猜对。由此可见，同样是解决一个问题，算法的好坏差别很大。

所谓算法，就是一个有穷规则的集合，其中的规则规定了解决某一特定

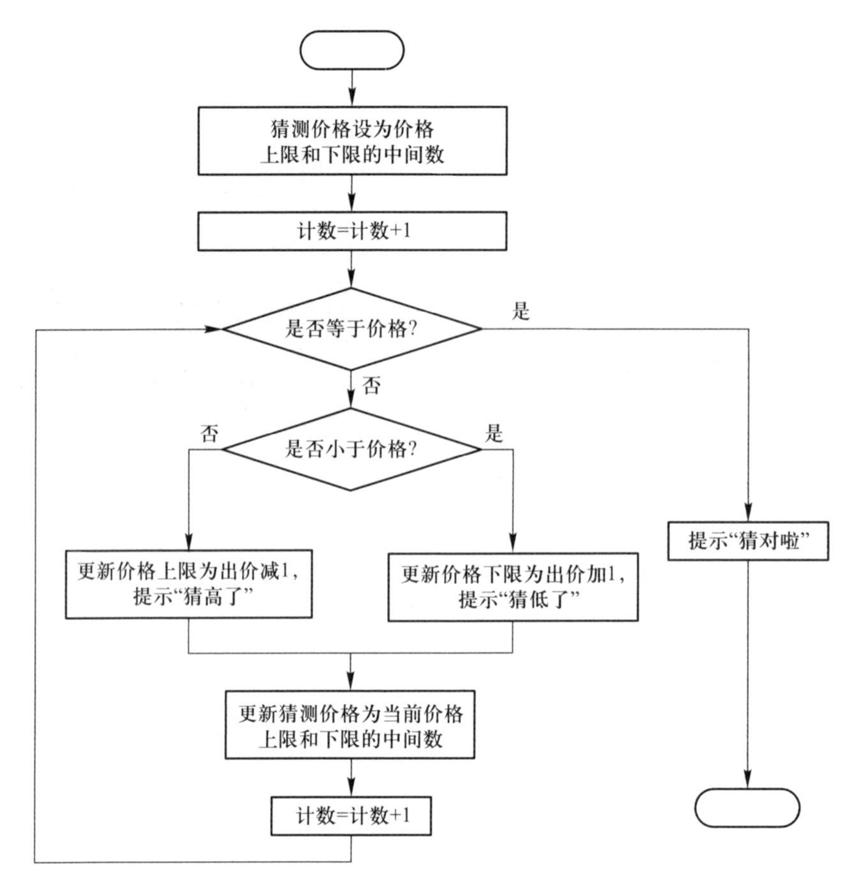

图 3.28　聪明机器模式流程图

```
初始化全局变量 价格下限 为 1
初始化全局变量 价格上限 为 100
初始化全局变量 猜测价格 为 50

当 按钮_聪明机器 .被点击
执行 设 global 猜测价格 为 商数 ( 取 global 价格上限 + 取 global 价格下限 ) 除以 2
     设 文本输入框_价格 . 文本 为 取 global 猜测价格
     设 global 计数 为 取 global 计数 + 1
     设 标签_计数 . 文本 为 取 global 计数
     当 满足条件 取 global 猜测价格 ≠ 取 global 价格
     执行 如果 取 global 猜测价格 < 取 global 价格
          则 设 标签_提醒 . 文本 为 "猜低啦"
             设 global 价格下限 为 取 global 猜测价格 + 1
          否则 设 标签_提醒 . 文本 为 "猜高啦"
             设 global 价格上限 为 取 global 猜测价格 - 1
          设 global 猜测价格 为 商数 ( 取 global 价格上限 + 取 global 价格下限 ) 除以 2
          设 文本输入框_价格 . 文本 为 取 global 猜测价格
          设 global 计数 为 取 global 计数 + 1
          设 标签_计数 . 文本 为 取 global 计数
     设 标签_提醒 . 文本 为 "恭喜，猜对啦！"
```

图 3.29　聪明机器模式实现代码

类型问题的一个运算序列。通俗地说，算法规定了任务执行、问题求解的一系列步骤。算法可以用多种方式来描述，如自然语言、流程图、伪代码等。其中流程图是算法的图形表示法，它用图的形式掩盖了算法的所有细节，只显示算法从开始到结束的整个流程。例如，3 种控制结构可以用流程图表示，如图 3.30 所示。

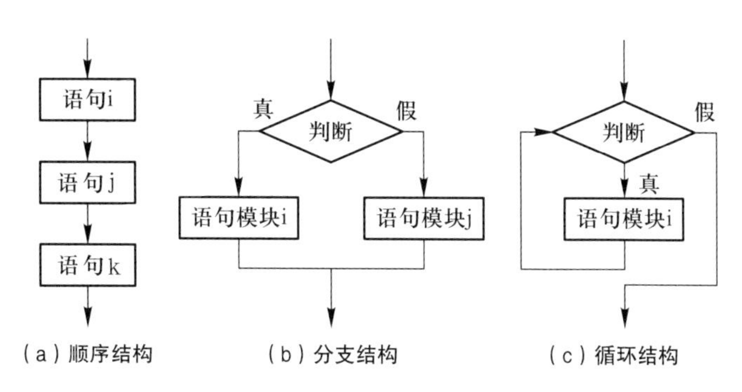

图 3.30　3 种控制结构的流程图

练习与思考题

1. 在图 3.23 中采用条件循环实现“求 1 ～ 100 累加和”的实现中，如果把循环变量 i 等于 i 加 1 的语句修改为 i 等于 i 加 2，其他保持不变，计算的是什么表达式的结果？
2. 判断变量 year 是否是闰年的逻辑表达式如何写？如果 year 是闰年，则 year 能被 4 整除但不能被 100 整除，或 year 能被 400 整除。

实验

1. 行动起来，根据“安安猜价格”App 的教程，自己动手实践一遍，感受整个过程。

2. 在完成模仿开发后，适当做些改变和探索，例如：

（1）给“安安猜价格”应用增加按手机返回键的退出提醒功能。

（2）尝试设置用户猜中价格的限定次数，超过限定次数即为失败。

3. 开发一个“简单计算器”App，可以实现两个数的加、减、乘、除运算功能。具体过程如下。

（1）设计 App 的界面，可以输入两个操作数和操作符（加、减、乘、除），以及等号。

（2）编写 App 的行为，能正常实现数字的加、减、乘、除计算，对除零情况有提示。

（3）做好测试工作后，导出源代码文件和 apk 安装文件，分享给大家，让大家一起体验你的成果。

第4章

安安爱画画

本章以一个“安安爱画画”App为案例，对App Inventor程序开发做进一步介绍。本例App是一个具有最基本绘图功能的涂鸦画板，在一张画布上可以选择画笔的颜色和作画的方式（画圆、画线或写文字），画好还可以保存。通过本案例，将对画布、球形精灵、计时器、滑动条等组件和屏幕触摸、滑动等行为进行详细讲解。本例App含有两个屏幕，通过画笔颜色设置讲解多个屏幕间的调用和数据传递。

本章要点

（1）利用画布实现绘图功能。

（2）采用球形精灵组件和计时器组件实现动画效果。

（3）处理触摸和划屏行为。

（4）颜色的合成。

（5）多个屏幕间的调用和数据传递。

教学课件
第4章教学课件

微视频
"安安爱画画"App运行演示

案例apk
"安安爱画画"apk安装文件

4.1 "安安爱画画"案例演示

"安安爱画画"案例演示如图4.1所示。

（1）美丽的树边有4个小球在不断变换位置。

（2）在两个黄色小球之间画一条黄色的线。

（3）在粉色小球位置画出一个粉色的实心圆。

（4）在红色小球的位置打上倾斜的红色AnAn文字。

（5）播放一个音效，并在触碰的位置出现紫色AnAn文字，文字以随机角度旋转。

（6）直接用手指在画布上作画。

（7）保存当前画布上的图像，并提示保存成功。

（8）通过手机文件管理器查看保存在SD卡根目录的图像文件。

（9）利用手机的图像查看软件查看所保存的图像文件。

（10）跳转到另一个屏幕，拖动滑块可以通过设置RGB三色进行调色。点击"确定"按钮后，画布的画笔颜色变为调色板显示的颜色。

（11）画布恢复到初始状态。

（12）安装完成的应用图标如图4.1（1）所示。

（a）开始界面

（b）点击"画线"按钮

（c）点击"画圆"按钮

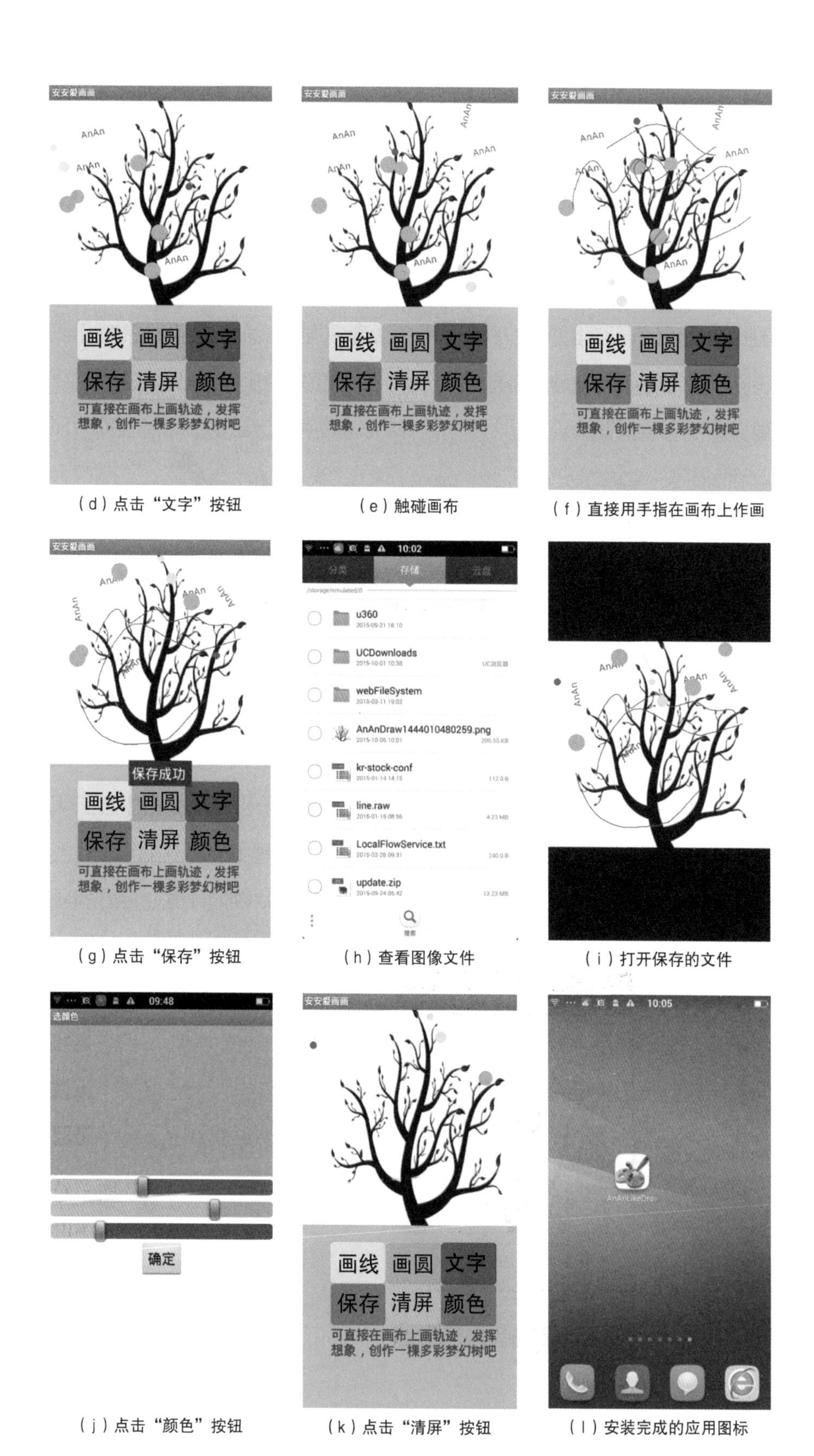

（d）点击“文字”按钮　（e）触碰画布　（f）直接用手指在画布上作画

（g）点击“保存”按钮　（h）查看图像文件　（i）打开保存的文件

（j）点击“颜色”按钮　（k）点击“清屏”按钮　（l）安装完成的应用图标

图 4.1 “安安爱画画”案例演示

微视频
组件设计讲解

案例素材
"安安爱画画" App
的素材资源文件包

4.2 "安安爱画画"组件设计

4.2.1 素材准备

通过"安安爱画画"应用的演示，读者可以对该应用的界面、交互和行为都有所了解。为了实现这个效果，需要准备的素材为两张图片：background.jpg（背景图片）、icon.jpg（图标图片）和一个音频文件：Iamhere.wav，如图4.2所示。这些素材可以在本案例实验资源包中找到，也可以换成自己喜欢的文件。

图4.2 "安安爱画画"资源文件

4.2.2 设计界面

用自己的账号登录开发网站，新建一个项目，命名为"AnanLike-Drawing"。把项目要用到的素材上传到开发网站后，就可以开始设计用户界面了。

按照图4.3所示添加所有需要的组件，按照表4.1设置所有组件的属性。

图4.3 "安安爱画画"组件设计

表 4.1　所有组件的说明及属性设置

组件	所在组件栏	用途	命名	属性设置
Screen	—	应用默认的屏幕，作为放置其他所需组件的容器	Screen1	水平对齐：居中 背景颜色：青色 图标：icon.jpg 屏幕方向：锁定竖屏 状态栏显示：取消勾选 标题：安安爱画画
画布	绘图动画	用于绘图和放置动画控件	画布	背景图片：background.jpg 高度：290像素 宽度：充满
球形精灵	绘图动画	用于显示运动小球，点击“画圆”按钮，在对应瞬时位置画圆	球形精灵_粉色	画笔颜色：粉色 半径：10 X坐标、Y坐标：当前坐标
球形精灵	绘图动画	用于显示运动小球，点击“画线”按钮，以两球为端点画线	球形精灵_黄色1	画笔颜色：黄色 半径：8 X坐标、Y坐标：当前坐标
球形精灵	绘图动画	用于显示运动小球，点击“画线”按钮，以两球为端点画线	球形精灵_黄色2	画笔颜色：黄色 半径：5 X坐标、Y坐标：当前坐标
球形精灵	绘图动画	用于显示运动小球，点击“文字”按钮，在对应瞬时位置写字	球形精灵_红色	画笔颜色：红色 半径：5 X坐标、Y坐标：当前坐标
标签	用户界面	分隔画布和下面的按钮	标签_布局	文本：空
表格布局	界面布局	实现6个按钮2行3列的布局	表格布局	列数：3
按钮	用户界面	用于响应点击事件保存图像	按钮_保存	背景颜色：灰色 粗体：勾选 字号：28 形状：圆角 文本：保存

续表

组件	所在组件栏	用途	命名	属性设置
按钮	用户界面	用于响应点击事件清屏	按钮_清屏	背景颜色：浅灰 粗体：勾选 字号：28 形状：圆角 文本：清屏
按钮	用户界面	用于响应点击事件选择画笔颜色	按钮_选择画笔颜色	背景颜色：灰色 粗体：勾选 字号：28 形状：圆角 文本：颜色
按钮	用户界面	用于响应点击事件写文字	按钮_红色文字	背景颜色：红色 粗体：勾选 字号：28 形状：圆角 文本：文字
按钮	用户界面	用于响应点击事件画线	按钮_黄色画线	背景颜色：黄色 粗体：勾选 字号：28 形状：圆角 文本：画线
按钮	用户界面	用于响应点击事件画圆	按钮_粉色画圆	背景颜色：粉色 粗体：勾选 字号：28 形状：圆角 文本：画圆
标签	用户界面	用于放置提示文字	标签_提示	粗体：勾选 字号：18 宽度：240像素 文本：可直接在画布上画轨迹，发挥想象，创作一棵多彩梦幻树吧 文本颜色：蓝色

续表

组件	所在组件栏	用途	命名	属性设置
计时器	传感器	用于产生等时间间隔的定时事件，获取时间信息	计时器	计时间隔：500
对话框	用户界面	用于产生保存图像成功的提示信息	对话框	
音效	多媒体	用于播放触控屏幕的音效	音效_安安	源文件：Iamhere.wav

在进行界面设计时，为了实现将画布和下面的按钮适当分开，不要紧贴在一起，此处加入了一个标签，该标签的文本为空，所以看不见内容，但标签的高度是存在的，因而起到了分割作用。图4.4所示是增加分割标签和没有分割标签的效果。如果读者想实现类似的布局效果，也可以借鉴这种做法。

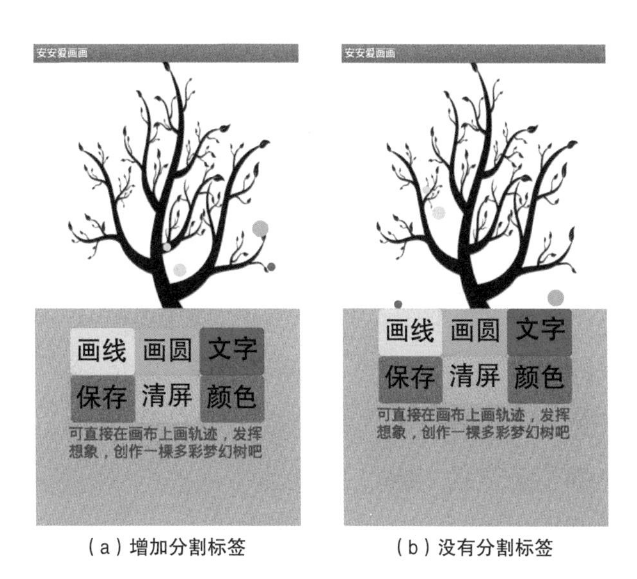

（a）增加分割标签　　（b）没有分割标签

图4.4　分割标签效果对比

4.3 "安安爱画画"行为编辑

4.3.1 实现小球随机运动

微视频
实现小球随机运动讲解

首先实现小球在树枝周围的随机运动。这些小球的运动轨迹是跳跃式的，每隔0.5 s就在原地消失，出现在另外一个地点，这个地点是随机的。为了实现这个效果，有两个主要问题要解决。

（1）如何控制小球出现的位置。

（2）如何让改变小球位置的行为规律性地定时出现。

1. 了解绘图和动画

在App Inventor中，针对绘图和动画应用专门提供了3个组件：画布、图像精灵和球形精灵。画布是绘图和动画的基础，图像精灵和球形精灵只有放置在画布上才能工作。在画布中可以设置绘画的画笔颜色、线宽等属性，还提供了多种绘画的方法（过程）供开发者调用，如画圆、画线、画点、画字、保存等；另外还提供了多种事件的响应入口，如被触碰、被划动、被拖动等，开发者可以在这些事件处理器中拼入响应模块，实现App的行为。

小球在画布中出现的位置是由其坐标决定的。画布的坐标系和直角坐标系不同，如图4.5（a）所示，画布坐标系的原点(0, 0)在左上角，*X*坐标轴往右递增，*Y*坐标轴往下递增。小球的*X*坐标取值为其最左端离画布左边距的像素点，*Y*坐标为其最上方离画布上边距的像素点。如果小球的坐标为(0, 0)，则在画布中的位置如图4.5（b）所示。

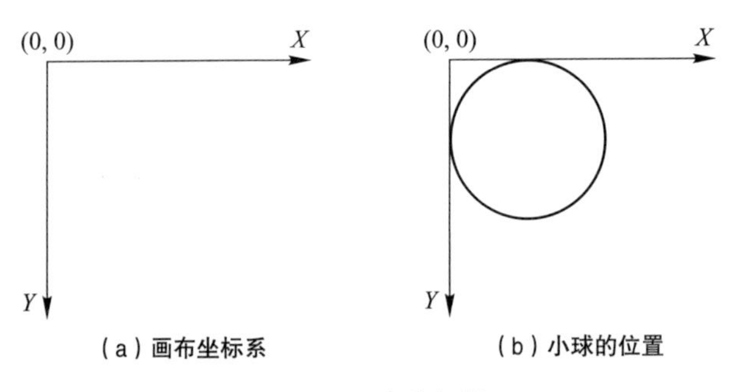

图4.5　画布坐标轴

小球的平面坐标值（*x*, *y*）决定了小球在画布上的平面位置。如果希望小球出现在画布上任意位置时都保持完整，则要注意小球不能有超出画布边界的部分。这可以通过限制小球的坐标取值范围来实现。只要小球的*X*坐标的取值区间为［0, 画布宽度－小球直径］，*Y*坐标的取值区间为［0, 画布高度－小球直径］就能达到要求。

2. 让小球移动到随机位置

“球形精灵_粉色”、“球形精灵_红色”和“球形精灵_黄色1”组件都是在画布上随机移动的，这只需要在它们的坐标取值区间随机产生坐标值即可。例如，改变“球形精灵_粉色”组件位置的代码模块如图4.6所示。

图 4.6　“球形精灵 _ 粉色”组件随机移动代码模块

3. 让两个黄色小球保持相对位置固定

本例中，“球形精灵 _ 黄色 2”和“球形精灵 _ 黄色 1”组件的位置相对固定，以后以这两个小球所在位置作为两个端点画的直线也是平行的。因此，“球形精灵 _ 黄色 2”组件不能再设置随机的坐标值，而要根据“球形精灵 _ 黄色 1”组件的坐标来设定。

假设“球形精灵 _ 黄色 1”组件的坐标为（x_1，y_1），那么“球形精灵 _ 黄色 2”组件的坐标将被设置为（x_1−12，y_1−24），这样一来两个黄色小球的位置就相对固定了。

为了保证“球形精灵 _ 黄色 1”和“球形精灵 _ 黄色 2”组件都不超出画布，因此把“球形精灵 _ 黄色 1”组件的 x 坐标取值范围设为 [12, 画布宽度 − 球形精灵 _ 黄色 1. 直径]，Y 坐标取值范围设为 [24, 画布高度 − 球形精灵 _ 黄色 1. 直径]。它们的移动代码如图 4.7 所示。

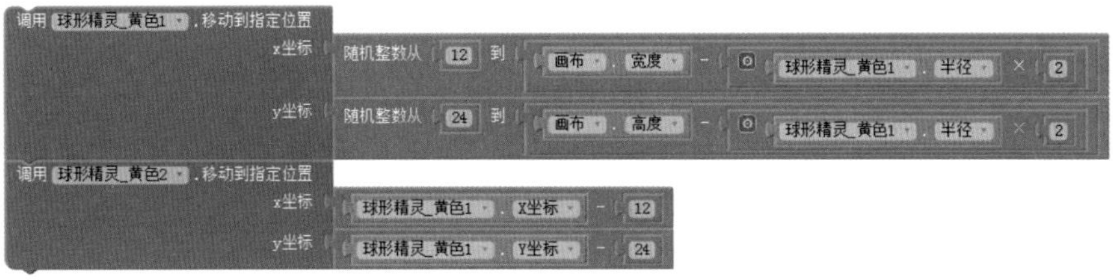

图 4.7　“球形精灵 _ 黄色 1”和“球形精灵 _ 黄色 2”组件的移动代码

4. 让小球定时动起来

小球每隔 0.5 s 会变换一次位置，这就要求每隔 0.5 s 小球移动位置的代码需要被执行一次。这有点像每隔一天（24 h）闹钟都会闹铃，催人起床一样。App Inventor 中提供了“计时器”组件来实现这种有时间规律的事件处理。

计时器有两个主要属性：“启用计时”属性和闹钟开关一样，决定计时器是否工作；“计时间隔”属性则决定了事件发生的周期，在本例中事件间隔是

500，即500 ms，那么这个计时器会每隔0.5 s产生一个计时事件，执行在“计时”事件处理器中拼入的代码模块。

计时器的工作原理如图4.8所示，每隔一个计时间隔的时间就会产生一个峰值脉冲，在这个峰值时刻会触发计时处理器执行相应的代码，而峰值之间的时间段则不引发操作。

通过计时器组件，最终让4个小球定时变换位置的代码如图4.9所示。

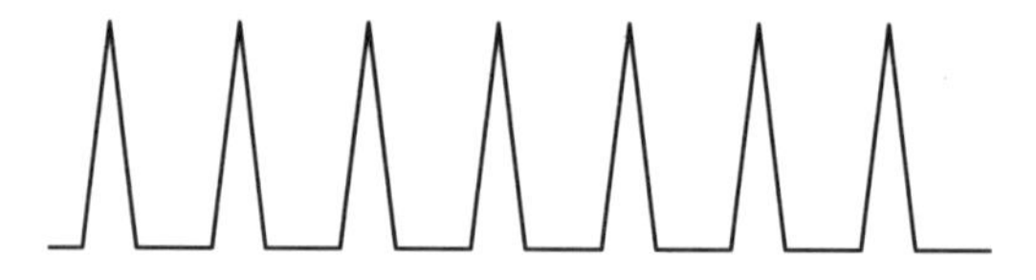

图4.8　计时器工作原理

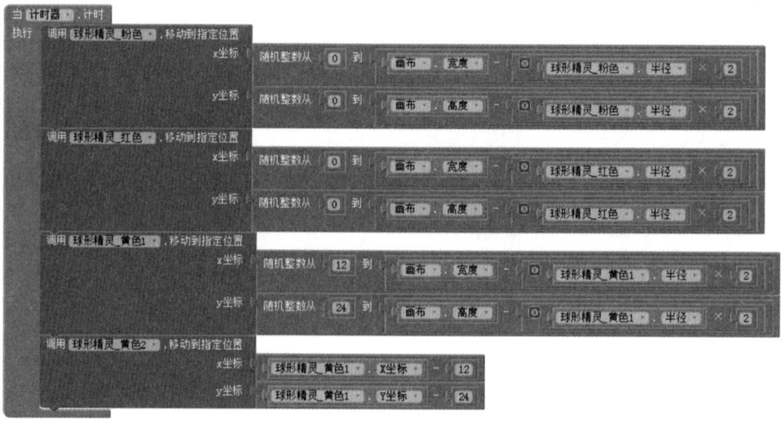

图4.9　小球定时变换位置的行为实现

4.3.2　实现画线功能

点击“画线”按钮后会在两个黄色小球之间画一条黄色的线。实现这个功能主要是利用了画布所提供的画线方法。因为需要画出黄色的线条，所以先要把画布的画笔颜色设置为黄色，然后再调用画线方法。按照两点确定一条直线的原理，画线需要提供两个端点的坐标，这里只需将两个黄色小球的坐标作为实际参数代入即可。具体代码如图4.10所示。

微视频
实现画图功能讲解

4.3.3　实现画圆功能

点击“画圆”按钮后会在粉色小球的当前位置画一个和它大小一致的粉色实心圆。利用画布提供的画圆方法即可实现这个功能。首先要把画布的画笔

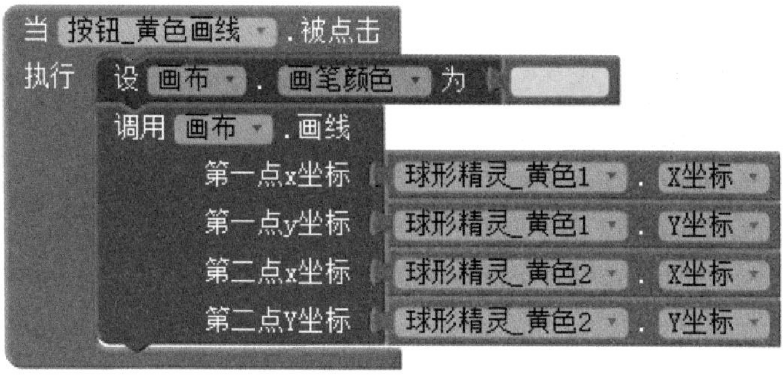

```
当 按钮_黄色画线 . 被点击
执行 设 画布 . 画笔颜色 为
     调用 画布 . 画线
           第一点x坐标  球形精灵_黄色1 . X坐标
           第一点y坐标  球形精灵_黄色1 . Y坐标
           第二点x坐标  球形精灵_黄色2 . X坐标
           第二点Y坐标  球形精灵_黄色2 . Y坐标
```

图 4.10　在两个黄色小球之间画线的实现

颜色设置为粉色，然后再调用画圆方法。画圆需要3个基本参数，即圆心的平面坐标*x*值、*y*值和圆半径，这里只需将粉色小球的坐标和半径作为实际参数代入。另外，.画圆方法有4个参数槽，最后一个“充满”槽默认拼入一个true模块。在“充满”参数槽中需要一个逻辑值，只能拼入true或者false。当拼入的值为false时，画出来的圆是空心圆。具体实现代码如图4.11所示。

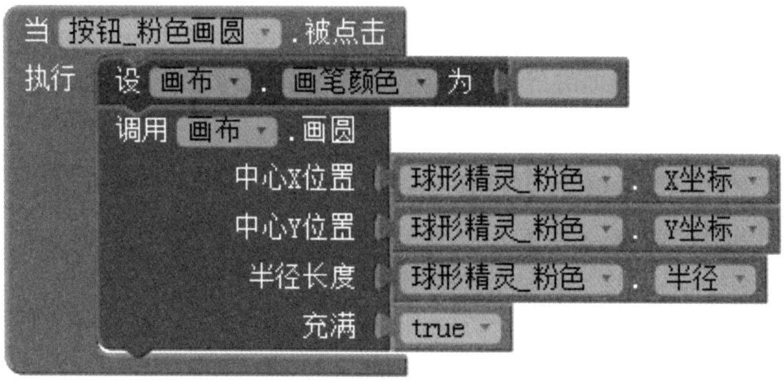

```
当 按钮_粉色画圆 . 被点击
执行 设 画布 . 画笔颜色 为
     调用 画布 . 画圆
           中心X位置  球形精灵_粉色 . X坐标
           中心Y位置  球形精灵_粉色 . Y坐标
           半径长度  球形精灵_粉色 . 半径
           充满  true
```

图 4.11　在粉色小球处画圆的实现

4.3.4　实现画文字功能

点击“文字”按钮后会在红色小球的当前位置画出带旋转角度的红色“AnAn”文字。画布组件提供了两种在画布中画出文字的方法。一种是“画字”，这种方法画出的文字是不带旋转角度的；还有一种是“沿角度画字”，这种方法多了一个参数“角度”，画出来的文字就带有这个角度的旋转角。在本例中，这个角度设置为12，这样画出的“AnAn”文字方向是为以*X*轴为起点，逆时针旋转12°的角度，具体效果如图4.1（d）所示。画文字的具体实现代码如图4.12所示。

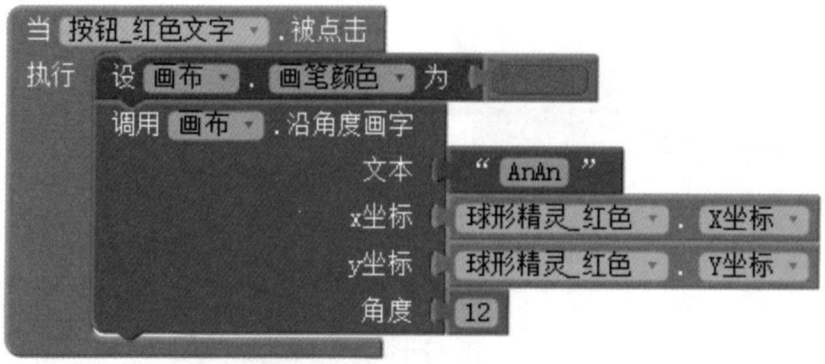

图4.12　在红色小球处画旋转角度文字的实现

4.3.5　实现画布清屏功能

微视频
实现画作保存功能讲解

点击“清屏”按钮后整个画布会恢复原始状态，前面所画的图案将消失。这个功能看上去很神奇，其实实现起来非常简单，直接调用画布组件提供的“清除画布”方法即可。具体实现代码如图4.13所示。

图4.13　清屏的实现

> 无论是“保存”还是“另存”方法，它们都有一个返回值，这两个方法模块不能直接拼入按钮的被点击事件处理器中。这里需要借助控制组件的一个转接模块“求值但忽视结果”作为桥梁才能拼接上。这有点像插座转接口，用于实现不同模块的桥接功能。

4.3.6　实现画作保存功能

点击“保存”按钮后会把画布当前的图案保存为一个图像文件，存放在SD卡中，这样就不怕App关闭后创作的画作丢失了。画布组件提供了两种图像保存的方法，一种是不指定文件名的方法，另一种是可以由开发者确定文件名的方法，叫作“另存”。这两种实现方法如图4.14所示。

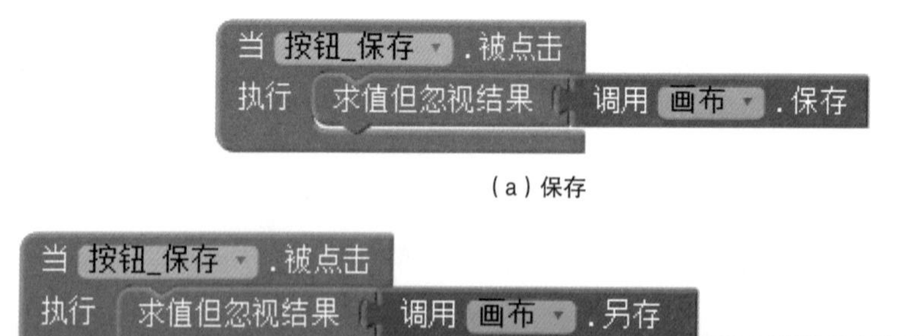

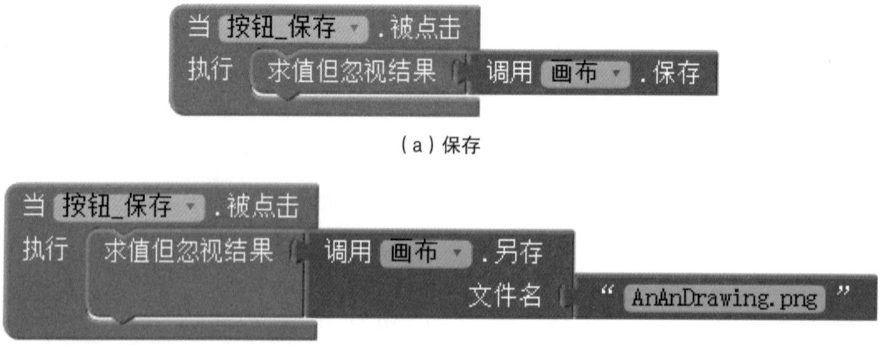

（a）保存

（b）另存

图4.14　保存画布图像文件的实现

如果调用“保存”方法，开发者不能指定保存的图像文件名，系统会自动命名。

如果调用“另存”方法，如图4.14（b）所示，保存的图像文件名将是参数槽中拼入的文本“AnAnDrawing.png”。

调用“保存”方法生成的图像文件名的命名规则是“前缀app_inventor_系统当前时间值”，存放的位置是SD卡中的“/My Document/Picture”目录。根据这个文件名很难区分不同App保存的图像。而“另存”方法虽然可以由开发者给存储的图像文件命名，但由于文件名是在开发阶段已经确定的，因此后面保存的图像文件也会是同一个，这样就会覆盖掉前面保存的文件。

为了避免这种情况，可以结合两种保存方法的优点，即可以由开发者确定一个文件命名的规则，做到既个性化，又不会重复。在本例中，将采用“文件名前缀+系统时间”自动合成唯一文件名的方法。

获取系统时间需要通过“计时器”组件来实现。计时器组件不但提供了前面用到的定时触发的计时事件处理入口，还提供了丰富的和时间相关的方法，比如求日期、求两个时间点的时间间隔、求某个时间点是星期几，等等。当调用计时器的求系统时间方法后，会返回一个代表系统时间值的长整数。其实时间在计算机内部也是用这个长整数来表示的，随着时间推移，这个数字会不断增加。通过对比图4.15中的文件名，可以看出“保存”和“另存”文件名之间的相似性。

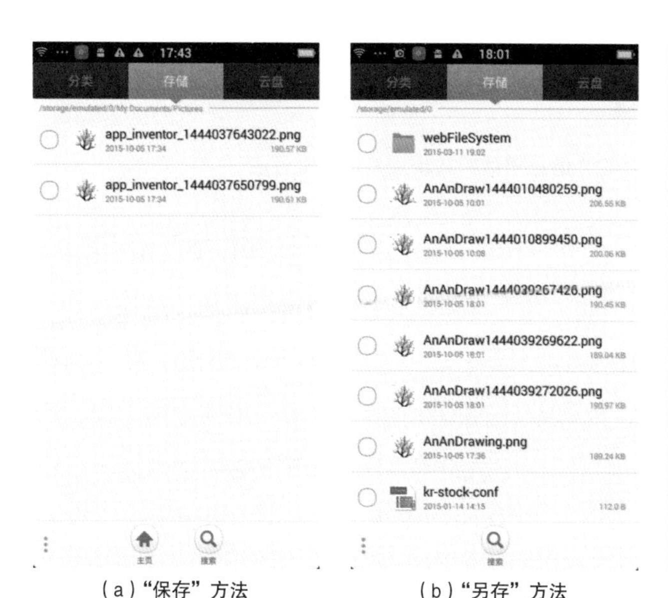

（a）“保存”方法　（b）“另存”方法　（c）“系统提示”对话框

图4. 15　不同方法保存的文件名

“另存”方法保存的文件存放的位置是SD卡的根目录。具体实现代码如图4.16所示。

图4.16　合成文件命名的实现

有的开发者希望文件名最好能由用户在保存时输入，该功能的实现关键是要能获取用户输入的文件名，这可以通过“对话框”组件来实现。对话框组件提供了不同类型的对话框方法来实现和用户的交互。这里将利用“显示文本对话框”方法来获取用户输入的文件名。具体实现如图4.17所示。

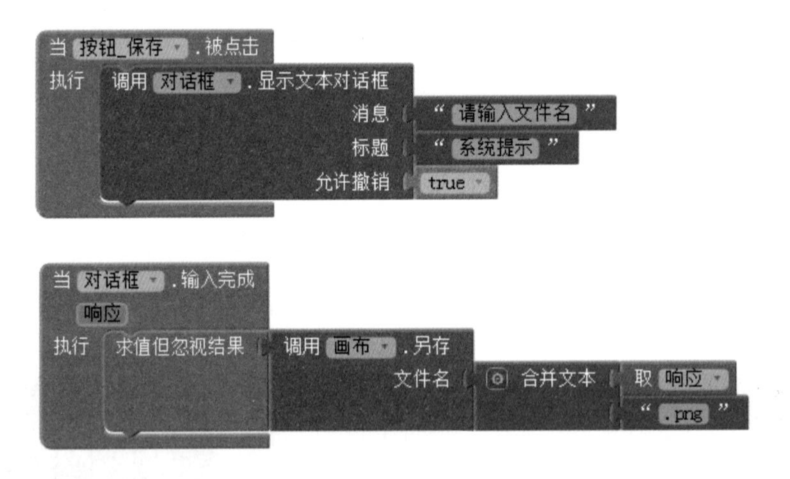

图4.17　通过对话框实现用户输入文件名

“显示文本对话框”有3个参数槽，分别是消息、标题和是否允许撤销。当“保存”按钮被点击，调用显示文本对话框后，App将弹出一个带输入的对话框，效果如图4.15（c）所示。如果用户输入后点击Cancel按钮，则什么都不发生；如果点击OK按钮，则转入对话框的“输入完成”事件处理入口，这里，只需把用户输入合成为保存的文件名即可。具体代码如图4.17所示。

如果调用“显示文本对话框”方法时“允许撤销”的参数为false，则弹出的对话框不会出现Cancel按钮。

前面已经实现了保存画布图像文件，但没有给出任何反馈。这种情况可以认为该App的用户友好性不强，用户体验不佳。因为没有任何反馈，用户不知道保存是否成功，甚至怀疑有没有点击到“保存按钮”，可能会连续点击很多次。

为了增强用户体验，对一些关键性的操作可以给出提示，比如保存后提示已经保存成功，这样用户就知道操作的效果了。弹出提示信息框也可以通过对话框组件来实现。这里只是需要给出一个提示，不需要用户点击“确定”按钮，因此选择调用“显示告警信息”方法。通过“显示告警信息”方法显示的提醒信息会在出现一段时间后自动消失。显示效果如图4.1（g）所示，具体实现如图4.18所示。

当 按钮_保存 .被点击
执行 求值但忽视结果 调用 画布 .另存
文件名 合并文本 “ AnAnDraw ”
调用 计时器 .求系统时间
“ .png ”
调用 对话框 .显示告警信息
通知 “ 保存成功 ”

图4.18　保存成功提示的实现

本例前面实现的功能都是通过点击按钮触发的，是针对不同按钮“被点击”事件处理入口进行编程。现在的智能手机的一大特点就是屏幕是触摸屏，因此可以通过对触摸屏不同的接触方式来实现不同的行为。本例中给出了两种典型的触摸屏事件处理案例。

4.3.7　实现画布被触碰功能

微视频
实现触屏画图功能讲解

当手指点击屏幕时，安安高兴地说“我在这里”，红色小球随之而来。把画笔颜色调成紫红色，在点击处留下AnAn签名，这个签名还是随机旋转的。实现这个功能需要响应画布的被触碰事件。当手机触碰到屏幕又马上离开时会触发这个事件。

在画布的被触碰事件处理器中有3个传入的参数，分别是触碰点的“x坐标”和“y坐标”，以及“触摸任意精灵”，如图4.19所示。前两个参数比较好理解，第三个参数实际上是一个逻辑值，只有true和false之分。当手指触碰到画布的同时也触碰到画布上的某个精灵时，值为true，否则为false。不要认为

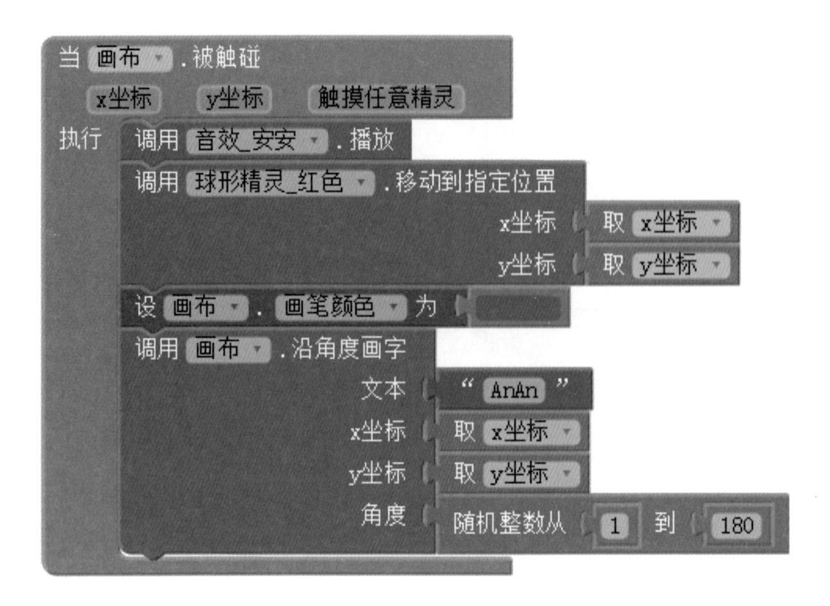

图 4.19　触碰画布的实现

这个参数能告之所触碰到的具体精灵的名字。

4.3.8　实现在画布上直接拖屏作画功能

提起在手机上画画，最自然的方式莫过于直接用手指在手机屏幕上拖屏作画。这需要在手指划过的每一点上都留下过往的痕迹。在人的感知中，手指在屏幕上划动的过程是一个连续的过程，但计算机处理时实际上是将这个连续的过程分解为密集的离散采样点，就像线段是由点构成的，只要采样的频率足够高、点足够密集，那么这些离散点看起来就像连续的线条。

要实现手指在屏幕上拖动作画，需要响应画布的“被拖动”事件。在画布“被拖动”事件处理器中需要传入7个参数。“起点X坐标”和“起点Y坐标”是指手指触摸到画布，开始拖动的起点位置坐标；“当前X坐标”和“当前Y坐标”是指当前时间点采集到的手指触摸到画布的位置坐标；“前点X坐标”和“前点Y坐标”是指上个采样时间点手机采集到的手指触摸画布的位置坐标；而“拖动任意精灵”和前面所用的画布“被触碰”事件处理器中的“触摸任意精灵”参数一样，是一个逻辑值，表示是否拖动了某个精灵。

在了解这些参数后，可以在“前点坐标”和“当前坐标”之间画上直线。由于采样的时间很短，画布“被拖动”事件也会很密集地触发，这样实际每次画出的直线都非常短，多次短直线画出来的效果就是任意曲线了。直接用手指在画布上拖动作画的代码如图4.20所示。这里画布的画笔颜色被设置为紫色。

至此，一个画板App就基本完成了。

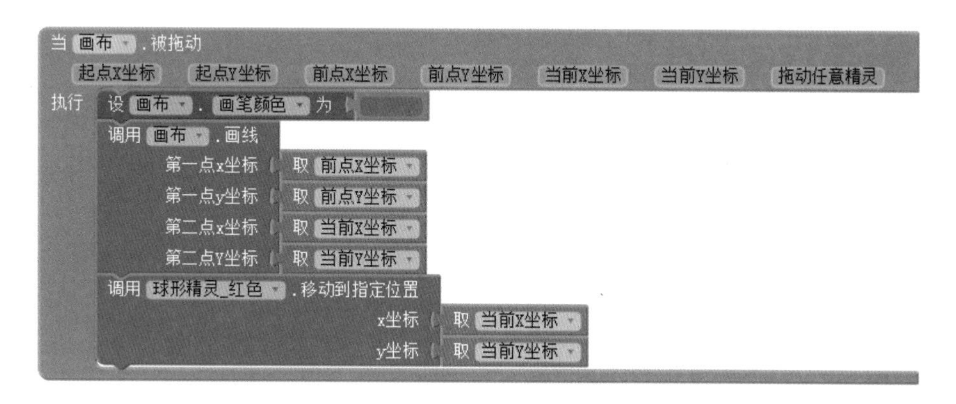

图 4. 20　实现在画布上直接拖屏作画

4.4　自定义画笔颜色

尽管刚才开发完成的画板App已经具有了较为丰富的功能，能画出美丽的图画，但由于画布的画笔颜色是固定的，而且在逻辑设计的“颜色”模组中可选的颜色种类非常少，因此可以进一步完善，开发一个调色板功能，通过RGB（红色、绿色、蓝色）3种基色来调出个性化色彩。

微视频
自定义画笔颜色讲解

由于在Screen1中屏幕基本被画布和多个按钮填满了，本例将增加一个新的屏幕，通过多个屏幕之间的调用来扩展功能。一般一个成熟的App都会由多个屏幕构成，比如一个游戏App，除了主屏幕外，还可能会有选关、分数排行榜等屏幕。

4.4.1　设计调色板屏幕界面

首先需要新建一个屏幕，单击开发界面上方的“增加屏幕”按钮，会弹出一个“新建屏幕”对话框，如图4.21所示，把屏幕名称修改为“Screen_SelectColor”。

虽然一般组件的命名可以用中文，但屏幕名称不能用中文。屏幕组件一旦命名确定后就不能修改了。

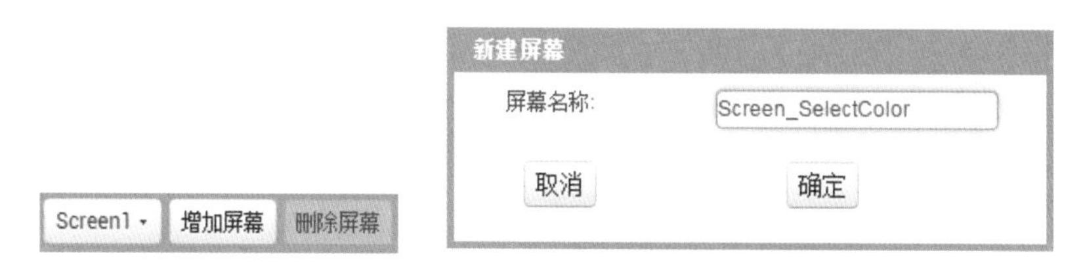

图 4. 21　“新建屏幕”对话框

组件设计如图4.22所示，在新的屏幕中拖入1个画布组件、3个滑动条组件和1个按钮组件，并按表4.2所示设置各组件的属性。

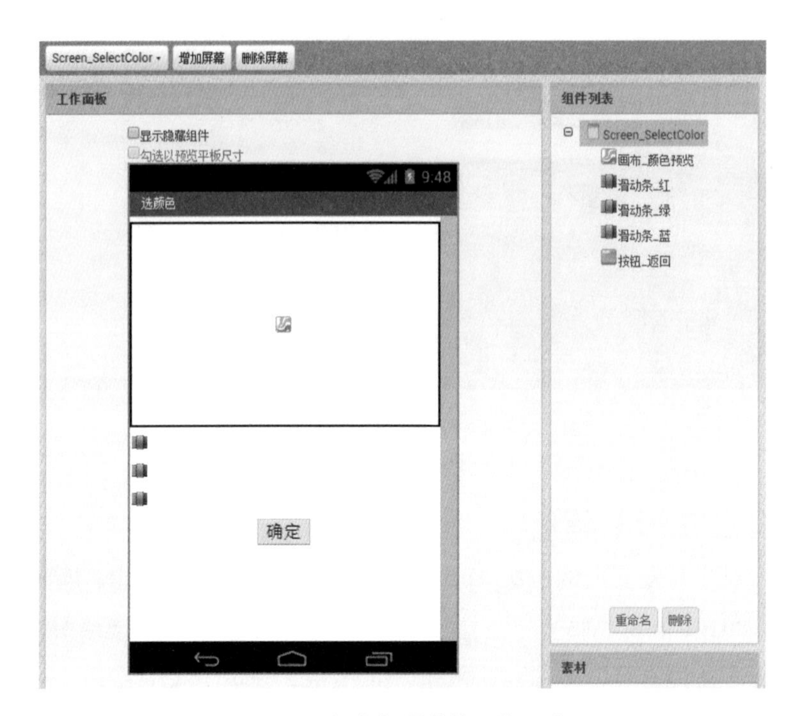

图4.22　调色板屏幕的组件设计

表4.2　调色板屏幕所有组件的说明及属性设置

组件	所在组件栏	用途	命名	属性设置
Screen	—	调色板屏幕，作为放置其他所需组件的容器	Screen_SelectColor	水平对齐：居中 标题：选颜色
画布	绘图动画	用于预览所调配的颜色	画布_颜色预览	高度：200像素 宽度：充满
滑动条	用户界面	用于确定红色色值	滑动条_红	右侧颜色：红色 宽度：充满 最大值：255 最小值：0
滑动条	用户界面	用于确定绿色色值	滑动条_绿	右侧颜色：绿色 宽度：充满 最大值：255 最小值：0

续表

组件	所在组件栏	用途	命名	属性设置
滑动条	用户界面	用于确定蓝色色值	滑动条_蓝	右侧颜色：蓝色 宽度：充满 最大值：255 最小值：0
按钮	用户界面	确定所选颜色，返回 Screen1	按钮_返回	字号：20

4.4.2　合成自定义颜色

“滑动条”组件是一种通过移动滑块位置来确定所选数值的可视化组件，其最大值和最小值两个属性要根据需求来设置。在App Inventor内置块的“颜色”组件中提供了一个“合成颜色”的方法，通过设置红、绿、蓝三基色的色值来合成所需颜色，这个色值的取值范围为0 ~ 255，因此将滑动条的最大值和最小值分别设置为255和0。另外，为了更加直观，代表不同颜色的滑动条右侧颜色都设置为对应的颜色。

当有滑动条的滑块被移动时，颜色预览画布将把背景色设置为新合成的颜色，这样就实现了最直观的调色效果。图4.23显示的是“滑动条_红”滑块“位置被改变”事件响应代码。类似地，“滑动条_绿”和“滑动条_蓝”滑块的“位

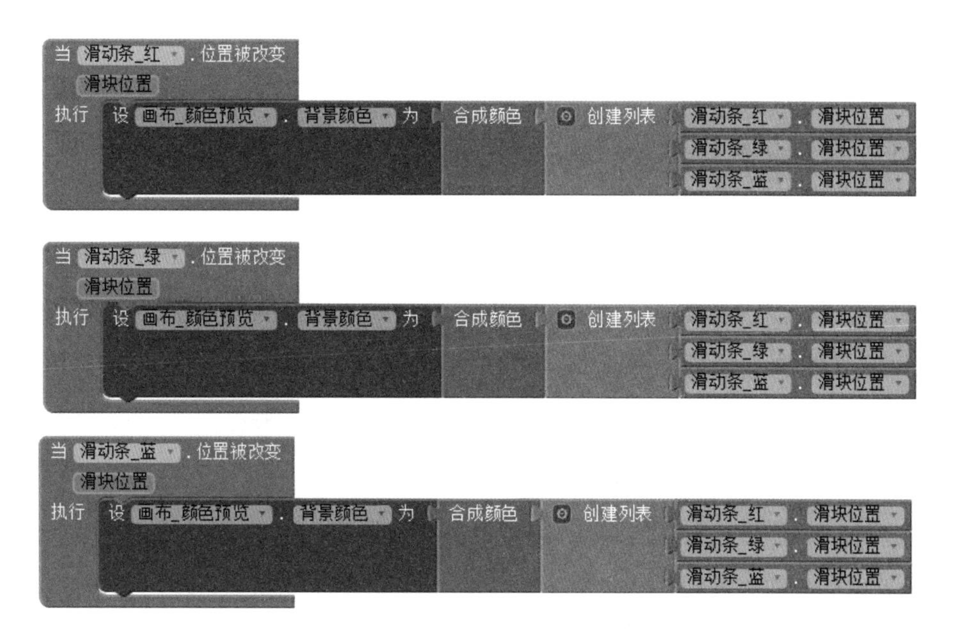

图4.23　合成预览颜色

置被改变”事件响应代码都相同，即把画布的背景颜色设置为新合成的颜色。

4.4.3 实现屏幕调用和返回

Screen_SelectColor屏幕的代码完成后，需要在Screen1屏幕中点击“选择画笔颜色”按钮来调用Screen_SelectColor屏幕。屏幕调用也是一种程序结构控制，在逻辑设计开发界面的内置块中，“控制”组团提供了两种屏幕调用方法，一种是“打开屏幕”方法，另一种是“打开屏幕并传值”方法，差别在于是否要传一个值给被打开的屏幕。在App Inventor中，一个屏幕是不能访问另外一个屏幕的组件或者变量的。如果要实现屏幕之间的值传递，需要通过特定的方法实现。

在本例中，由于Screen1打开Screen_SelectColor并不需要传值给它，所以只需调用“打开屏幕”方法即可，实现代码如图4.24所示。

图4.24 打开调色板屏幕

当在Screen_SelectColor屏幕中选择好颜色返回Screen1中时，需要把选定的颜色传回给Screen1。因此在Screen_SelectColor中点击“返回”按钮的事件响应中需要关闭自身并传递一个返回值。具体实现代码如图4.25所示。

图4.25 关闭屏幕并传回颜色值

那么问题又来了，在Screen1中如何接收这个值？

为了接收返回值，首先需要定义一个变量“画笔颜色”，收到返回值后，把这个“画笔颜色”变量的值设为接收到的颜色值。在Screen1中为了获取上一个屏幕关闭时带来的返回值，需要调用“关闭屏幕”方法。“关闭屏幕”方法传入了两个参数，一个参数是上一个关闭的屏幕名称，另一个参数就是上一个关闭屏幕所传回的返回值。在本例中，由于不需要关心是哪个屏幕关闭传回的值，因此可以直接把返回结果赋给“画笔颜色”变量。具体实现代码如图4.26所示。

初始化全局变量 画笔颜色 为
当 Screen1 . 关闭屏幕
屏幕名称 返回结果
执行 设 global 画笔颜色 为 取 返回结果

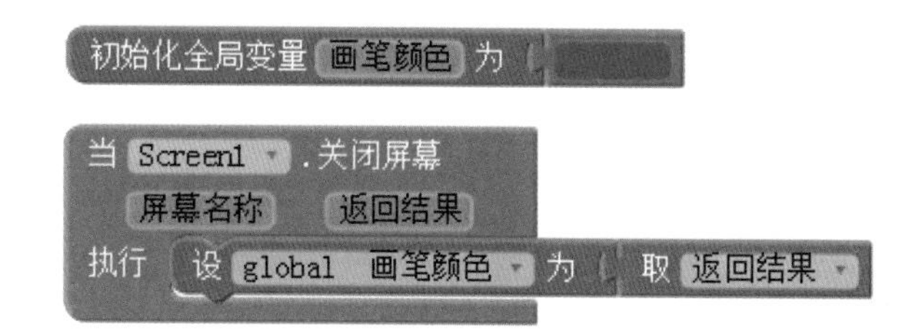

图 4. 26　获取传回的颜色值

得到传回的颜色值后，下一步就可以改造原来作画功能的画笔颜色设置模块，把画布的画笔颜色设置为变量“画笔颜色”的值即可。画布“被拖动”的事件处理代码修改如图4.27所示。

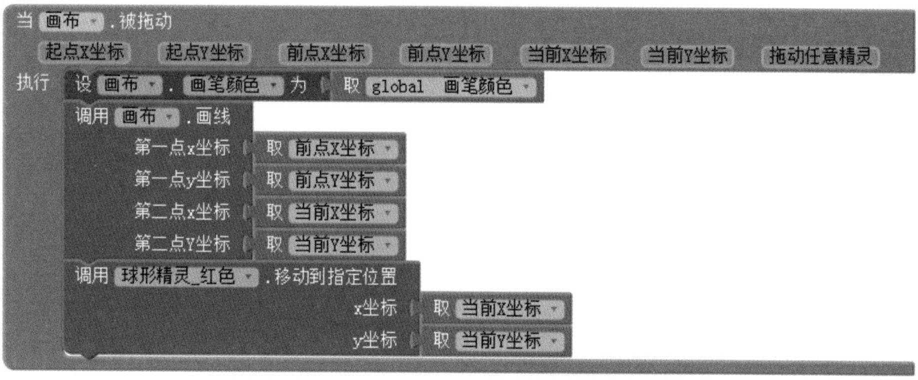

当 画布 . 被拖动
起点X坐标 起点Y坐标 前点X坐标 前点Y坐标 当前X坐标 当前Y坐标 拖动任意精灵
执行 设 画布 . 画笔颜色 为 取 global 画笔颜色
调用 画布 . 画线
第一点x坐标 取 前点X坐标
第一点y坐标 取 前点Y坐标
第二点x坐标 取 当前X坐标
第二点Y坐标 取 当前Y坐标
调用 球形精灵_红色 . 移动到指定位置
x坐标 取 当前X坐标
y坐标 取 当前Y坐标

图 4. 27　修改后的“被拖动”事件处理代码

4.4.4　完善屏幕初始化代码

整个App的开发已经接近尾声了，如果运行起来，还会发现一个小瑕疵：就是当从Screen1打开调色板屏幕时，调色板屏幕的画布颜色是白色的，和3个滑动条的滑块所指示的合成颜色不相符。这可以通过在Screen_SelectColor的“初始化”事件处理中完善。具体实现的代码如图4.28所示。这样每次打开Screen_SelectColor时都会执行这段代码，使画布的背景色和合成颜色一致。

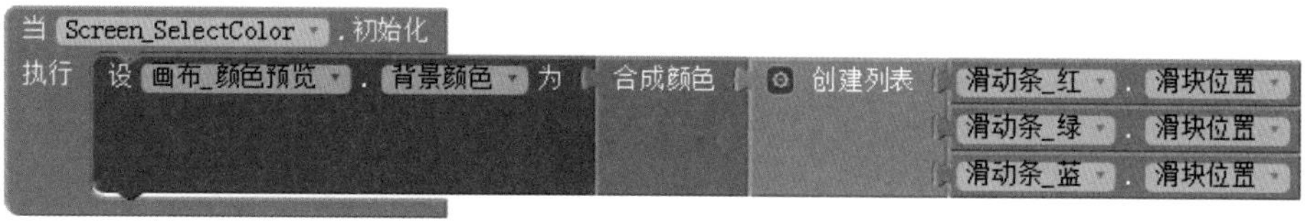

当 Screen_SelectColor . 初始化
执行 设 画布_颜色预览 . 背景颜色 为 合成颜色 创建列表
滑动条_红 . 滑块位置
滑动条_绿 . 滑块位置
滑动条_蓝 . 滑块位置

图 4. 28　完善屏幕初始化事件处理

练习与思考题

1. 画布的坐标系和直角坐标系有什么不同?
2. 如果想让画布中的球形精灵完整地出现，球形精灵的坐标取值范围应该是多少?
3. 如何能看到“画布.保存”过程的返回值?
4. 屏幕的名称能否修改?
5. 观察计时器组件所提供的关联过程模块，如何实现求“三天以后的年月日是周几”的功能?

实验

1. **行动起来，根据“安安爱画画”App的教程，自己动手实践一遍，感受整个过程。**

2. **在完成模仿开发后，适当做些改变和探索，例如：**

（1）画字时，使“AnAn”文字每次出现都随机改变方向。

（2）可以设置画笔的线宽。

（3）画圆改为画空心圆。

（4）在画布上直接拖屏作画的代码模块中，如果“画线”模块中的前两个参数拼入的是“起点X坐标”和“起点Y坐标”，运行时将发生什么?

第 5 章
安安抓蝴蝶

本章以“安安抓蝴蝶”小游戏为例，主要展示如何在App Inventor中开发小游戏，主要功能包括实现图像精灵的移动，判断是否触摸到某个精灵，游戏计分的基本设计。结合案例对数组和程序的调试过程进行讲解和分析。

本章要点

（1）使用图像精灵组件和画布组件实现简单动画类游戏。

（2）使用计时器组件处理定时事件。

（3）多个屏幕之间的数据传递。

（4）列表。

（5）软件开发中的最佳实践。

教学课件
第5章教学课件

5.1 “安安抓蝴蝶”案例演示

微视频
“安安抓蝴蝶”App
运行演示

案例apk
“安安抓蝴蝶”apk
安装文件

“安安抓蝴蝶”案例演示如图5.1所示。

（1）户外有很多蝴蝶，安安准备抓一些回去做标本。

（2）成功抓到一只，已抓住蝴蝶的数量会增加1，刚抓到的蝴蝶图案会在数量旁边显示。

（3）抓蝴蝶落空时，安安会郁闷地发出一声叹息，同时红色能量条明显减少。

（4）如果累计失败5次，则能量条减为0，游戏结束，并提示需要更加努力才行。

（5）点击“重新开始”按钮，恢复到初始状态，能量条又一次被充满。

（6）如果成功抓到了9只蝴蝶，屏幕展示抓到的蝴蝶标本图案，并显示最终得分。

（7）安装完成，应用图标如图5.1（g）所示。

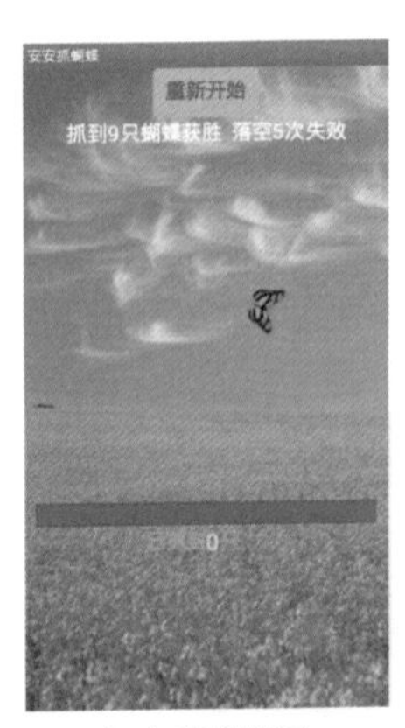

（a）应用界面

（b）触摸屏幕中的蝴蝶

（c）抓捕失败

（d）失败5次

（e）重玩游戏按钮

（f）成功抓到9只蝴蝶

（g）安装完成的应用图标

图5.1 “安安抓蝴蝶”案例演示

5.2 “安安抓蝴蝶”组件设计

微视频
组件设计讲解

5.2.1 素材准备

通过“安安抓蝴蝶”应用的演示，读者可以对该应用的界面、交互和行为都有所了解。为了实现这个效果，需要准备的素材为12张图片：background.jpg（背景图片）、icon.png（图标图片）、butterflies.jpg（蝴蝶标本图片）和1.png~9.png（9种蝴蝶图片）；1个音频文件：aho.wav，作为用户没抓到蝴蝶的音效，如图5.2所示。这些素材可在本案例实验资源包中找到，也可换成自己喜欢的文件。

案例素材
“安安抓蝴蝶”App
的素材资源文件包

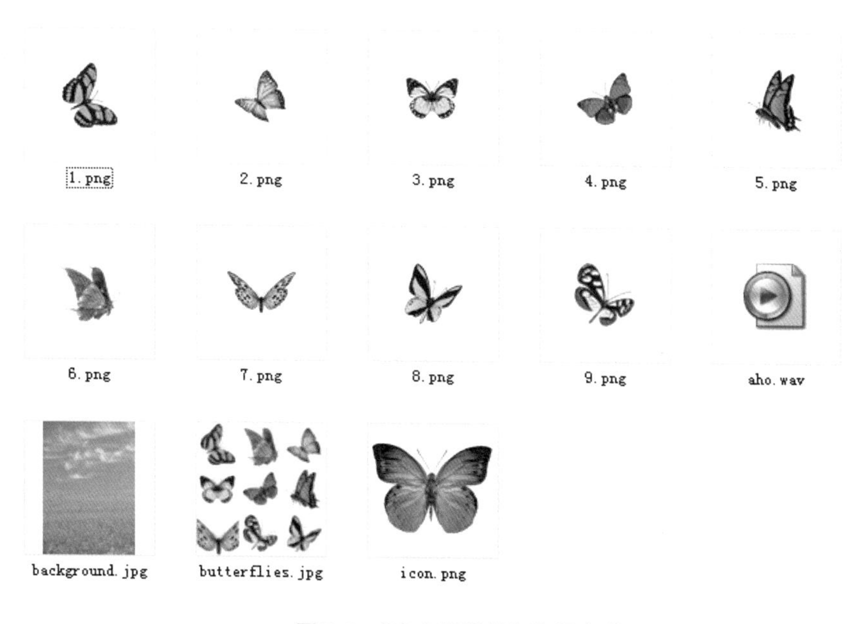

图5. 2　“安安抓蝴蝶”资源文件

5.2.2 设计界面

新建一个项目，命名为“AnanButterfly”。把项目要用到的素材上传到开发网站后，就可以开始设计用户界面了。根据前面的演示，本例的屏幕可以分为两个，第一个主要用于抓蝴蝶，第二个用于展示蝴蝶标本和显示游戏得分。

首先针对抓蝴蝶的主屏幕作初步的组件设计。按照图5.3所示添加所有需要的组件，按照表5.1所示设置所有组件的属性。

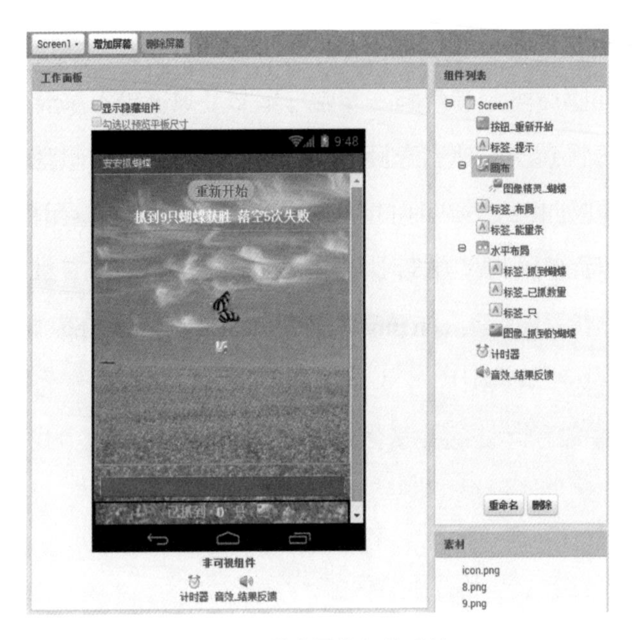

图5.3　游戏屏幕组件设计

表5.1　Screen1屏幕所有组件的说明及属性设置

组件	所在组件栏	用途	命名	属性设置
Screen	—	应用默认的屏幕，作为放置其他所需组件的容器	Screen1	水平对齐：居中 背景图片：background.jpg 图标：icon.png 屏幕方向：锁定竖屏 状态栏显示：取消勾选 标题：安安抓蝴蝶
按钮	用户界面	用于响应点击事件重新开始游戏	按钮_重新开始	粗体：勾选 字号：18 形状：圆角 文本：重新开始
标签	用户界面	用于放置提示文字	标签_提示	粗体：勾选 字号：18 文本：抓到9只蝴蝶获胜 落空5次失败 文本颜色：白色

续表

组件	所在组件栏	用途	命名	属性设置
画布	绘图动画	用于绘图和放置动画控件	画布	背景颜色：透明 高度：280像素 宽度：充满
图像精灵	绘图动画	用于显示飞行中的蝴蝶	图像精灵_蝴蝶	高度：40像素 宽度：40像素 图片：1.png
标签	用户界面	分隔画布和下面的能量条	标签_布局	文本：空
标签	用户界面	用于形象地表示玩家能量条	标签_能量条	背景颜色：红色 高度：20像素 宽度：300像素
水平布局	界面布局	实现内部4个组件水平排列布局	水平布局	宽度：充满
标签	用户界面	用于放置提示文字，显示已经抓到的蝴蝶数量	标签_已抓数量	粗体：勾选 字号：18 文本：已抓到 文本颜色：青色
标签	用户界面	用于放置提示文字	标签_抓到蝴蝶	粗体：勾选 字号：20 文本：0 文本颜色：黄色
标签	用户界面	用于放置提示文字	标签_只	粗体：勾选 字号：18 文本：只 文本颜色：青色
图像	用户界面	用于显示最近抓到的蝴蝶图片	图像_抓到的蝴蝶	高度：25像素 宽度：25像素
计时器	传感器	用于产生等时间间隔的定时事件，获取时间信息	计时器	计时间隔：500 ms
音效	多媒体	用于播放触控屏幕的音效	音效_结果反馈	源文件：aho.wav

微视频
游戏规则讲解

5.3 “安安抓蝴蝶”行为编辑

设计“安安抓蝴蝶”游戏的游戏规则。

（1）首先规定安安累计抓住蝴蝶9次为顺利完成任务，失败5次则任务失败。

（2）为了方便用户使用，需要在界面上解释规则，显示抓到蝴蝶的数量，以及用能量条的减少来直观提示用户机会越来越少。

（3）为了提示用户是否点触到蝴蝶，需要给出不同的反馈，抓到蝴蝶挣扎振动，没抓到蝴蝶则安安懊恼地发出“啊哦”一声。

（4）显示最近一次抓到的蝴蝶图像。

（5）为了增强游戏的趣味性，要求蝴蝶品种丰富，下一只出现的蝴蝶应该和刚刚抓住的不同。

（6）为了给用户更加明确的失败或成功信息，两者的显示界面要有所不同。

微视频
让蝴蝶动起来讲解

5.3.1 让蝴蝶动起来

在第4章“安安爱画画”例子中讲解了如何让球形精灵按一定时间间隔在画布中的随机位置出现。主要是通过“计时器”组件定时触发的“计时”事件处理器来改变球形精灵所在的位置。这个思路也同样适用于本例，实现的代码如图5.4所示。图像精灵的横坐标取值范围是［1, 画布.宽度 – 图像精灵_蝴蝶.宽度］，纵坐标的取值范围是［1, 画布.高度 – 图像精灵_蝴蝶.高度］。

图5.4　在画布上移动的蝴蝶

写好这个代码后就可以开始调试运行了，通过AI伴侣或者模拟器查看App的运行效果。这时蝴蝶会每隔0.5 s变换一下位置，瞬移到另外一个地点。仔细观察会发现，蝴蝶每次出现时的姿态都是一样的，不够生动。这里可以通过设置图像精灵的“方向”属性来改变蝴蝶出现的姿态。如果“方向”属性被设置为不同的角度，则蝴蝶的图像会旋转相应的度数，同时需要勾选“旋转”属性图像才会发生旋转。修改后的代码如图5.5所示。

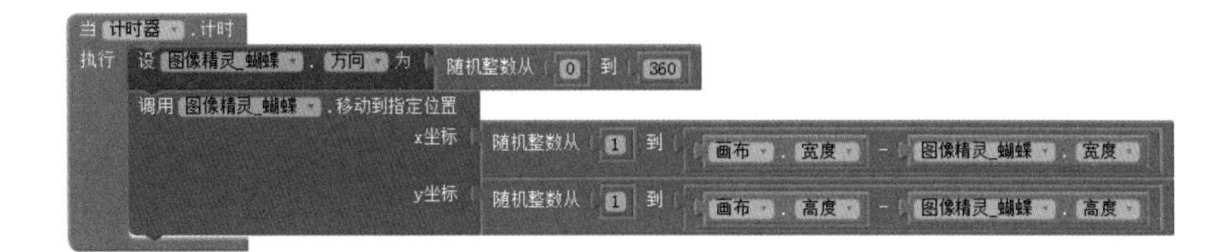

图 5.5　会改变飞行姿态的蝴蝶

小结一下，要实现蝴蝶在画布中定时多姿态的移动有 3 个要素。

（1）通过改变图像精灵的“方向”属性来实现图像的旋转。

（2）通过图像精灵的“移动到指定位置”方法实现位置改变。

（3）通过计时器的“计时”事件处理器来定时执行上述动作。

5.3.2　让蝴蝶连续飞

微视频
让蝴蝶连续飞讲解

目前蝴蝶已经能够移动了，但每次移动都是神出鬼没的瞬移，这种效果如果用于“打地鼠”游戏则比较合适，因为地鼠在不同洞口出现，在地下的移动过程是看不见的。但蝴蝶是在天上飞的，飞行是一个连续的过程，只不过可以不停地改变飞行方向，导致抓蝴蝶并不容易。因此本例将采用另外一种方法来实现这个效果。

图像精灵或者球形精灵有两个属性可以用于实现连续移动的效果。一个是“速度”属性，该属性默认值为0。当将“速度”属性值设为大于0的数字时，精灵会自动移动。“速度”值越大则移动越快；另一个是前面用过的“方向”属性，由“方向”值来确定移动的方向。“方向”属性实际表示的是精灵 X 轴正方向的夹角。如图5.6所示，当“方向”属性取值为0时，精灵往正东方向移动，90°时往正北方向移动，180°时往正西方向移动，270°或者 –90°时往正南方向移动。“方向”属性的取值范围可以是［0, 360］，也可以是［–180, 180］，这两种表示效果是相同的。

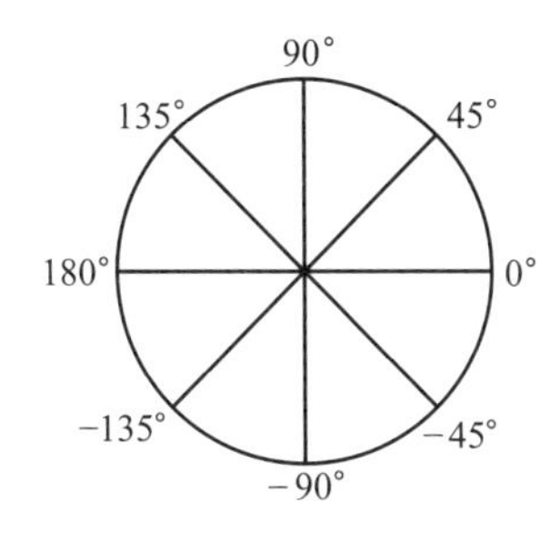

图 5.6　“方向”属性的取值与移动方向

利用这两个属性，让蝴蝶进行连续的随机方向移动的要点如下。

（1）设置图像精灵的“速度”属性值为大于0的数值，如10。

（2）在计时器的“计时”事件处理器中定时让图像精灵的“方向”属性值发生改变。

修改后的代码如图5.7所示。

```
当 计时器 .计时
执行 设 图像精灵_蝴蝶 . 速度 为 10
     设 图像精灵_蝴蝶 . 方向 为 随机整数从 0 到 360
```

图5.7　让蝴蝶连续飞

这时代码反而更加简单了。图像精灵的“速度”属性值可以在“计时”事件处理器中设置，也可以直接在组件设计时设置。

微视频
判断是否抓住蝴蝶讲解

5.3.3　判断是否抓住蝴蝶

当玩家用手指触碰屏幕时，如果正好触摸到了飞行中的蝴蝶，则算抓到了一次蝴蝶，否则就算落空一次。显然，抓到和落空需要给玩家不同的反馈，如果抓到蝴蝶，则让手机振动一下，然后使已抓到的蝴蝶数量加1；如果落空，则播放一个表示懊恼的音效“啊哦”，然后让代表生命值的能量条长度缩短。因为落空5次游戏就结束了，因此长度每次应该减少原来的1/5，这样落空5次能量条长度就为0了。判断是否抓住蝴蝶的流程图如图5.8所示。

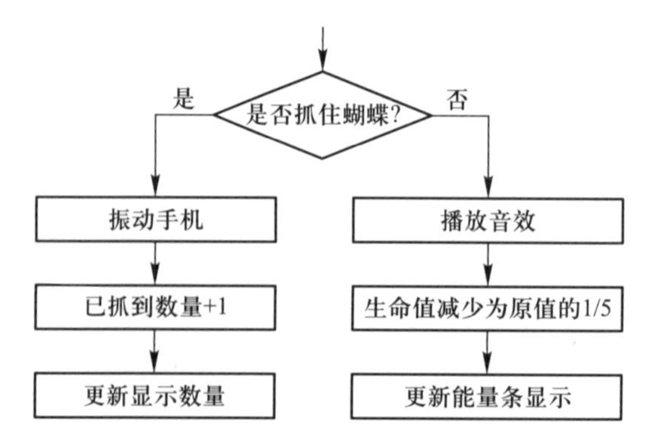

图5.8　判断是否抓住蝴蝶的流程图

实现时首先需要定义两个变量，分别用来记录已经抓到蝴蝶的数量和玩家的生命值。这两个值分别初始化为0和100。定义如图5.9所示。

```
初始化全局变量 已抓蝴蝶数量 为 0
初始化全局变量 生命值 为 100
```

图5.9　定义变量

检测玩家手指是否触碰到画布的方法在第4章“安安爱画画”中曾使用过，就是画布的“被触碰”事件处理器。当手指触碰到画布时会激活该事件处理器。在本例中因为只有一个图像精灵，因此一旦参数“触摸任意精灵”为true，则代表已经抓住了蝴蝶，否则就是落空了。具体实现代码如图5.10所示。如果“触摸任意精灵”为真，条件成立，则调用音效组件振动100 ms，给用户一个直观反馈，记录“已抓蝴蝶数量”增加1并更新界面显示；否则就是落空，播放“啊哦”音效，生命值减少20，即初始值100的1/5，更新能量条长度。因为能量条初始宽度为300，是生命值初始值100的3倍，因此能量条的宽度可以通过生命值乘以3来表示。

```
当 画布 .被触碰
  x坐标  y坐标  触摸任意精灵
执行  如果 取 触摸任意精灵
  则  调用 音效_结果反馈 .震动
              毫秒数 100
      设 global 已抓蝴蝶数量 为  取 global 已抓蝴蝶数量 + 1
      设 标签_已抓数量 . 文本 为 取 global 已抓蝴蝶数量
  否则 调用 音效_结果反馈 .播放
      设 global 生命值 为  取 global 生命值 - 20
      设 标签_能量条 . 宽度 为  取 global 生命值 × 3
```

图5. 10　判断是否抓住蝴蝶

在检测完成是否抓住蝴蝶后，需要进一步完善规则。当成功9次后要转入成功界面，显示蝴蝶标本图像和本局游戏得分；当落空5次后要转入失败界面，提示玩家本局结束。

微视频
失败处理讲解

5.3.4　失败处理

失败界面比较简单，只需要把游戏界面的提示语句修改一下，变成“本局任务失败，要加油！”，让蝴蝶停止飞。即可实现这些功能只需在图5.10中落空部分的代码最后加上图5.11所示的代码，判断生命值是否小于或等于0，如果成立，说明已经落空5次，应该进入失败界面。

图5.11 判断是否进入失败界面

测试运行修改完成的代码，发现落空5次后蝴蝶确实停飞，提示也改变了，但如果这时接着用手指触碰画布，仍然会发出“啊哦”的音效。这种情况显然是不合适的，失败后画布不应再响应玩家触碰。

由于“画布”组件并不像“图像精灵”和“计时器”组件那样有“启用”属性，所以不能通过设置“启用”属性为false来禁止它工作。一种可行的解决方法是进入画布的“被触碰”事件处理器，先判断“生命值”变量的值是否小于或等于0，如果不成立，说明游戏还能接着玩，否则就应该是失败状态，不再对被触碰事件做出响应。修改后的代码如图5.12所示。

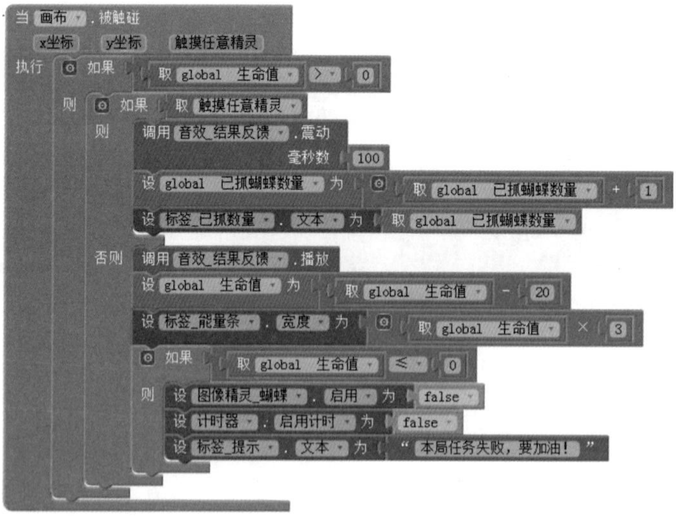

图5.12 加上生命值判断后的代码

5.3.5 成功处理

成功抓到9只蝴蝶以后将进入成功界面。这里需要做两件事情：一是计算游戏得分；二是调用成功的屏幕，并把计算出的得分显示出来。

5.3.6　计算游戏得分

微视频
游戏得分规则讲解

游戏得分规则是设计一款游戏的重要组成部分，合理的计分机制可以激发玩家的征服欲望，更好地投入游戏。一般游戏的计分原则会考虑以下几个方面。

（1）消灭的对手强弱和多少。典型的如打飞机游戏，大小敌机的分值不同，当然难易程度也不一样。

（2）拾取的奖励物资的品种和多少。比如打败妖怪爆出的各类宝物。

（3）自身的损耗。比如通关时剩余的血量、弹药数量等。

（4）通关的时间。完成任务的速度，一般速度越快得分越高。

还有很多其他方面，要根据具体的游戏类型来设定。在“安安抓蝴蝶”这个游戏中，采取一种简单的计分规则，只考虑两个因素：游戏通关时间和剩余生命值。计分公式如下：

得分 =（100 – 开始游戏的时间秒数 ×2）+ 剩余生命值

为了计算开始游戏的时间，需要新增一个变量，命名为“已用时间”并初始化为0，当“计时器”组件每次触发“计时”事件时，“已用时间”变量的值加1，相当于每0.5 s加1。同样地，新建一个变量“游戏得分”来存放游戏得分，按上面的公式计算得分值。具体实现代码如图5.13所示。

```
初始化全局变量 已用时间 为 0

当 计时器 .计时
执行 设 global 已用时间 为 取 global 已用时间 + 1
     设 图像精灵_蝴蝶 . 速度 为 10
     设 图像精灵_蝴蝶 . 方向 为 随机整数从 0 到 360

初始化全局变量 游戏得分 为 0

设 global 游戏得分 为 100 取 global 已用时间 + 取 global 生命值
```

图 5. 13　计算用时和得分

5.3.7　设计游戏成功屏幕

微视频
成功屏幕开发和调用讲解

新建一个屏幕，命名为“Screen_Result”，拖放入需要的组件，如图5.14所示，并按表5.2所示设置组件属性。

图5.14　游戏成功屏幕组件设计

表5.2　Screen_Result屏幕所有组件的说明及属性设置

组件	所在组件栏	用途	命名	属性设置
Screen	—	应用默认的屏幕，作为放置其他所需组件的容器	Screen_Result	水平对齐：居中 背景图片：background.jpg 屏幕方向：锁定竖屏 状态栏显示：取消勾选 标题：游戏结果
标签	用户界面	用于放置提示文字	标签2	粗体：勾选 字号：18 文本：本次得分 文本颜色：蓝色
标签	用户界面	用于放置提示文字	标签_得分	粗体：勾选 字号：28 文本：0 文本颜色：红色

续表

组件	所在组件栏	用途	命名	属性设置
标签	用户界面	用于放置提示文字	标签1	粗体：勾选 字号：18 文本：安安的蝴蝶标本 文本颜色：青色
图像	用户界面	用于显示最近抓到的蝴蝶图片	图像1	高度：200像素 宽度：200像素 图片：butterflies.jpg
按钮	用户界面	用于响应点击事件返回Screen1	按钮_返回	粗体：勾选 字号：18 形状：圆角 文本：返回 文本颜色：红色

在这个屏幕组件设计中，并没有给每个组件都重新命名，如标签1和标签2，用的就是系统自动产生的名字。给组件重命名的基本原则是，如果是在逻辑设计中需要用到的组件，最好重命名，做到“见名知意”；而那些只是作为界面显示用的组件则可以不重命名。

5.3.8　调用Screen

在Screen1中调用Screen_Result和第4章“安安爱画画”中的屏幕调用有所不同，需要传给被调用的屏幕一个值。因此，此处调用“控制”模组中的“打开屏幕并传值”方法。实现这些功能只需在图5.10中成功抓到蝴蝶部分的代码最后加上图5.15所示的代码即可，先判断已抓蝴蝶数量是否大于或等于9，如果成立，说明任务已经完成，应该进入成功界面。

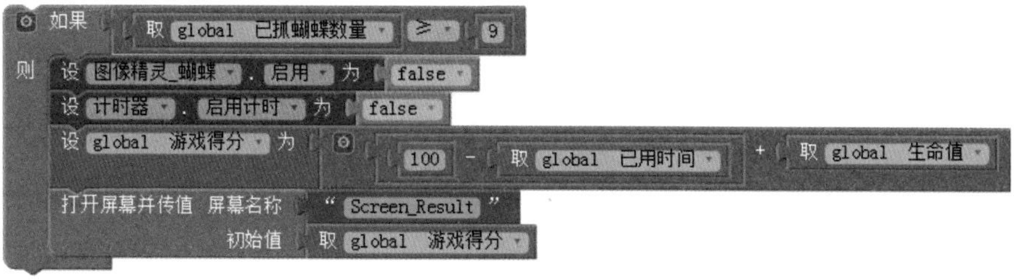

```
如果  取 global 已抓蝴蝶数量 ≥ 9
则  设 图像精灵_蝴蝶 . 启用 为 false
    设 计时器 . 启用计时 为 false
    设 global 游戏得分 为  100 - 取 global 已用时间  + 取 global 生命值
    打开屏幕并传值  屏幕名称 “ Screen_Result ”
                  初始值  取 global 游戏得分
```

图5.15　游戏成功屏幕调用

在Screen_Result屏幕中接收Screen1传入的值是通过“控制”模组中的“获取初始值”方法实现的。这样在Screen_Result的屏幕“初始化”事件处理器中通过“标签_得分”组件显示出来。具体实现如图5.16所示。

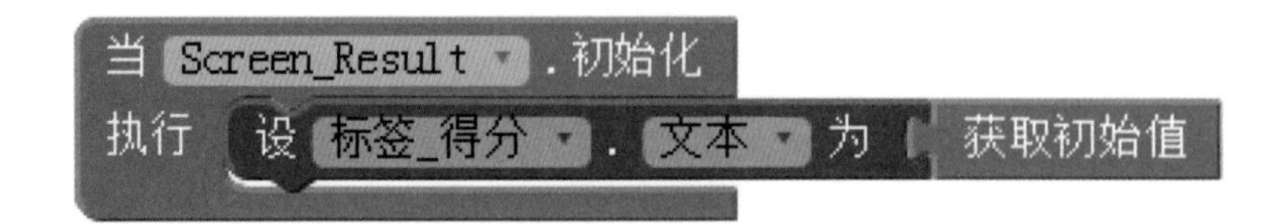

图5.16 显示得分

另外，当在Screen_Result屏幕中点击“返回”按钮时，将关闭本屏幕，返回Screen1。具体实现如图5.17所示。

图5.17 关闭屏幕

5.3.9 增加蝴蝶品种

微视频
增加蝴蝶品种讲解

为了增强游戏的趣味性，而不是始终出现同一种蝴蝶，需要丰富蝴蝶的品种，素材中已经提供了9张不同的蝴蝶图像。更换蝴蝶品种的时间点应选在每成功抓到一只蝴蝶时就出现另一个品种。

9种蝴蝶并不需要拖放9个图像精灵到画布中，而只需在要出现另一种蝴蝶时更换图像精灵的图片即可。这9张蝴蝶图片类似于一个小集体，可以把它们编入一个小队并为这个小队取个名字，以后就可以通过小队的名字和各自在小队中的位置索引值来找到每个成员。如表5.3所示，如果要访问蝴蝶图像列表的第3项，那么内容就是3.png。

表5.3 蝴蝶图像列表

位置	1	2	3	4	5	6	7	8	9
内容	1.png	2.png	3.png	4.png	5.png	6.png	7.png	8.png	9.png

App Inventor已经定义好了“列表”组件以便于开发人员使用。在逻辑设计的“内置块”中有“列表”组件，提供了丰富的相关操作方法。在本例中，

首先要定义一个“蝴蝶图像列表”变量并将它初始化，其中包含9个单元项，内容如表5.3所示。创建列表时可以只创建一个空列表，其中的单元项可以在后期通过“添加列表项”等方法加入，也可以在创建时直接初始化所含的单元项，如图5.18所示。

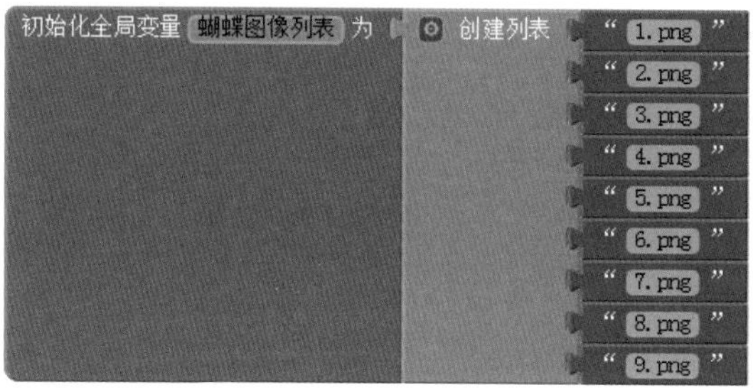

```
初始化全局变量 蝴蝶图像列表 为 创建列表 "1.png"
                                      "2.png"
                                      "3.png"
                                      "4.png"
                                      "5.png"
                                      "6.png"
                                      "7.png"
                                      "8.png"
                                      "9.png"
```

图5.18　创建蝴蝶图像列表

访问列表的某个单元项需要知道列表的名字和单元项的位置索引值。为此可以定义一个“索引”变量，其初始值为1，然后通过方法“选择列表……中索引值为……的列表项”来访问具体的列表项内容。以后每抓到一只蝴蝶就让“索引”值加1，这样可以访问下一种蝴蝶。

> App Inventor中的列表项位置索引值是从1开始的，即排在最前面的第1项位置的索引值为1。

还有一个细节也可以同时完成：每抓到一只蝴蝶，就把这只蝴蝶的形象在屏幕下方展示，即把抓到的那张蝴蝶图片赋值给“图像_抓到的蝴蝶”组件的图片属性。如图5.19所示，在画布“被触碰”事件处理器中更新显示已抓蝴蝶数量代码的模块后加入最后3句代码。

```
设 标签_已抓数量 . 文本 为 取 global 已抓蝴蝶数量
设 图像_抓到的蝴蝶 . 图片 为 图像精灵_蝴蝶 . 图片
设 global 索引 为 取 global 索引 + 1
设 图像精灵_蝴蝶 . 图片 为 选择列表 取 global 蝴蝶图像列表
                          中索引值为 取 global 索引
                          的列表项
```

图5.19　让不同品种的蝴蝶轮流出现

5.3.10　运行出错，调试改错

修改好代码后应该立即运行一下，测试有没有问题。果然，当抓到第9只蝴蝶时屏幕上会突然弹出一个出错信息，同时开发网站上也会弹出运行故障的信息，如图5.20所示。

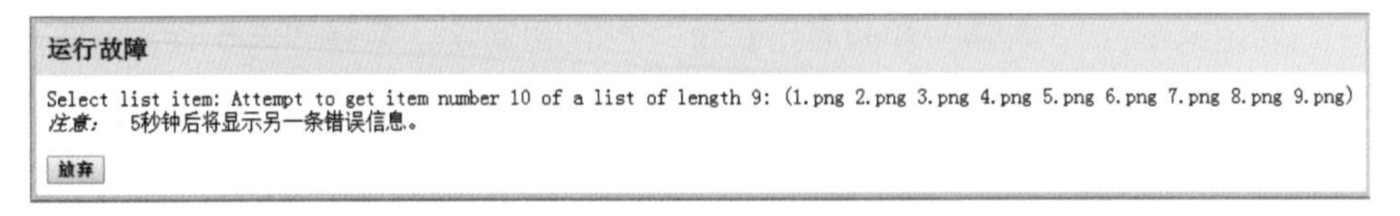

图5.20　列表访问越界运行故障信息

经分析，这个故障是由列表访问越界错误引起的。列表中的单元项需要通过正常范围内的位置索引值来访问。有效的位置索引的取值范围为［1,列表长度］。列表长度就是该列表所包含单元项的个数，空列表的长度为0。

当玩家已经抓住9只蝴蝶时，“索引”变量的值经过加1后变成了10，这时通过“选择列表……中索引值为……的列表项”方法访问“蝴蝶图像列表”的第10项，就超过了该列表的长度9，因此产生运行故障。

修复这个错误可以如下处理：当“索引”值增加后超过9时，返回1，形成一个循环，这样就永远只在1 ~ 9之间取值，即使允许抓更多的蝴蝶，这个代码也不会越界。修改后的代码模块如图5.21所示，增加一条判断语句即可。

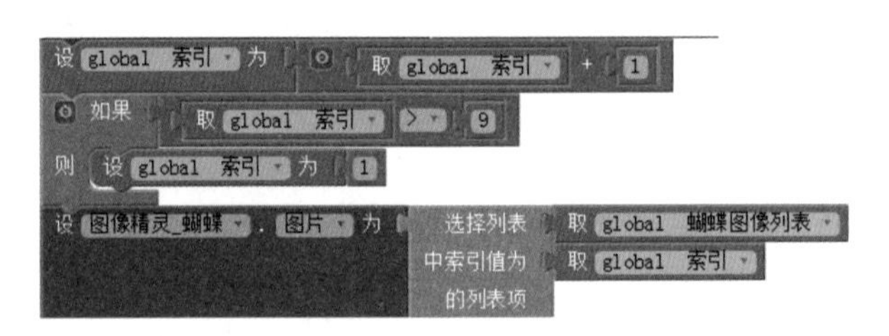

图5.21　修复索引越界问题后的代码

5.3.11　重新开始

微视频
重新开始讲解

玩家在玩的过程中、通过后或者失败后，都可以选择重新开始。实现重新开始的关键就是让游戏的数据都恢复到初始状态，比如已抓蝴蝶数量为0，生命值恢复到100，等等，具体实现代码如图5.22所示。

当 按钮_重新开始 . 被点击
执行 设 global 已抓蝴蝶数量 为 0
设 global 生命值 为 100
设 global 索引 为 1
设 global 游戏得分 为 0
设 标签_能量条 . 宽度 为 300
设 标签_已抓数量 . 文本 为 0
设 标签_提示 . 文本 为 “抓到9只蝴蝶获胜　落空5次失败”
设 计时器 . 启用计时 为 true
设 图像精灵_蝴蝶 . 启用 为 true
设 图像_抓到的蝴蝶 . 图片 为 “ ”

图5.22　重新开始功能实现

5.4　列表

5.4.1　列表与数据结构

在App开发中可能会处理多种多样的数据，除了数字、文本等基本数据类型外，还存在许多更加复杂的情况。比如有多个人信息的通信录、包括多种商品购买信息的购物车等，为了更加方便地处理这些信息，需要定义相应的数据结构。

数据结构是指相互之间存在一种或多种关系的数据元素的集合以及该集合中数据元素之间的关系。通常情况下，精心设计的数据结构可以带来更高的运行或存储效率。在本例处理9种蝴蝶图片时没有直接定义9个变量，而是使用了“列表”来存放这些蝴蝶图片文件名称，并通过“选取列表……中索引值为……的列表项”等操作模块来进行相关的数据处理。

在App Inventor中，“列表”可以看作是把数据元素按照特定顺序进行排列的一种数据结构，列表中的每一个数据项都有一个对应的位置信息，即索引。开发者可以通过索引找到列表中所对应的数据项。为了便于使用，App Inventor把“列表”作为一种内建的逻辑编程组件，并提供了列表创建、列表项添加和列表项选择等多种操作方法供开发者直接调用。

5.4.2　列表的操作

1. 列表的创建

创建列表有两个操作模块可以选择。如图5.23所示，可以只创建一个空列表，也可以创建包含多个初始列表项的列表。具体列表项的数量可以根据实际需求调整。

在App Inventor中，列表的文本表示格式如下：
（列表项1 列表项2 列表项3）
各列表项之间用空格隔开，保存在一对圆括号中。

图5.23　创建列表的操作模块

2. 列表项的增删改

创建列表后，可以对列表项进行增、删、改等操作。下面以ListDemo变量为例进行说明，初值是(A B C)，如表5.4所示，共含有3个列表项。

表5.4 ListDemo列表

位置	1	2	3
内容	A	B	C

（1）添加列表项。执行如图5.24所示的模块后，ListDemo的值为(A B C D)，如表5.5所示。加入的单元放在列表的最后。

图5.24 添加列表项

表5.5 ListDemo列表

位置	1	2	3	4
内容	A	B	C	D

（2）插入列表项。继续执行如图5.25所示的模块后，ListDemo的值为(A E B C D)。新加入的单元放在插入的位置，从这个位置开始的旧的列表项顺序后移1位。

图5.25 插入列表项

（3）替换列表项。继续执行如图5.26所示的模块后，ListDemo的值为(A E B F D)。位置索引为4的列表项的内容被替换成了新值F。

（4）删除列表项。继续执行如图5.27所示的模块后，ListDemo的值为(A E F D)。原来位置索引为3的列表项B被删除，后面的列表项顺序前移1位。

图 5. 26　替换列表项

图 5. 27　删除列表项

3. 列表的查询

“列表”组件还提供了一系列操作模块来支持对数据的查询。

如图5.28所示，“求列表长度”模块可以返回列表中列表项的个数，当列表为空时长度为0。针对判断列表是否为空，App Inventor还专门提供了一个模块，当列表为空时返回true，否则返回false。

求列表长度　列表　　　列表是否为空？列表

图 5. 28　求列表长度和判断列表是否为空模块

如果已知位置索引的值，可以通过“选择列表……中索引值为……的列表项”模块来查询该位置的值。如图5.29所示的模块返回的结果是F。

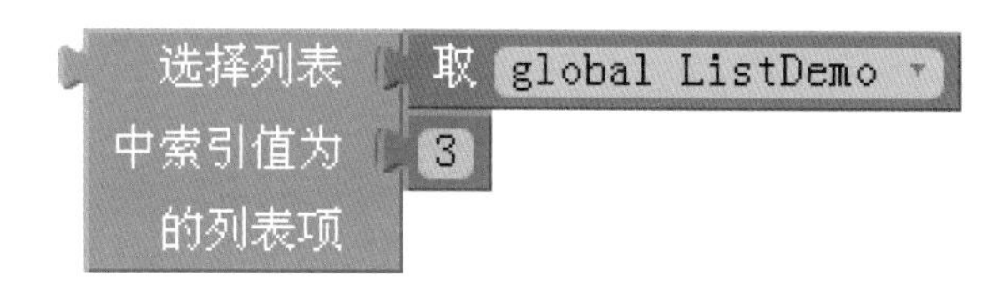

图 5. 29　根据索引求值模块

有时，已知一个具体列表项的值，想查询该值在列表中的位置，则需要用到“求列表项……在列表……中的位置”模块。如图5.30所示的模块返回的结果是2。如果所查找的值在列表中不存在，则返回0。

图 5. 30　根据值查询位置模块

5.4.3 列表的嵌套——多级列表

列表的单元项不仅可以是文本、数字、颜色等数据类型的值，还可以是列表本身，也就是说，列表中还可以包含列表，形成支持列表嵌套的多级列表。如图5.31所示，相当于先创建了一个值为(A1 A2 A3)的列表，最后创建了一个值为(B1 B2 B3)的列表，最后将这两个列表作为初始单元项加入新创建的ListAB列表中，其值为((A1 A2 A3) (B1 B2 B3))。

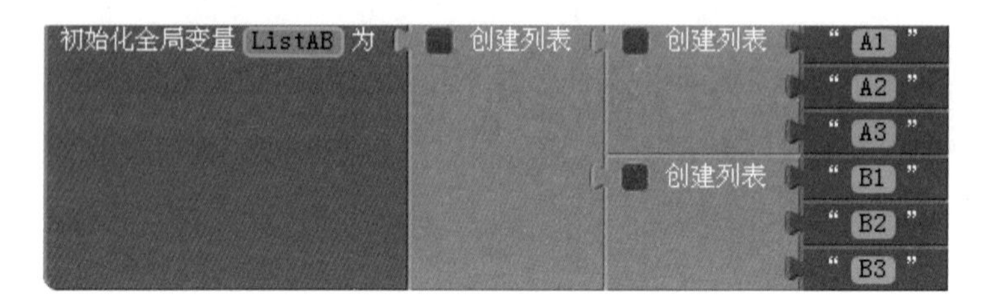

图5.31　创建多级列表

如果说一个简单列表可以看作一个队列，那么这种复杂的二级列表就可以看作一个二维平面，由行和列组成。如表5.6所示，每一行就是ListAB列表中的一个单元项，表中的行数即是ListAB列表的长度。每一行自身又是一个列表，该行的列数就是这个列表的长度。

表5.6　ListAB列表

	1	2	3
1	A1	A2	A3
2	B1	B2	B3

利用“列表”组件所提供的操作模块进行组合就能对二级列表进行相应的操作。运行如图5.32所示的操作模块后，ListAB列表的值为((A1 A3) (B1 B2 B3))，如表5.7所示。

图5.32　创建多级列表

表5.7　ListAB列表

	1	2	3
1	A1	A3	
2	B1	B2	B3

执行该模块时，先从ListAB中选出索引值为1的列表项，这是一个含有3个列表项的(A1 A2 A3)列表，然后在这个列表中删除第2项，也就是在ListAB中删除原来值为A2的这一项。

5.4.4　列表项的数据类型

App Inventor中的“列表”非常强大，不但支持列表的嵌套，可以形成二级、三级甚至更多级的列表，而且同一个列表中的列表项的数据类型也可以各不相同，这使得“列表”成为在App Inventor中设计复杂数据结构的不二选择。如图5.33所示，这个列表可以用来处理包含姓名、年龄、是否党员、通信地址等要素的学生数据。在后面的第10章、第11章中还将结合案例对列表做进一步讲解。

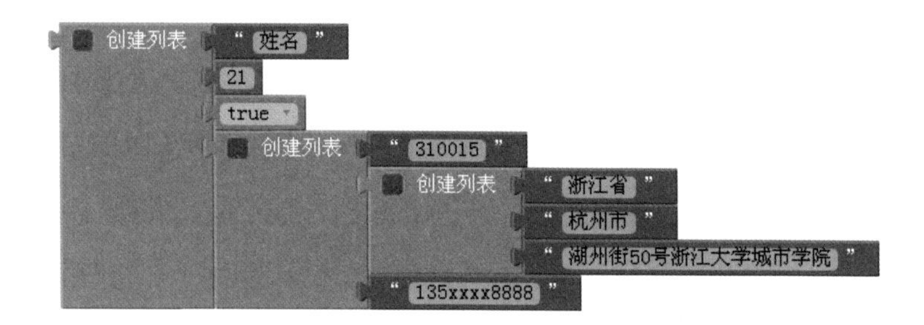

图5.33　处理学生信息的列表结构

5.5　软件开发中的最佳实践

在软件开发过程中会遇到很多问题，也有着多种预防和解决之道。有时会把一些具有普遍意义的良好习惯和方法指南称为最佳实践。下面就是在App Inventor开发中值得从现在就开始关注的部分。

5.5.1　有意义的命名

软件开发中一个重要的最佳实践就是赋予编程元素有意义的名称。虽然计算机和手机并不会关心给某个元素取了什么名字，只要这个名称是符合规范要求的，但从人类阅读理解的角度来说，取有意义的名字非常重要。

在App Inventor中，常见的编程元素包括变量、组件和过程。对于它们的命名都应该做到“见名知意”。给编程元素命名的过程会迫使开发者理清这个元素的作用，而对于阅读者来说，好的名字能让阅读代码的人不需要研究就知道元素的主要用途。

5.5.2 为代码写注释

开发过程也就是把自己的想法用代码模块实现的过程。对于同一个问题，每个人的解决思路会有所不同，为了让代码模块具有更好的可读性，让人容易理解为什么要这么编写，除了前面讲过的编程元素命名一定要“见名知意”外，有时还需要为特定的模块加上一些说明。这些说明就是软件开发中的“注释”，注释不是写在另外一个说明文档中，而是和代码写在一起的。代码的目的是让机器能理解，而注释的目的是让人能理解。

在App Inventor中，可以在任意模块上右击，在弹出的快捷菜单中选择“添加注释”命令来写注释。这样会在该模块上创建一个中间是问号的蓝色圆圈，它关联一个附着的文本区域，开发者可以在其中输入任何内容，如图5.34所示。这个文本区域就是供开发者做注释或者笔记使用的，它们解释了开发者尝试用这个模块来做什么。注释的写法没有特别规定，但要记住，注释是为了帮助别人理解开发者的想法以及如何通过这些模块来实现这些想法的。

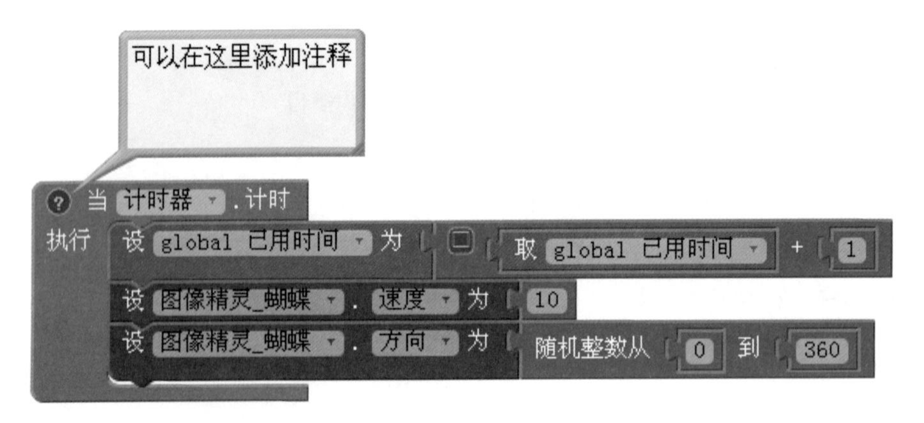

图5.34 添加注释

可以通过单击蓝色问号来隐藏（或者取消隐藏）注释框。再次右击该区域并选择“删除注释”命令，可将注释完全删除。

5.5.3　增量式开发与测试

在App开发中肯定会遇到编写出来的模块不能正常运行，或者不按所期望的方式运行的情况。为了找出软件中的错误，需要进行软件测试。在开发过程中发现错误并不是坏事，找到并改正错误会使开发者对软件开发的了解更加透彻。有一点必须明确：软件测试的目的是找出未发现的错误，而不是证明软件没有错误。

对于一个稍有规模的软件来说，一次就能开发好所有的功能并且所有功能都能正常运行的情况是非常少见的。因此在构建App时，最好进行增量式开发和经常性的小测试。每当添加一个新的功能或者特性后，都应该立即进行一次测试运行，看看有没有因为新加入的代码模块引入错误。这样比较容易定位错误原因。千万不要等到所有的代码都写完后才开始进行第一次大规模测试，因为那时代码中可能已经隐藏了太多的错误，而且代码相互之间又有着复杂的关联，此时就难以定位导致错误的真正原因，也就难以进行有效修复了。常见的现象就是修改了一处错误，又导致其他地方更多的错误。

本书所有的案例App开发都遵循以下原则：一次加入一个特性，并立即进行测试运行。如果App运行正常，则再接着加入下一个新特性，否则查找错误原因并修改，然后再进行测试，直到没有错误为止。

5.5.4　调试

一般把软件中存在的错误叫作“bug”，也就是英文单词“臭虫”的意思。开发者当然不希望自己开发的App中都是“bug”，找到并修复错误的过程就叫作“debug”，也就是“去掉臭虫”的意思，即调试。

为了帮助开发人员提升定位错误的效率，一般的软件开发平台都提供了调试功能。App Inventor提供了一个重要功能：预览代码块功能。只要连接了设备或者模拟器，开发者就可以在任意时刻在任意模块上右击，并从快捷菜单中选择“预览代码块功能”命令，这时会立即在设备上运行该模块。

预览代码块功能特性很简单，通过它可以有效地辅助测试和调试。以下是一些可以参考的使用场景示例。

（1）单步调试，让含有多条语句模块的集合逐条运行，每次只运行一个模块，方便观察。

（2）设置变量值（如把生命值变量的值设置为100）。

（3）设置组件的属性（如将动画精灵的速度设置为0）。

（4）调用组件的方法（如把动画精灵移动到某个位置）。

（5）测试负责例外情况处理的模块是否正常工作（如Web客户端请求没有响应）。

（6）立即运行任意模块并观察产生的结果。

对于某些有结果输出（一个向左的槽）的模块，使用“预览代码块功能”时，即使它们没有在任何事件处理器中，App Inventor也会在屏幕上展现结果。预览结果会被写入注释中，如图5.35所示。这是一个插入了值的普通注释。再次使用“预览代码块功能”会更新显示出来的值。

图5.35　插入了“预览代码块功能”取值结构的注释

5.5.5　经常备份

在开发过程中及时进行项目保存是一个好习惯，这样能避免因为某些原因（如意外掉电、断网等）丢失工作成果。在App Inventor中开发，程序会自动地备份。经常性地保存和备份自己的工作是一种良好的实践。尤其在关闭App Inventor之前要做这个操作，以确保自动保存没有漏掉任何东西，让最新的项目保存在网络中。保存项目可以使用“保存项目”菜单项，它位于“项目”菜单中，如图5.36所示。

由于开发过程通常较长，项目会以增量模式开发，处于不断修改变动的过程中，这时应该做好项目的版本管理，在关键点上要建立项目备份，特别是在尝试添加一些可能会破坏已有功能的新特性时，更是要及时备份。

App Inventor除了提供“另存项目”功能，还提供了“检查点”功能。这两个功能都能实现项目的备份和多版本保存，在项目列表中会多一个新项目。两者的主要区别在于：“另存项目”后，当前编辑的项目为新的项目文件；而

图5.36 “另存项目”和“检查点”菜单项

建立“检查点”后，编辑的仍是旧的项目。

通过“另存项目”和“检查点”保存的项目都能在“我的项目”列表中找到。开发者可以在任何时候打开某个需要的版本，也就是具有了回退的功能。这样就不怕因为错误的尝试导致App不能正常运行了。

练习与思考题

1. 顺序、分支和循环语句分别会在什么情况下用到？举例说明。
2. 如何让每次游戏时蝴蝶出现的序列不同？
3. 要让一张图片动起来，实现转动和移动，需要如何设置图像精灵的参数？
4. 单纯拖曳只能让控件排成一列，如何让几个控件排在一行或一个矩阵呢？
5. 图5.33所示的学生信息的列表写成文本形式是怎样的？通过“预览代码块功能”查看是否和你的答案一致。

实验

1. 行动起来，根据“安安抓蝴蝶”App的教程，自己动手实践一遍，感受整个过程。

2. 开发一个“打地鼠”App。具体要求如下。

（1）一只地鼠会在屏幕中随机出现（可以在几个固定的洞中随机出现，也可以在草地上任意地点随机挖洞出现）。

（2）每局游戏有时间限制，如30 s，时间能倒计时显示，时间到则游戏结束。

（3）打中地鼠1次加1分，能显示当前得分。

（4）有重新开始功能。

第6章
安安历险记

本章以“安安历险记”小游戏为例，主要展示如何实现一个稍微复杂一点的游戏，包括使用方向传感器组件来控制精灵的运动方向，更加直观地表示精灵的生命值，加入初步的人工智能策略等。重点对程序设计中的过程进行讲解分析。

本章要点

（1）多个精灵的游戏设计。

（2）通过方向传感器组件控制精灵。

（3）精灵造型变换和动画效果。

（4）用自定义过程减少冗余代码。

（5）碰撞检测思想与方法。

（6）边界检测思想与方法。

（7）过程。

教学课件
第6章教学课件

微视频
"安安历险记"App
运行演示

案例apk
"安安历险记"apk
安装文件

6.1 "安安历险记"案例演示

"安安历险记"小游戏的案例演示如图6.1所示。

（1）安安在草坪上玩滑板，被老虎发现了。

（2）老虎会自动来追安安，当安安被老虎追到时，游戏结束，提示玩家输了。

（3）通过字幕提醒玩家玩法，躲避老虎追捕，可以划出小球做武器。倾斜手机可以控制安安按照倾斜的方向逃跑。

（4）若小球打中老虎，球的颜色变成红色，安安和老虎都不再动，提示玩家获胜。

（5）如果蓝球打中安安，则游戏结束，提示玩家输了。

（6）安装完成，应用图标如图6.1（f）所示。

（a）打开界面

（b）老虎向安安扑过来

（c）点击"重新开始"按钮

（d）向老虎的方向划出小球

（e）小球打中安安

（f）安装完成后的应用图标

图6.1 "安安历险记"案例演示

6.2 “安安历险记”组件设计

微视频
组件设计讲解

6.2.1 素材准备

通过以上案例展示，读者可以对界面、交互和行为都有所了解。为了实现这个效果，需要准备的素材为8张图片：background.png（背景图片）、anan.png（安安滑板图片）、anan_cry.png（安安被抓后的图片）、tiger_left1.png（老虎朝向左图片1）、tiger_left2.png（老虎朝向左图片2）、tiger_right1.png（老虎朝向右图片1）、tiger_right2.png（老虎朝向右图片2）、icon.png（图标图片）；另外还需要一个音频文件ar.wav（老虎抓到安安时的音效），如图6.2所示。这些素材可以在本案例实验资源包中找到，也可以换成自己喜欢的文件。

案例素材
“安安历险记”App
的素材资源文件包

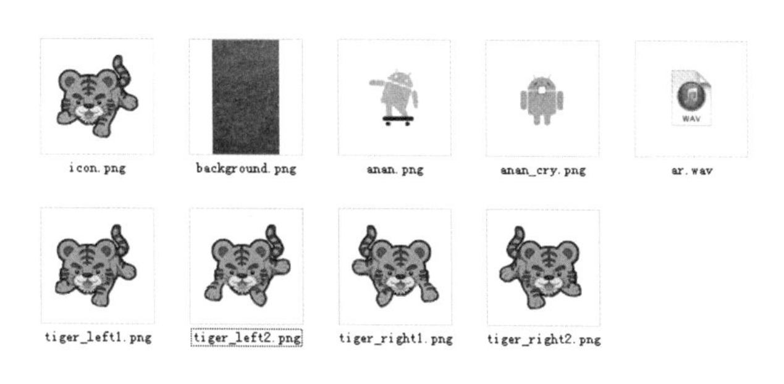

图6.2 “安安历险记”资源文件

6.2.2 设计界面

登录开发网站后，新建一个项目，命名为“Adventure”。把项目要用到的素材上传到开发网站后，就可以开始设计用户界面了。按照图6.3所示添加所有需要的组件，按照表6.1所示设置所有组件的属性。

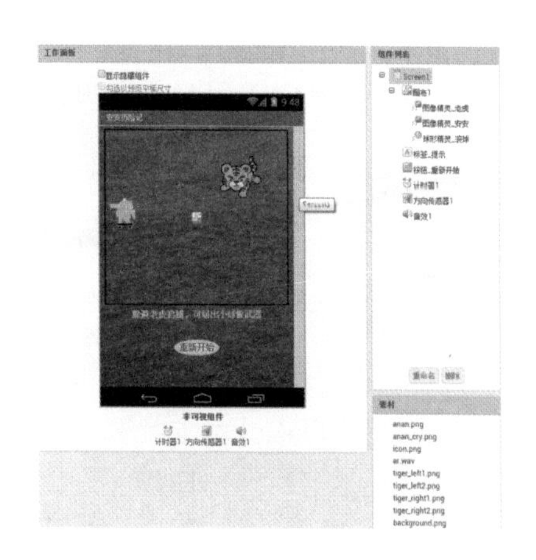

图6.3 “安安历险记”界面设计

表6.1　所有组件的说明及属性设置

组件	所在组件栏	用途	命名	属性设置
Screen	—	应用默认的屏幕，作为放置其他所需组件的容器	Screen1	水平对齐：居中 AppName：安安历险记 背景颜色：透明 背景图片：background.png 图标：icon.png 屏幕方向：锁定竖屏 状态栏显示：不勾选 标题：安安历险记
画布	绘图动画	用于放置动画组件	画布1	背景颜色：透明 高度：300像素 宽度：300像素
图像精灵	绘图动画	用于显示老虎	图像精灵_老虎	图片：tiger_left1.png 速度：1
图像精灵	绘图动画	用于显示安安	图像精灵_安安	图片：anan.png
球形精灵	绘图动画	用于显示滚球	球形精灵_滚球	画笔颜色：蓝色 半径：15 X坐标：137 Y坐标：270
标签	用户界面	用于提示信息	标签_提示	字号：16 文本：躲避老虎追捕，可划出小球做武器 文本颜色：青色
按钮	用户界面	用于响应点击重新开始事件	按钮_重新开始	背景颜色：浅灰 字号：16 形状：椭圆 文本：重新开始 文本颜色：红色
计时器	传感器	用于产生等时间间隔的定时事件	计时器1	计时间隔：1 000

续表

组件	所在组件栏	用途	命名	属性设置
方向传感器	传感器	用于触发手机方向发生变动的事件	方向传感器 1	
音效	多媒体	用于播放游戏失败时的音效	音效 1	源文件：ar.wav

表6.1中未提及组件的各属性即表示该属性采用默认的属性值，不作修改。

6.3 “安安历险记”行为编辑

下面将逐步实现“安安历险记”App的行为。

6.3.1 通过倾斜手机指挥安安逃跑

微视频
倾斜手机指挥
安安逃跑讲解

传统游戏一般是通过几个方向按钮来控制游戏中的精灵移动，而随着智能手机的发展，一般智能手机上都带有多个传感器，利用好这些传感器可以有效提升用户的体验。

在“安安历险记”这个游戏案例中，将实现一种通过倾斜手机来控制精灵运动的方式，即手机往哪个方向偏转倾斜，则安安就往哪个方向运动。就好像手机是一个乒乓球拍，而安安则是球拍上的一颗乒乓球，球拍向哪边倾斜，由于重力的作用，乒乓球就会向哪个方向滚动。通过这种方式来控制游戏中的精灵运动更加形象生动，能让玩家更好地体验手眼并动的乐趣。

为了实现这个功能，需要用到“方向传感器”组件。方向传感器可以提供手机相对于地球的方位数据，包括旋转角、倾斜角、方位角等；另外，根据这些值，还提供了角度和力度两个数据供开发人员使用。

通过图6.4可以更好地理解以上的方位数据。

倾斜角（pitch）：手机的两腰侧连成的直线可以看作*X*轴。当手机沿着*X*轴上下倾斜时，其角度用倾斜角来表示。0°时设备是水平的，0° ~ 90°时设备顶部朝下转，90°时顶部垂直向下。反之则角度为负。

翻转角（roll）：手机的头部（听筒）和尾部连成的直线可以看作*Y*轴。当手机沿着*Y*轴左右倾斜时，其角度用翻转角来表示。0°时设备是水平的，

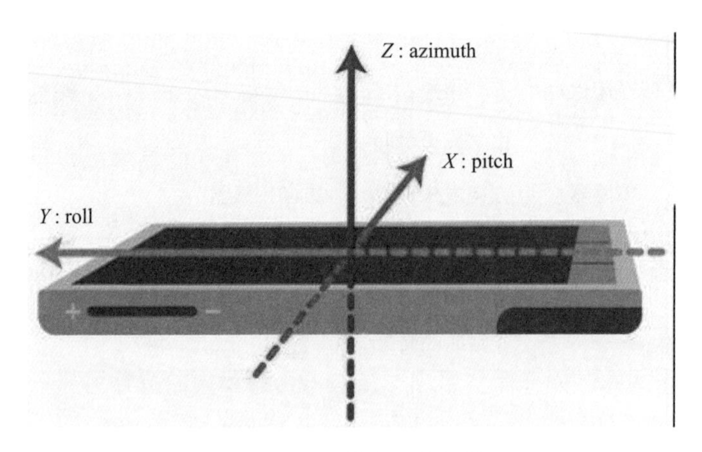

图6.4 设备的方位坐标轴

0° ~ 90°时设备倾斜到左方，–90° ~ 0°时设备倾斜到右方。

方位角（azimuth）：手机水平放置，与屏幕垂直的中心线可以看作Z轴。手机绕Z轴转过的角度用方位角来表示，0°表示手机头部朝向正北，90°表示手机头部朝向正东，如图6.5所示。方位角的一个常见用途是辨明方向，通过它来实现指南针非常容易。

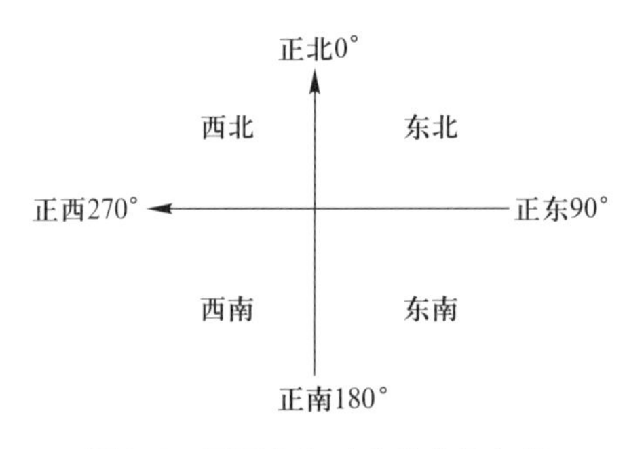

图6.5 不同方向对应的方位角值

基于以上方位数据，可以计算出手机的倾斜方向和倾斜程度，这两个值用角度和力度两个属性来表示。

角度：表示手机的倾斜方向，值为0时表示朝Y轴正方向倾斜。

力度：表示手机的倾斜程度，值介于0 ~ 1之间。

在本例的设计中，安安将随着手机倾斜方向而改变方向，它的逃跑速度也是随着倾斜程度越大而越快的。因此，安安的运动行为将通过方向传感器提供的角度和力度两个属性值来改变。

通过计时器组件的计时事件处理器来设定安安的运动行为，具体代码模块如图6.6所示，只需要把图像精灵的方向属性值设置为方向传感器的角度值，把图像精灵的速度设置为方向传感器的力度值乘100。之所以要对力度值乘100，是因为力度值的取值范围是［0, 1］，值比较小，如果不放大一定的倍数，就看不出来安安在动了。

图6.6　安安运动的实现

6.3.2　让老虎自动去追安安

微视频
让老虎自动追
安安讲解

图像精灵的运动只需要设置方向和速度即可。老虎的速度在组件设计中已经将属性值设置为1，因此要让老虎去追安安，只需要设置老虎的运动方向是朝着安安的当前位置即可。

如图6.7所示，初始时老虎的方向为0，它运动的方向将是朝着正东。图中参数的意义如下。

a：要让老虎转向安安，则需要设置逆时针转过的角度为a。

b：是图中直角三角形老虎端的锐角，其中a和b相差180°。

x_1："图像精灵_安安"组件的x坐标。

y_1："图像精灵_安安"组件的y坐标。

x_2："图像精灵_老虎"组件的x坐标。

y_2："图像精灵_老虎"组件的y坐标。

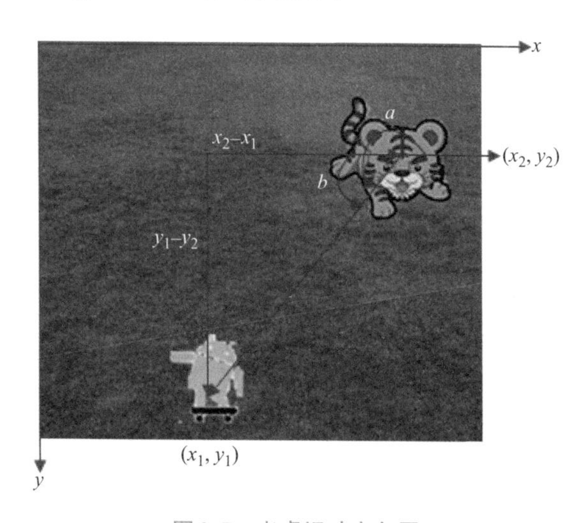

图6.7　老虎运动方向原理

因为正切函数的周期为180°，而a和b相差180°，所以

$$\tan(a)=\tan(b)$$

因为

$$\tan(b)=\frac{y_1-y_2}{x_2-x_1}$$

所以

$$\tan(a)=\frac{y_1-y_2}{x_2-x_1}$$

所以

$$a=\arctan\left(\frac{y_1-y_2}{x_2-x_1}\right)$$

因此“图像精灵_老虎”组件的方向属性值应该设置为a，即

$$方向=\arctan\left(\frac{y_1-y_2}{x_2-x_1}\right)$$

因此，加上改变老虎运动方向的代码后，计时器的计时事件处理器代码如图6.8所示。

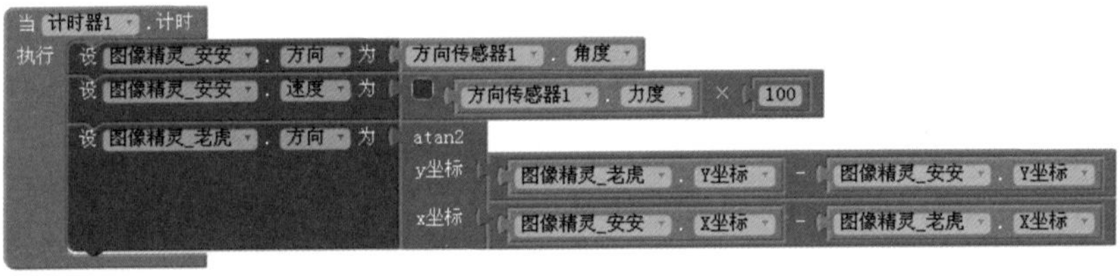

图6.8　加上老虎追安安的代码

以上反正切函数的计算过程对部分读者来说可能过于复杂，如果没有学过相关知识（或者学过但已经忘记了）会觉得难以理解。其实App Inventor为图像精灵提供了一种更加简便和直观的方法，即“转向指定对象”方法，只需要设置要转向的对象参数即可。修改过的代码如图6.9所示。

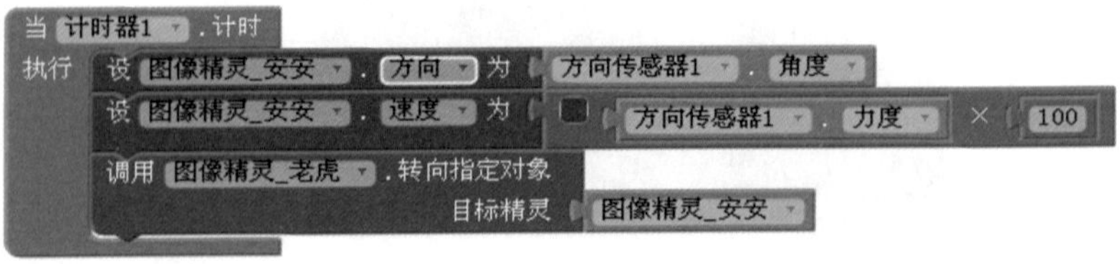

图6.9　调用“转向指定对象”方法

上述代码中有一个相对比较特殊的模块，就是“图像精灵_安安”模块，它表示的不是图像精灵的某个属性，而是图像精灵本身。每个组件都有这样一个特殊模块，出现在所有属性的最后，如图6.10所示。

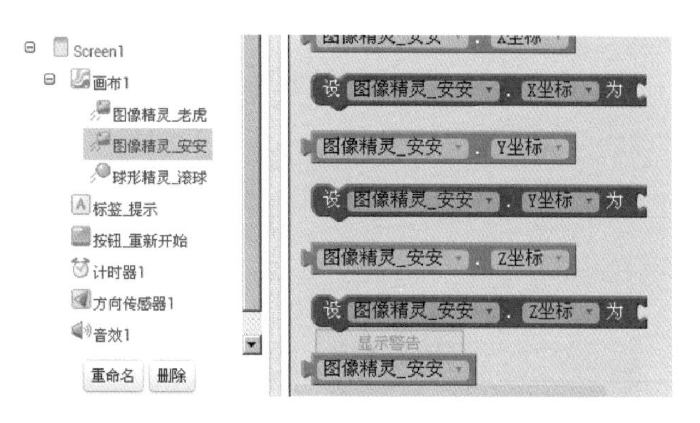

图6.10　代表组件自身的模块

6.3.3　检测老虎是否抓到安安

微视频
检测老虎是否抓到安安讲解

如果老虎抓到了安安，即两个图像精灵发生了碰撞，那么游戏就应该结束了。如图6.11所示，这个行为将通过编写“图像精灵_老虎”组件的“被碰撞”事件处理器来完成。在“被碰撞”事件处理器中传入了一个参数“其他精灵”，这个值指的是和该精灵碰撞的其他精灵。首先要判断其他精灵是否是“图像精灵_安安”，如果是则游戏结束，进入游戏结束相关模块，播放音效、停止计时器、安安和老虎图像精灵不启用（这样就不会再运动了），并且替换安安的图片，给出提示“你输啦！”。

```
当 图像精灵_老虎 .被碰撞
  其他精灵
执行 如果 取 其他精灵 等于 图像精灵_安安
     则 调用 音效1 .播放
        设 计时器1 . 启用计时 为 false
        设 图像精灵_安安 . 启用 为 false
        设 图像精灵_老虎 . 启用 为 false
        设 图像精灵_安安 . 图片 为 " anan_cry.png "
        设 标签_提示 . 文本 为 " 你输啦！ "
```

图6.11　碰撞代码

微视频
让老虎跑起来更生动讲解

6.3.4 让老虎跑起来更生动

完成以上代码后，游戏就可以开始调试运行了，这时会发现一些可以改善的问题：一是老虎虽然在朝着安安的方向追过去，但其形象是静态的，没有跑起来虎虎生风的感觉；二是随着老虎运动方向的变化，老虎的图像在旋转，而这个旋转让画面看上去和在追安安不协调，如图6.12（a）所示。

要让老虎的图像不随着运动方向而改变，只需要重新设置图像精灵的“旋转”属性，取消勾选即可，这样运行的画面如图6.12（b）所示，这时老虎始终保持正面的形象。

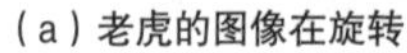
（a）老虎的图像在旋转

（b）老虎的图像不旋转

图6.12 运行截图

要让老虎跑起来有动画的感觉，如果在一般网页上，可以采用gif格式的图像文件，通过多幅图像切换，做出短视频的动态效果。但是App Inventor目前的版本还不能很好地支持动态类型的gif格式图像文件。如果在组件设计时把图像精灵的图片设置为某个动态gif文件，在设计阶段能看到这个图像精灵在变动，但真正运行起来则不会动，只会显示静止的单幅图像，达不到预想的效果。为了解决这个问题，让老虎的图像精灵跑起来，本例预先设计了两张图片，通过交替显示这两张图片，达到看上去有动画的效果，如图6.13所示。

为此在组件设计中再加入一个计时器组件，命名为“计时器_动画”，把时间间隔设置为500 ms。在该计时器的“计时”事件中实现两幅老虎图片的交替切换，具体代码如图6.14所示。

图6.13　老虎运动的图片

```
当 计时器_动画 .计时
执行 如果 图像精灵_老虎 . 图片 不等于 " tiger_left1.png "
     则 设 图像精灵_老虎 . 图片 为 " tiger_left1.png "
     否则，如果 图像精灵_老虎 . 图片 不等于 " tiger_left2.png "
     则 设 图像精灵_老虎 . 图片 为 " tiger_left2.png "
```

图6.14　在计时事件处理器中实现老虎跑动效果

此时再运行App就会发现老虎已经有在奔跑的感觉了，如果能做出更多的中间状态图片，那么这种动态感就会更强。

细心的玩家此时可能又会发现一个新的问题，就是如果安安跑到了老虎的右边，老虎虽然会去追安安，但原来的老虎图像还是朝着左边奔跑的姿态，非常别扭，如图6.15（a）所示。

为解决该问题，需要两张老虎朝着右边奔跑的图像，当老虎在安安的左边时，应该采用老虎朝右边奔跑的图像；当老虎在安安的右边时，则应该采用老虎朝左边奔跑的图像，如图6.15（b）所示。修改后的该计时器的“计时”事件处理器如图6.16所示。

（a）老虎朝向左边

（b）老虎朝向右边

图6.15　老虎追安安的朝向

```
当 计时器_动画 .计时
执行 如果 图像精灵_老虎 . X坐标 > 图像精灵_安安 . X坐标
    则 如果 图像精灵_老虎 . 图片 不等于 " tiger_left1.png "
        则 设 图像精灵_老虎 . 图片 为 " tiger_left1.png "
       否则，如果 图像精灵_老虎 . 图片 不等于 " tiger_left2.png "
        则 设 图像精灵_老虎 . 图片 为 " tiger_left2.png "
    否则 如果 图像精灵_老虎 . 图片 不等于 " tiger_right1.png "
        则 设 图像精灵_老虎 . 图片 为 " tiger_right1.png "
       否则，如果 图像精灵_老虎 . 图片 不等于 " tiger_right2.png "
        则 设 图像精灵_老虎 . 图片 为 " tiger_right2.png "
```

图6.16 完善后的老虎追安安的“计时”事件处理器

微视频
划出小球和小球反弹讲解

6.3.5 划出小球

为了增加游戏的可玩性，作为玩家，不能仅仅指挥安安逃跑，而且要主动出击。下面将加入划出小球作为武器的功能。

玩家可以划出小球作为攻击武器，如果小球打中老虎，则老虎死掉，玩家赢；但如果小球误伤了安安，那么即使老虎没有抓到安安，玩家也会输掉游戏。

划出小球的实现需要用到精灵的“被划动”事件处理器。当玩家在精灵上划屏时触发这个事件，该事件处理器有6个参数，具体参数说明如表6.2所示。

表6.2 “被划动”事件处理器参数说明

参数	说明
x坐标	划屏行为初始位置在画布上的横坐标
y坐标	划屏行为初始位置在画布上的纵坐标
速度	记录手指划过画布的速度，单位是像素/毫秒
方向	划过画布的轨迹方向，指由x轴正方向开始，逆时针旋转的角度，只能为正值
速度X分量	划屏过程中，横坐标方向上的速度分量
速度Y分量	划屏过程中，纵坐标方向上的速度分量

划出小球后，小球滚动的方向就是划动的方向，小球滚动的速度也和划屏的速度呈正相关性。由于划屏的速度较慢，在本例中将划屏速度放大4倍后再赋值给小球，作为球形精灵的运行速度。

划动小球的行为响应实现如图6.17所示。

```
当 球形精灵_滚球 .被划动
  x坐标  y坐标  速度  方向  速度X分量  速度Y分量
执行 设 球形精灵_滚球 . 速度 为 取 速度 × 4
     设 球形精灵_滚球 . 方向 为 取 方向
```

图6.17　划屏响应的实现

6.3.6　处理小球反弹

小球有可能会碰到画布的边界，这时希望小球还能进行物理反弹，继续滚动。这可以通过处理球形精灵的“到达边界”事件来实现，如图6.18所示。

```
当 球形精灵_滚球 .到达边界
  边缘数值
执行 调用 球形精灵_滚球 .反弹
                 边缘数值 取 边缘数值
```

图6.18　边缘检测的实现

“到达边界”事件处理器中有一个参数“边缘数值”，这个参数的取值为球形精灵碰到的边界。在App Inventor中，画布不同的边界有不同的值。如图6.19所示，正上方的边界值为1，右上方顶点值为2，正右方边界值为3，右下方顶点值为4，正下方的边界值为–1，左下方顶点值为–2，正左方边界值为–3，左上方顶点值为–4。通过判断“边缘数值”参数的值，就可以知道球形精灵和画布的哪个边界发生了碰撞。

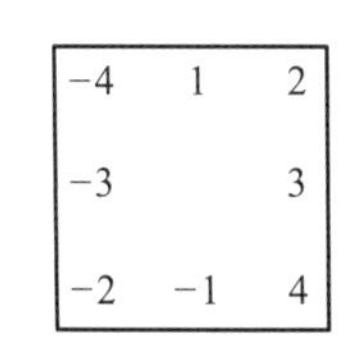

图6.19　边界取值示意

球形精灵组件还直接提供了反弹的过程，只需设置边缘数值即可。通过调用“反弹”过程，可以轻松实现小球反弹的运动效果。

6.3.7　判断小球是否打中安安

微视频
判断小球是否打中安安讲解

如果小球打中安安，则游戏结束，具体代码如图6.20所示。

不难发现，不论是老虎抓住安安导致游戏结束，还是小球打中安安导致游戏结束，有一批代码模块，如播放音效、停止计时器、显示提示文本等都是相同的。同样一批代码模块在两个不同的事件处理器中重复出现了两次，这就

```
当 图像精灵_安安 .被碰撞
 其他精灵
执行 如果 取 其他精灵 等于 球形精灵_滚球
     则 设 球形精灵_滚球 . 画笔颜色 为
    调用 音效1 .播放
    设 计时器1 . 启用计时 为 false
    设 计时器_动画 . 启用计时 为 false
    设 图像精灵_安安 . 启用 为 false
    设 图像精灵_老虎 . 启用 为 false
    设 球形精灵_滚球 . 启用 为 false
    设 图像精灵_安安 . 图片 为 " anan_cry.png "
    设 标签_提示 . 文本 为 " 你输啦! "
```

图6.20 判断小球是否打中安安

是代码冗余，不但使得软件代码显得复杂累赘，还不利于后期的软件调试和修改。例如，游戏结束时需要修改提示文本，则必须修改多个地方，否则就会出现不一致。有必要对这些代码进行重构。

微视频
引入过程进行重构讲解

6.3.8 引入过程进行重构

App Inventor提供了自定义“过程”机制来组织代码。对于“过程”，其实人们并不陌生，各种组件所关联的方法就是系统已经编写好供开发者使用的一类过程。过程根据是否带返回值可以分为两类：一类不带返回值，另一类带有返回值，如图6.21所示。

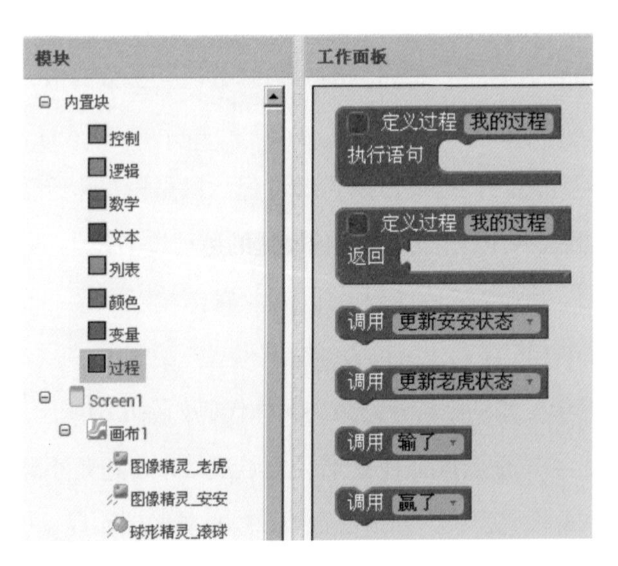

图6.21 定义过程

如图6.22所示，定义好过程“输了”以后，就可以重构以前的代码了，通过调用过程“输了”来达到相同的效果。重构后的两段代码如图6.23所示。

图 6.22　定义过程“输了”

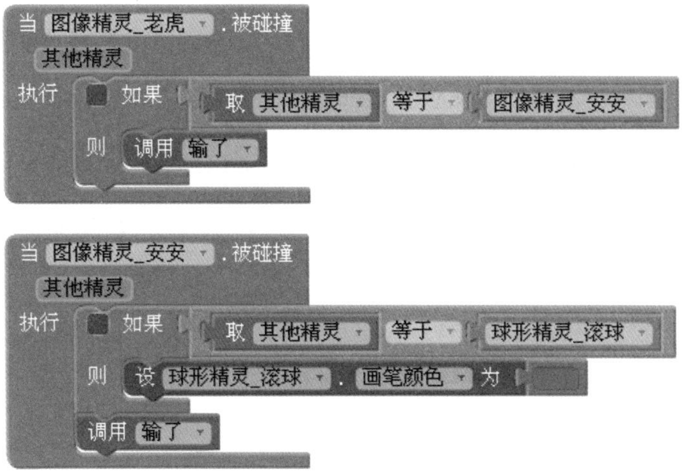

图 6.23　重构后的“被碰撞”事件处理器

更进一步，可以把更新安安状态和更新老虎状态的模块封装成过程，以增强代码的可读性。重构后的代码模块如图6.24所示。

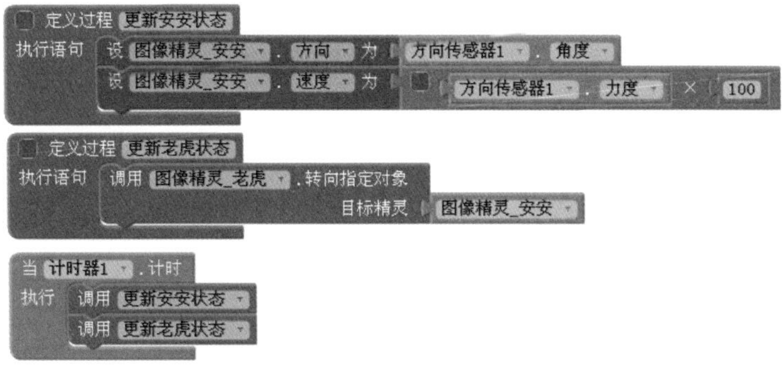

图 6.24　重构后的更新状态代码模块

微视频
判断小球是否
打中老虎讲解

6.3.9　判断小球是否打中老虎

如果小球打中老虎，则玩家获胜。此处先定义一个名称为“赢了”的过程，把玩家获胜时需要做的动作都封装在这个过程中，具体包括以下内容。

（1）手机振动。

（2）时钟、小球、老虎和安安都停止下来。

（3）提示标签显示“你赢啦!”。

实现过程如图6.25所示。

```
定义过程 赢了
执行语句 调用 音效1 .震动
              毫秒数 300
        设 计时器1 . 启用计时 为 false
        设 计时器_动画 . 启用计时 为 false
        设 图像精灵_安安 . 启用 为 false
        设 图像精灵_老虎 . 启用 为 false
        设 球形精灵_滚球 . 启用 为 false
        设 标签_提示 . 文本 为 “ 你赢啦! ”
```

图6.25　定义过程“赢了”

有了过程“赢了”，则在“图像精灵_老虎”组件的“被碰撞”事件处理器中要对原有代码模块进行修改，加上如果碰到的其他精灵不是安安（在本例中肯定是小球），则调用过程“赢了”，如图6.26所示。

```
当 图像精灵_老虎 .被碰撞
  其他精灵
执行 如果 取 其他精灵 等于 图像精灵_安安
     则 调用 输了
     否则 设 球形精灵_滚球 . 画笔颜色 为
          调用 赢了
```

图6.26　修改老虎图像精灵“被碰撞”事件处理器

微视频
重新开始讲解

6.3.10　重新开始

无论玩家输赢，当点击“重新开始”按钮后，所有的精灵都应该恢复到初始状态。小球默认在画布下边界中间出现，此外还要保证安安和老虎开始时不会碰到小球，安安和老虎出现的位置也不能相撞，否则一开始游戏就结束了。此处设定安安开始时出现在画布左侧，而老虎出现在画布右侧。三者的位置设定如表6.3所示。

表6.3 球、安安和老虎的初始位置

	值	说明
小球 $.x$	135	画布的宽度300的一半减去小球的半径15
小球 $.y$	270	画布的高度300减去小球的直径30
安安 $.x$	[1,135-安安的宽度]间的随机数	避免碰到小球，避开小球所在x轴区域
安安 $.y$	[1,270-安安的高度]间的随机数	避免碰到小球，避开小球所在y轴区域
老虎 $.x$	[165,300-老虎的宽度]间的随机数	避免碰到安安和小球，且不要超出画布
老虎 $.y$	[1,270-老虎的高度]间的随机数	避免碰到安安和小球，且不要超出画布

“重新开始”功能的实现如图6.27所示。

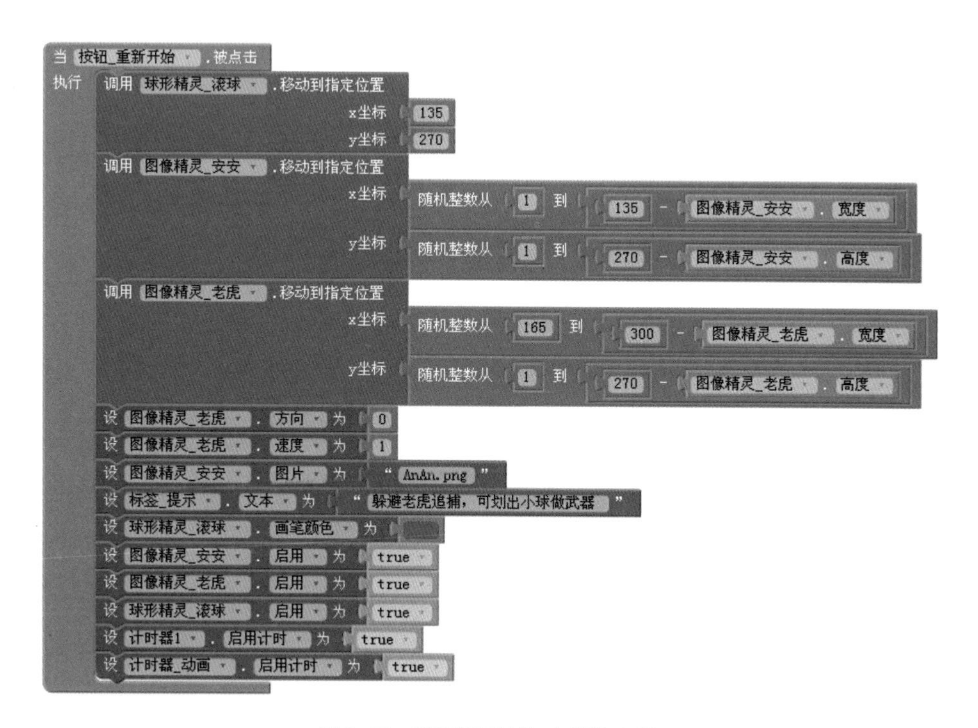

图6.27 “重新开始”功能的实现

至此，整个“安安历险记”App案例就开发完成了。

微视频
过程讲解

6.4 过程

6.4.1 过程的定义

过程是一组指令集，这些指令集被组织在一起，赋予名称，并且可供后续调用。这使得代码更容易阅读、理解和修改。总之，使用过程会使编码更高效。

添加过程的方式很简单，逻辑设计的内置块中有过程，可以定义自己需要的过程，如图6.28所示。

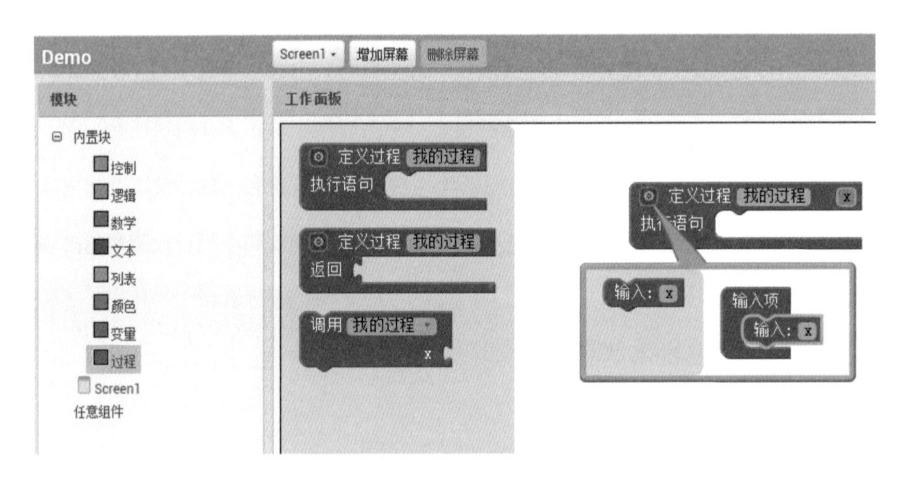

图6.28　定义过程

过程显著地提升了构建App的效率。通常情况下，一个App需要在不同时间或者场景下多次执行相同的动作序列。创建过程使开发者能够快速地将动作序列添加到App中，而不需要每次都重新构建或者复制并粘贴代码。此外，在排查问题时，复制的代码会使得修改App更加困难。如果App的最初版本需要做一些修改，那么需要找到所有的副本并一次次地重复相同的修改。而通过使用过程，只需要在过程定义的地方做一次修改即可。

此外，可以使用过程为任何一个代码模块集合命名。当一个代码模块集合有名称时，就不必关心它的内部工作原理，可以将其视为一个单独的模块从菜单中拖曳出来并使用。

6.4.2 过程的类型

过程分为两种类型：不带返回值的过程和带返回值的过程。这两种不同类型的过程有着不同的过程模块。

不带返回值的过程将一系列代码模块收集到一个组中，之后可以调用这些收集起来的代码模块，这意味着每次调用该过程时，在此过程组合中的那些代码模块都会顺序执行。

带返回值的过程会在其执行完成时返回一个结果值。调用此过程会运行其中的代码模块，并返回结果槽中最终的值，这有些类似于变量取值器。

6.4.3　为什么要使用过程

使用过程来命名代码片段有两个好处。

（1）可以使用具有描述性名称的单独一个模块来隐藏执行某项任务所需的全部工作，而这些工作步骤可能会庞大且复杂。

（2）可以减少重复代码，这使得App更容易调试、更新和阅读。含有大量重复的模块会使调试和修改App更加复杂。

在创建过程时，与给变量命名类似，要为其赋予一个具有描述性的名称。这有助于后面理解和使用这个特定的过程。每个过程的名称必须唯一。

6.4.4　参数

当过程被调用时，参数是向其传递信息的一种方法。

创建带有参数的过程需要使用设置器，它是一个过程模块中左上方带有白色齿轮的蓝色图标。单击这个蓝色图标，开发者可以将更多的“输入”参数模块拖曳到“输入项”模块上，如图6.28所示。

对过程来说，每个参数都是一个命名的值，每当过程被调用时，这些信息都会被传入过程中。这些值是过程的输入。

例如，可以设计一个把华氏温度转换为摄氏温度的过程F2C。华氏温度和摄氏温度之间的转换公式如下：

$$c=5\times(f-32)/9$$

其中，c代表摄氏温度，f代表华氏温度。

对应的App Inventor过程定义模块如图6.29所示。参数fahr代入华氏温度的值进入过程，过程的返回值就是转换后对应的摄氏温度值。

图6.29　华氏温度转换为摄氏温度的过程F2C定义

练习与思考题

1. 为“安安历险记”游戏设计评分规则。
2. 思考如何设计“安安历险记”游戏的难度，制定不同的难度级别。例如：

（1）增加时间限制，一段时间后如果老虎没有被打死，则安安就会在逃跑的过程中累死。

（2）改变老虎运动的时间。

（3）改变蓝色小球运动的速度。

3. 利用方向传感器组件可以开发具有哪些功能特性的 App？
4. 定义一个求圆柱体体积的过程。
5. 观察精灵组件的“被划动”事件处理器，如何判断手指划屏的方向是朝左还是朝右，朝上还是朝下？

实验

1. 行动起来，根据“安安历险记”App 的教程，自己动手实践一遍，感受整个过程。

2. 开发一个打飞机的游戏 App。具体要求如下，更多功能特性可自行发挥。

（1）有一架玩家可以控制的飞机，控制方法不限，可以是传感器、按键或者触屏拖动等。

（2）至少有一架敌机，敌机撞到玩家的飞机，则玩家飞机炸毁，玩家输。

（3）玩家的飞机可以发射子弹，子弹碰到敌机后会使其受损（敌机也可以直接炸掉）。敌机炸掉后会重新产生新的敌机。

（4）有重新开始功能。

第7章

安安的通讯小助手

本章以“安安的通讯小助手”小应用为例，主要展示如何在App Inventor中实现短信、电话、数据存储等功能，重点对程序设计中的通信模块和数据持久化进行讲解分析。

本章要点

（1）使用短信收发器组件发送和处理接收到的短消息。

（2）使用微数据库组件和文件管理器组件持久化存储客户的消息。

（3）利用屏幕初始化事件来装载配置文件。

教学课件
第7章教学课件

微视频
"安安的通讯小助手" App运行演示

案例apk
"安安的通讯小助手" apk安装文件

7.1 "安安的通讯小助手"案例演示

"安安的通讯小助手"案例演示如图7.1所示。

（1）打开App主界面。

（2）收到的短信会显示在界面中，并设定自动回复短信。

（3）输入需要自动回复的内容，如"现在在开会"，点击"修改短信回复内容"按钮，"提示"对话框显示"修改成功"。

（4）点击"已收短信电话列表"按钮，出现发信息人的联系电话列表。

（5）选择任意一个电话号码，就会拨打联系人电话。

（6）点击"清空收到短信"按钮，最新短信息下方的内容被清空。

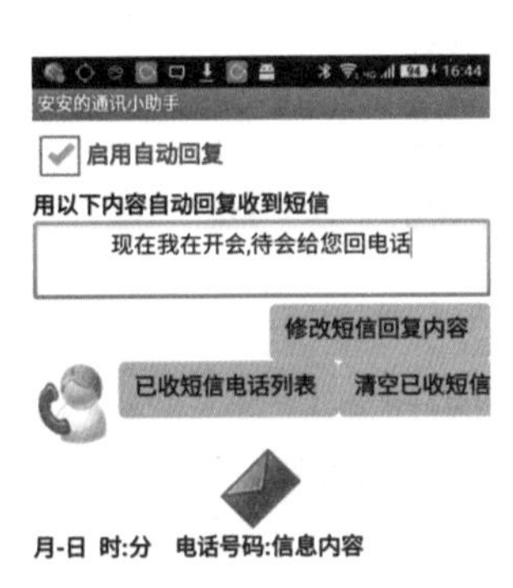

（a）开始界面

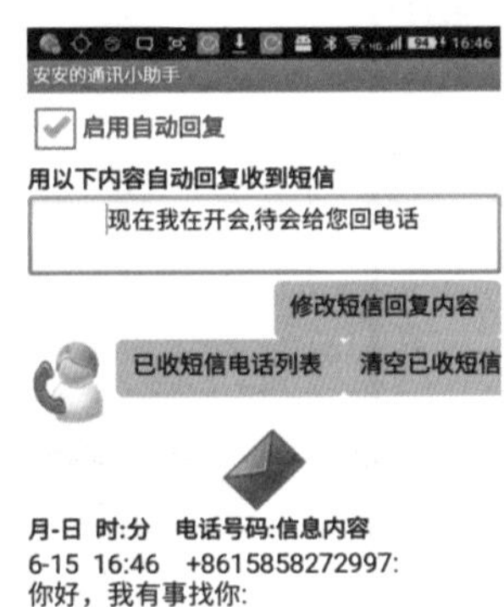

（b）收到并显示短信内容

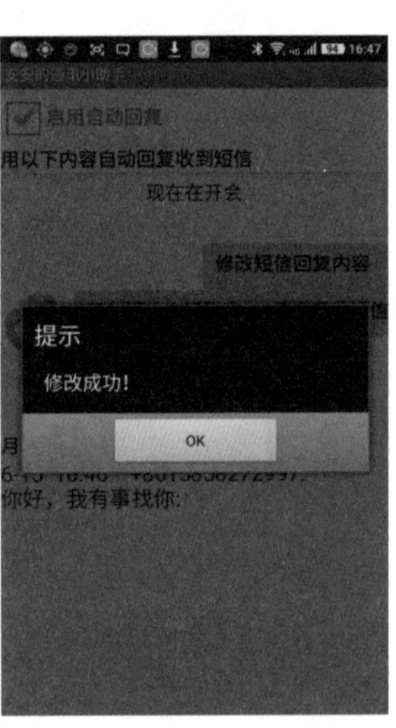

（c）成功修改自动回复内容

（d）查看已收短信电话列表

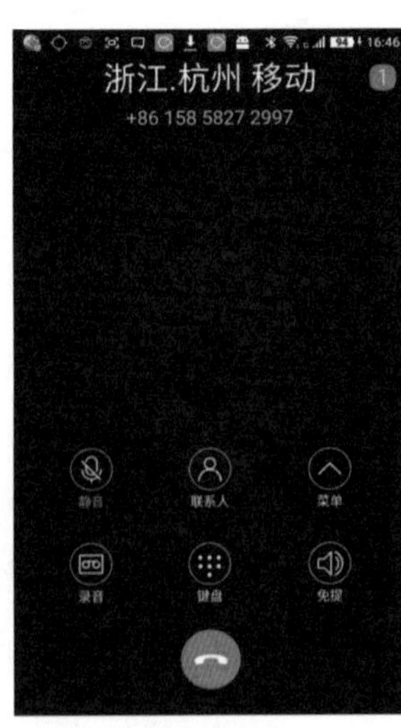

（e）拨号

（f）清空已收短信

图7.1 "安安的通讯小助手"案例演示

7.2 “安安的通讯小助手”组件设计

微视频
组件设计讲解

7.2.1 素材准备

通过以上案例展示，读者可以对界面、交互和行为都有所了解。为了实现这个效果，需要准备的素材为3张图片：message.png（信封图片）、phone.png（电话图片）、icon.png（图标图片），如图7.2所示。这些素材可以在本案例实验资源包中找到，也可以换成自己喜欢的图像文件。

案例素材
“安安的通讯小助手”App的素材资源文件包

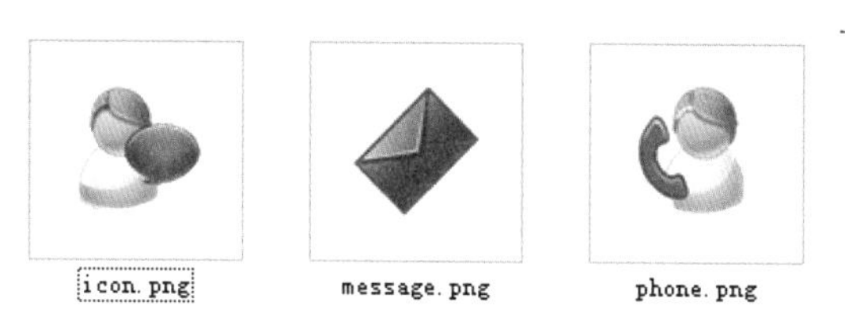

图7.2 “安安的通讯小助手”资源文件

7.2.2 设计界面

登录开发网站后，新建一个项目，命名为“MessageAssistant”。把项目要用到的素材上传到开发网站后，就可以开始设计用户界面了。

按照图7.3所示添加所有需要的组件，按照表7.1所示设置所有组件的属性。

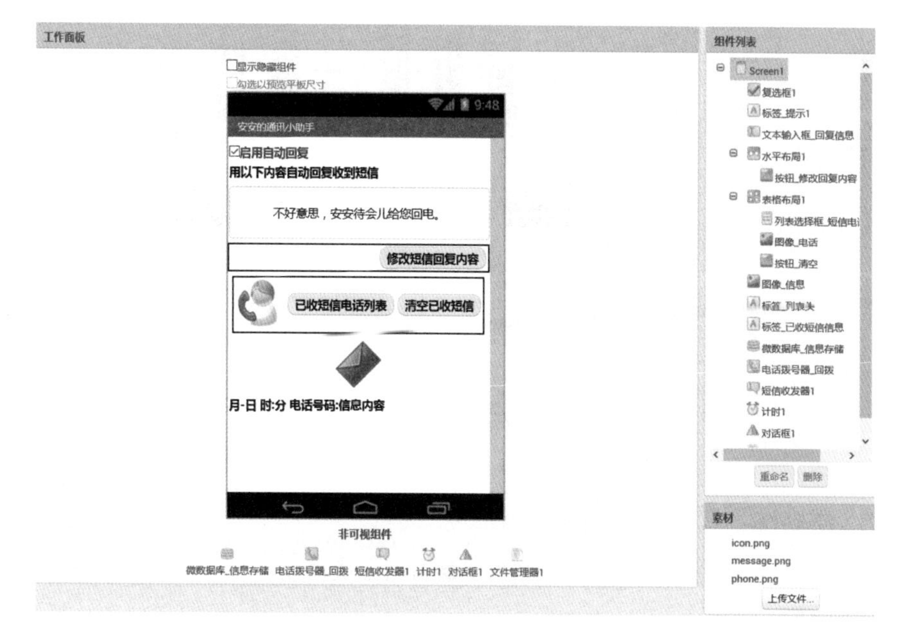

图7.3 “安安的通讯小助手”界面设计

表7.1　所有组件的说明及属性设置

组件	所在组件栏	用途	命名	属性设置
Screen	—	应用默认的屏幕，作为放置其他所需组件的容器	Screen1	水平对齐：居中 AppName：安安的通讯小助手 背景颜色：白色 图标：icon.png 状态栏显示：取消勾选 标题：安安的通讯小助手
复选框	用户界面	选择是否启用自动回复	复选框1	选中：勾选 粗体：勾选 字号：16 宽度：充满 文本颜色：蓝色
标签	用户界面	用于显示提示信息	标签_提示1	粗体：勾选 字号：16 文本：用以下内容自动回复收到短信
文本输入框	用户界面	用户输入需要自动回复的内容	文本输入框_回复信息	字号：16 高度：60像素 宽度：充满 提示：在此输入需要自动回复的内容 允许多行：勾选 文本：不好意思，安安待会儿给您回电。 文本对齐：居中
水平布局	界面布局	将组件按行排列	水平布局1	水平对齐：居右 宽度：充满
按钮	用户界面	用于响应点击修改自动短信回复内容的行为	按钮_修改回复内容	粗体：勾选 字号：16 形状：圆角 文本：修改短信回复内容

续表

组件	所在组件栏	用途	命名	属性设置
表格布局	界面布局	将组件按行列表格形式排列	表格布局1	列数：3 行数：1
图像	用户界面	用于显示接电话的图像	图像_电话	高度：自动 宽度：自动 图片：phone.png
列表选择框	用户界面	用于显示发来短信的电话号码	列表选择框_短信电话	粗体：勾选 形状：圆角 文本：已收短信电话列表
按钮	用户界面	用于响应点击清空已收短信列表的行为	按钮_清空	粗体：勾选 字号：16 形状：圆角 文本：清空已收短信
图像	用户界面	用于显示信封的图像	图像_信息	高度：自动 宽度：自动 图片：message.png
标签	用户界面	用于显示列表头信息	标签_列表头	粗体：勾选 字号：16 宽度：充满 文本：月－日 时：分 电话号码：信息内容
标签	用户界面	用于显示收到的短信	标签_已收短信信息	字号：16 高度：充满 宽度：充满 文本：
微数据库	数据存储	用于存储短信信息	微数据库_信息存储	
电话拨号器	社交应用	用于拨打电话	电话拨号器_回拨	
短信收发器	社交应用	用于接收和发送短信	短信收发器1	
计时器	传感器	用于获取时间信息	计时1	
对话框	用户界面	用于显示提示信息	对话框1	
文件管理器	数据存储	用于文件模式存储短信信息	文件管理器1	

表7.1中未提及组件的各属性即表示该属性采用默认的属性值，不作修改。

7.3 “安安的通讯小助手”行为编辑

7.3.1 自动回复短信

微视频
自动回复短信讲解

“安安的通讯小助手”App会监听短信到达事件，一旦收到新的短信，就会根据设置进行自动回复。在App Inventor中，有关短信接收和发送的功能已经封装成为“短信收发器”组件，位于“社交应用”组中。

“短信收发器”组件的属性如图7.4所示，有4个属性。其中“启用消息接收”下拉列表框有3个选项，如果设置为关闭接收，则不会接收短信。其他两个选项在程序运行时可以接收短信，如果设为前台接收，当程序没有运行在前台时，短信将被忽略；如果设为总是接收，即使程序运行在后台，也能接收并处理短信。“短信”属性是要发送的短信内容，“电话号码”属性值为短信被发送的目标电话号码。

布局小技巧：

在图7.3中，“修改短信回复内容”按钮是靠右对齐的，而屏幕的对齐方式是居中。为了实现这个效果，首先加入了一个水平布局组件，把水平布局组件的对齐方式改为居右，另外，再把水平布局的宽度改为充满。这样一来，放置在水平布局中的按钮组件就会呈现出屏幕居右对齐的效果了。

当监测到有新的短信被接收到时，会触发“收到消息”事件。如果需要对“收到消息”事件进行处理，则可以在“收到消息”事件处理器中编写处理代码模块。

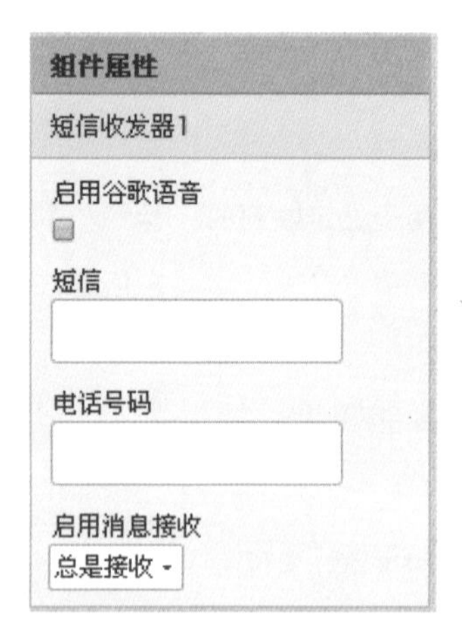

图7.4 “短信收发器”组件的属性

如图7.5所示，在“短信收发器”组件的“收到消息”事件处理器中传入了两个参数，“数值”为发送短信的源电话号码，这也正是要回复的接收电话号码；“消息内容”就是收到的短信内容。在实现自动回复短信功能时，通过

图7.5　自动回复短信

“短信收发器”组件提供的方法先设置发送对象的电话号码和短信内容，也就是本例中文本输入框中的回复信息，再调用“发送消息”方法，就能实现短信的自动回复。

7.3.2　记录已收到短信电话列表

微视频
记录已收到的短信电话号码讲解

“安安的通讯小助手”App可以记录下来已经收到短信的电话号码，并且可以点击某个电话号码进行拨打。为了实现这个功能，首先需要把这些发来过短信的电话号码记录下来，保存到一个列表中。为此设定一个全局变量“电话号码列表”，其初始值为只有一项单元的列表，这一项的值“电话号码”起到标题的作用，如图7.6所示。

在每次接收到短信后，都需要把发短信的电话号码加到这个列表中。“短信收发器”组件的“收到消息”事件处理器模块修改后如图7.6所示。

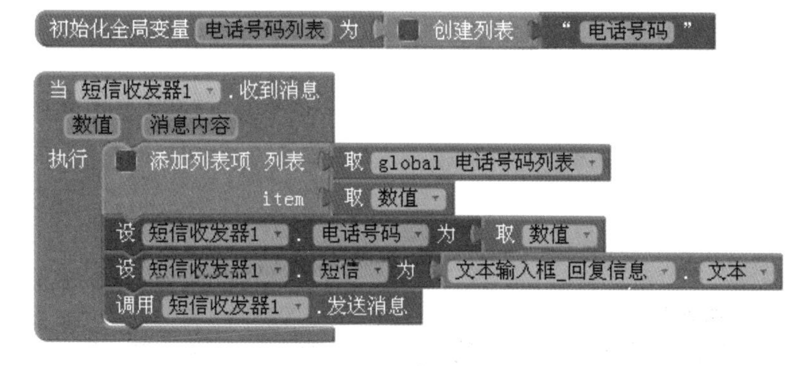

图7.6　保存电话号码列表

7.3.3　动态加载列表选择框元素

微视频
动态加载列表选择框元素讲解

当用户点击“已收短信电话列表”按钮时，会转入电话列表的屏幕，这其实是通过列表选择框组件来实现的。列表选择框组件属于“用户界面”组，它的外形和按钮组件类似，但点击后的响应不同。列表选择框有一个“元素字串”属性，在这个属性中输入的字符串的格式如下：“单元项1，单元项2，单元项3”，每个单元项通过英文逗号“,”分隔。点击后的显示效果如图7.7所示。

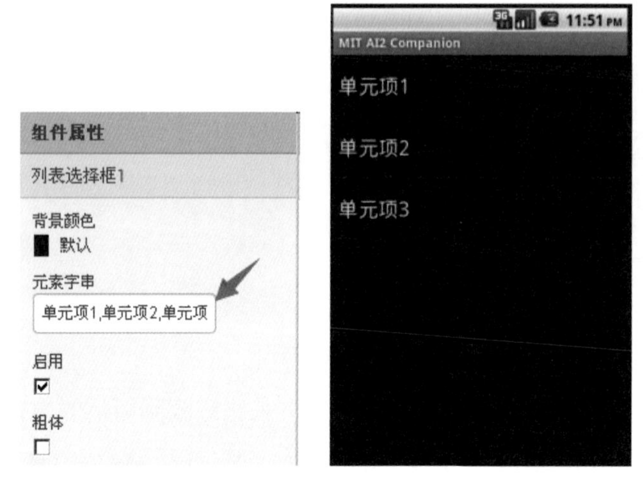

图7.7　元素字串显示效果

如果在App开发时就知道具体的列表选择框所有的单元项，那么可以通过设置“元素字串”属性值为响应的字符串来达到目的。但在本例中，电话号码列表是动态增加的，因此需要采用动态加载列表项的方法来实现。

列表选择框提供了多个事件处理器来响应不同的事件，包括“准备选择”“选择完成”“被按压”“被松开”“得到焦点”“失去焦点”等。当用户点击列表选择框组件，还没有显示具体列表项之前，会触发“准备选择”事件，在“准备选择”事件处理器中，通过调用设置列表选择框元素的方法，把保存在全局变量“电话号码列表”中的单元项赋值给列表选择框的元素。具体代码模块如图7.8所示。

图7.8　动态加载列表选择框元素

微视频
拨打电话讲解

7.3.4　拨打电话

当用户选择某个电话号码时，可以直接拨打这个电话号码。与“短信收发器”组件类似，App Inventor提供了同属于设计应用组的“电话拨号器”组件，通过调用“电话拨号器”组件的“拨打电话”方法，可以方便地实现拨打电话的功能。在调用“拨打电话”方法之前，必须设置好目标电话号码，即把“电话拨号器”组件的“电话号码”属性设置为列表选择框中选中的那一项。因为列表选择框中还存在一个值为“电话号码”的标题栏，所以要把选中这一项时的情况排除在外。具体实现如图7.9所示。

图7.9　拨打选中电话

7.3.5　显示收到的短信信息

实现收到短信显示的方法是，收到短信后，把需要显示的时间、电话号码和短信内容等拼接为一个文本字符串，然后将这个字符串作为单独一行追加到“标签_已收短信信息”组件的文本中。具体代码如图7.10所示。

微视频
显示收到的短信信息讲解

图7.10　显示收到的短信详细信息

值得注意的是，调用计时器的求月份、求日期等方法时，参数槽“时刻”需要拼接的是计时器获取的“求当前时间”方法，而不是计时器的“求系统时间”方法。这两个方法返回的值是不同的。

接收到的短信信息是通过一个标签来显示的，这个标签文本只有一个值，但是分为多行显示。这里的换行通过“\n”来实现的。字符反斜杠“\”在App Inventor中是转义符，在后面加上其他字符可表示特殊的含义。

7.3.6 设置是否启用自动回复

微视频
设置是否自动回复讲解

本例中的App运行时，当收到新的短信时都会自动回复。但在某些情况下，用户可能并不想自动回复，因此最好能设计一个开关，由用户决定是否启用自动回复功能。这个功能将通过复选框组件来实现。

复选框组件比较简单，其关键属性是“选中”属性，根据“选中”属性的属性值来判断开关状态。具体实现代码如图7.11所示，只有当复选框被选中时（即“选中”属性值为true），才进行自动回复。

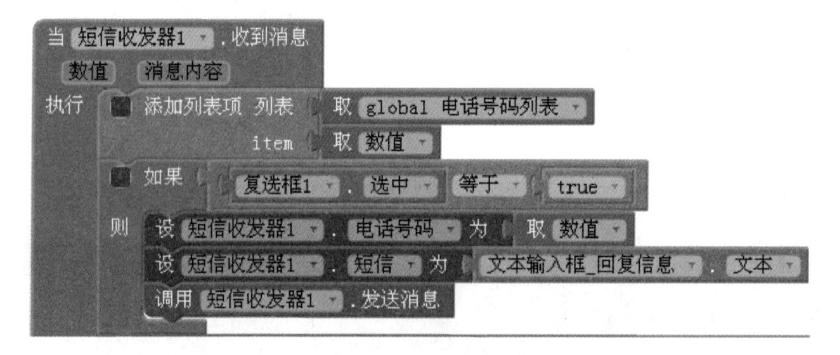

图7.11 根据是否自动回复设置进行判断

7.3.7 清空收到的短信以及电话号码列表

微视频
清空功能讲解

点击“清空已收短信”按钮时，将把显示出来的已收短信的具体信息和记录下来的电话号码列表清空。具体实现代码如图7.12所示。

图7.12 清空收到短信以及电话号码列表

把全局变量“电话号码列表”的值设置为只有一个单元项的列表。另外，已收短信信息的文本也被设置为空。

7.3.8　通过微数据库组件存储自动回复的内容

微视频
通过微数据库组件存储自动回复内容讲解

用户在文本框中修改了自动回复的内容后，当收到新的短信时，将会把修改后的文本框内容作为回复内容发送出去。但当App被关闭后再打开时，上次的修改内容将丢失，文本框的内容仍然是最初组件设计时输入文本框的文本属性值。这会给大多数用户带来不好的使用体验，因为个性化的回复内容无法持久保存，每次重启软件时都会丢失。

为了解决这个问题，需要实现数据的持久化存储，把修改后的回复内容保存起来，然后每次启动App时就把上次保存的最新内容提取出来，显示在回复的文本框中。

App Inventor提供了多种方式实现数据存储，在组件面板中有“数据存储”组别，如图7.13所示。其中包括4种组件：微数据库、数据融合表、文件管理器、网络微数据库。在本例中，先通过“微数据库”组件来实现回复内容的持久化存储。

图 7. 13　“数据存储”组别中的组件

在组件设计界面中，“微数据库”组件没有提供任何可以直接编辑的属性，对它的操作主要通过相应的方法来实现，如图7.14所示。

当用户点击“修改短信回复内容”按钮后，通过调用“微数据库”组件的“保存数值”方法就可以实现相关内容的持久化存储了。“微数据库”组件是通过“标签–值”的方式进行信息存储和查询的。对于每个要存储的值，都

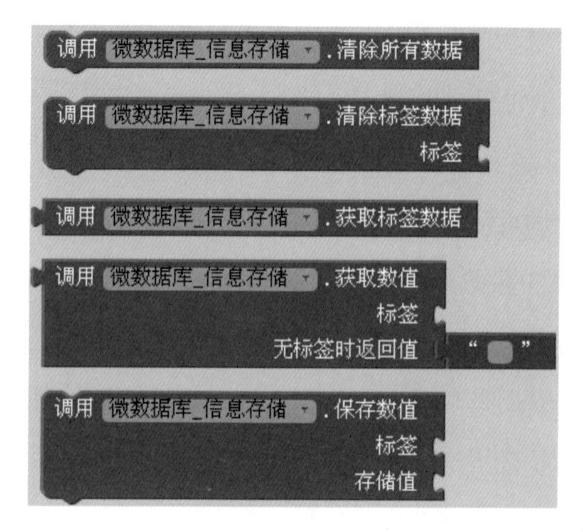

图7.14 “微数据库”组件提供的方法

需要设置一个对应的标签，标签和值关联起来，提取值时必须通过对应的标签才能实现。本例中，给要保存的自动回复内容设定一个标签“短信回复”，将这个标签和文本框的文本内容作为参数传入，通过调用“微数据库”组件的“保存数值”方法即可实现数据存储，如图7.15所示。

为了给用户更好的体验，在保存成功以后显示一个消息提示，通知用户已经修改完成了。

图7.15 存储短信回复内容

7.3.9 完善初始化工作

微视频
完善初始化工作
讲解

在完成以上功能后，即使用户保存了修改后的自动回复信息，但当App重新启动后，文本框中显示的仍然是设计时预设的信息，因为并没有在App启动时把以前存储的回复内容读取并显示在文本框中。因此还需要做一些完善，即在屏幕初始化时读取并设置文本框的文本内容。具体实现代码如图7.16所示。

图7. 16　读取并设置文本框的文本内容

在“微数据库”组件的“获取数值”方法中有两个输入参数槽：一个是标签，通过这个标签的值来查找相应存储的数值；还有一个是无标签时的返回值，如果找不到相应的标签（即没有关联到该标签的数字），可以把这个参数的值作为结果返回。在本例App中，如果用户以前没有存储过自动回复内容，那么在调用“微数据库”组件的“获取数值”方法时是找不到“短信回复”这个标签的，此时就将无标签时返回值参数所提供的值赋给回复信息的文本框。如果能找到“短信回复”标签，说明以前存储过新的自动回复的内容，则把查找出来的值赋给回复信息的文本框。

7.4　数据的持久化存储

微视频
数据持久化存储讲解

用App Inventor创建的应用在每次运行时都会进行初始化。如果应用中设定了变量的值，当用户退出应用再重新运行应用时，那些被设定过的变量值将不复存在；而微数据库则为应用提供了一种永久的数据存储，即每次应用启动时都可以获得那些保存过的数据。例如，游戏中保存的最高得分在每次游戏时都可以读取到。

数据项是以字符串的方式保存在标签的名下的，即需要为保存的每一项数据设定一个专用的标签，以便之后用这个标签来读取已经保存的数据。

每个应用中只有一个数据存储区，即便在应用中添加了多个“微数据库”组件，它们也将使用同一个存储区。如果想使用不同的存储区，需要使用不同的密钥。同样地，每个应用拥有独立的存储区，虽然在多屏应用中能够在不同屏幕之间共享数据，但同一部手机中的不同应用之间却无法通过“微数据库”组件来传递数据。

在使用AI伴侣开发应用时，使用该伴侣的所有应用都将共用一个微数据库，而一旦应用打包之后，数据的共享将不复存在。但在开发过程中，每次创建新项目时，都需要留心清空微数据库。

7.4.1 “文件管理器”组件

除了通过“微数据库”组件来实现自动回复信息的保存外，还可以使用“文件管理器”组件。

“文件管理器”组件和“微数据库”组件类似，也没有提供可供开发者直接设置的属性，而是提供了一系列事件处理器和方法来实现数据持久化存储和读取功能，如图7.17所示。

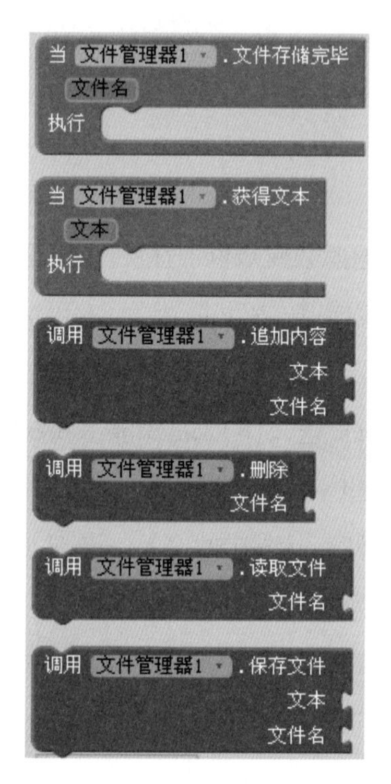

图7. 17　文件管理器组件

7.4.2 将信息存储为文件

案例apk
文件存储版“安安的通讯小助手”apk安装文件

当“修改短信回复内容”按钮被点击时，可通过调用“保存文件”方法来实现回复信息的持久化存储。“保存文件”方法有两个参数槽，“文本”参数是要被保存的文本内容，“文件名”参数是保存的文件名字。具体实现代码如图7.18所示。此处的文件名为“AnAnMessage.dat”。

在App Inventor中，默认情况下会将文件写入与应用有关的私有数据目录中。在AI伴侣中，为了便于调试，将文件写入“/sdcard/AppInventor/data”文件夹中。如果文件的路径以“/”开始，则文件的位置是相对于“/sdcard”而言的。例如，将文件写入“/myFile.txt”，就是将文件写入“/sdcard/myFile.txt”。

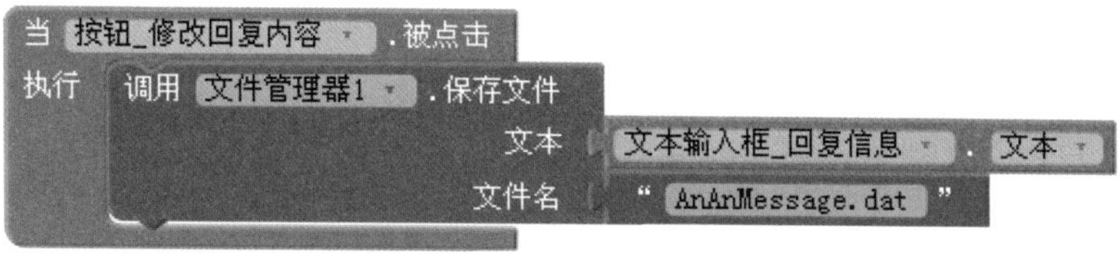

当 按钮_修改回复内容 .被点击
执行 调用 文件管理器1 .保存文件
文本 文本输入框_回复信息 . 文本
文件名 " AnAnMessage.dat "

图 7.18　通过“文件管理器”组件保存文件

调用“保存文件”方法后，“文件管理器”组件会开始执行保存文件的相关动作，但由于被保存的文件可能会比较大，把文件写入SD卡需要一段时间，因此在这里设计的文件存储是一个异步行为，当开始执行“保存文件”方法后没有一直等待，而是继续做其他事情。当“保存文件”方法结束后，会触发一个“文件存储完毕”事件，这时转入“文件存储完毕”事件处理器。在本例中，显示修改成功的提示信息如图7.19所示。

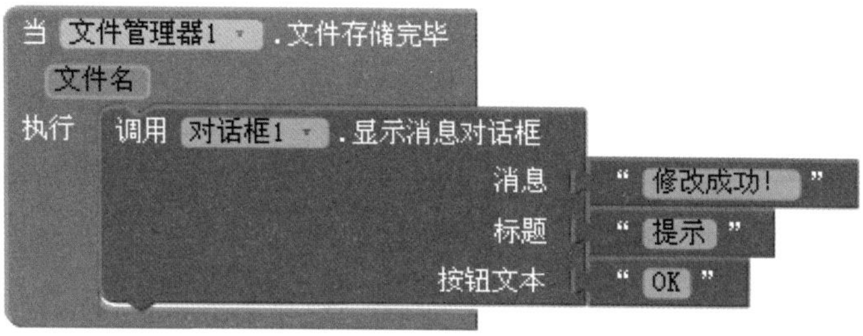

当 文件管理器1 .文件存储完毕
文件名
执行 调用 对话框1 .显示消息对话框
消息 " 修改成功! "
标题 " 提示 "
按钮文本 " OK "

图 7.19　存储完毕后的反馈信息

7.4.3　读取存储在文件中的信息

App初始化时，可以通过“文件管理器”组件的“读取文件”方法读取以前保存的“AnAnMessage.dat”文件，这同样是一个异步的过程。在读出文件的内容后，会通过“获得文本”事件处理器的参数“文本”传入，这时只需通过文本框显示出来即可。具体代码如图7.20所示。

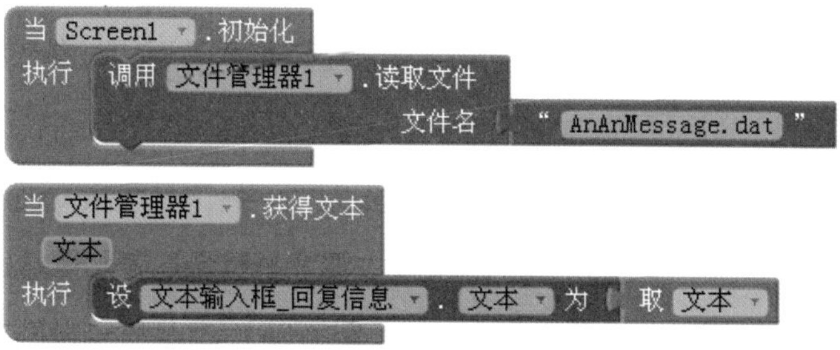

当 Screen1 .初始化
执行 调用 文件管理器1 .读取文件
文件名 " AnAnMessage.dat "

当 文件管理器1 .获得文本
文本
执行 设 文本输入框_回复信息 . 文本 为 取 文本

图 7.20　读取存储在文件中的信息

练习与思考题

1. “计时器”组件的“求系统时间”和“求当前时间”方法的返回值有什么不同。如果想得到当前的年、月、日的时间值，应该怎样获取？
2. 如果要在一个标签中显示多行文本，如何实现文本换行？
3. 什么场景需要数据的持久化存储？
4. 通过“微数据库”组件和“文件管理器”组件进行数据的存储和读取有什么区别？
5. 在App Inventor中，项目备份可以通过“另存项目”和“检查点”方法来实现，这两者有什么区别？请列出在什么场景下使用哪个方法更方便。

实验

1. **行动起来，根据“安安的通讯小助手”App的教程，自己动手实践一遍，感受整个过程。**

2. **开发一个“短信群发”App，具体要求如下。**

（1）可以实现自动回复短信功能。

（2）可以给多个电话号码群发短信。

（3）应用数据持久化存储功能，微数据库或者文件形式均可。

第8章
安安爱弹琴

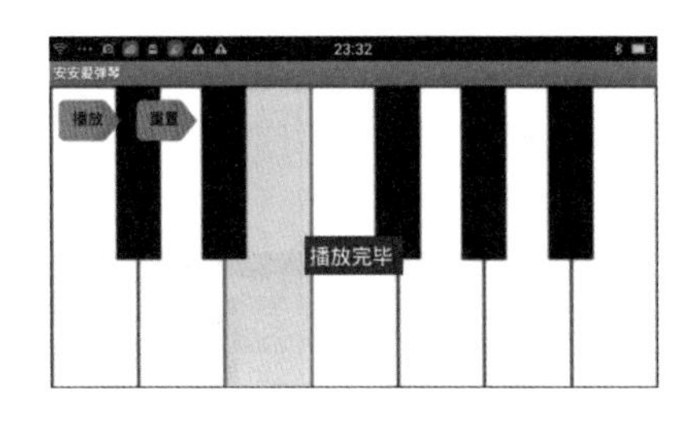

本章以“安安爱弹琴”小应用为例，主要展示如何实现一个Android平台的简单电子琴，主要功能包括不同琴键的发声和弹奏录音、回放功能。案例中采用列表来记录弹奏的过程，通过对列表的一些高级用法分析和回放弹奏过程的设计，重点讲解程序设计中的递归思想。

本章要点

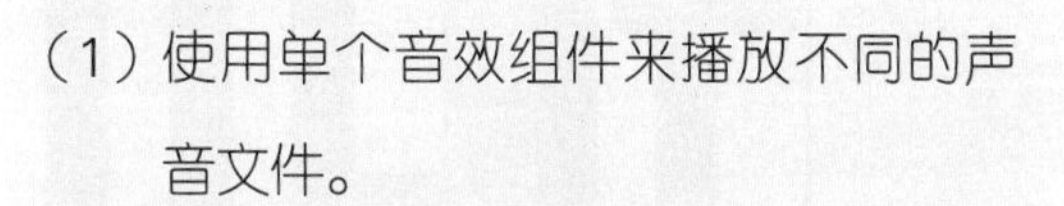

（1）使用单个音效组件来播放不同的声音文件。

（2）使用计时器组件测量时序。

（3）列表的高级用法。

（4）递归思想和递归过程。

教学课件
第8章教学课件

微视频
“安安爱弹琴”App
运行演示

案例apk
“安安爱弹琴”apk
安装文件

8.1 “安安爱弹琴”案例演示

“安安爱弹琴”案例演示如图8.1所示。

（1）App打开时出现一个电子琴的界面，可以点击白色琴键弹奏。

（2）当点击某个琴键时会发出相应的音阶声音，并且该琴键会变成黄色。此外，弹奏的过程会自动录音。

（3）当点击“播放”按钮时，会把刚才录制的弹奏曲子播放一遍，并且相应的琴键会变成黄色。播放完毕会给出提示。

（4）当点击“重置”按钮时，会删除录音记录并给出提示。

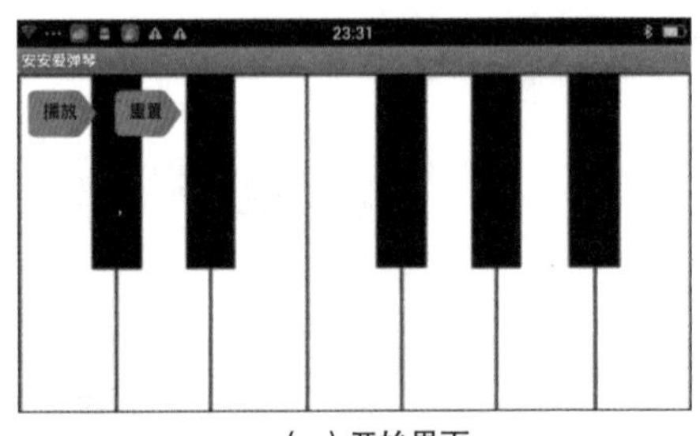

（a）开始界面

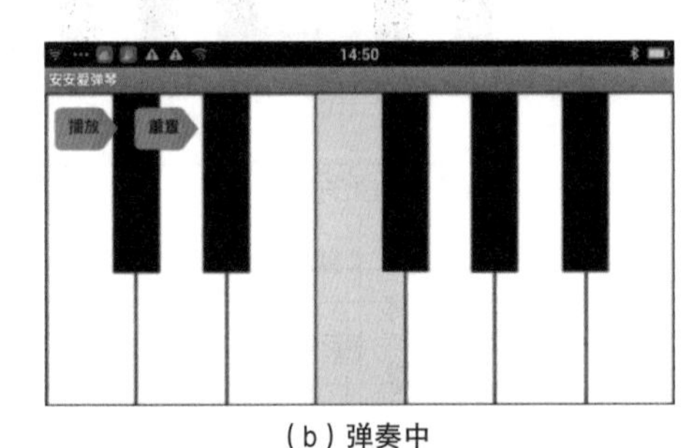

（b）弹奏中

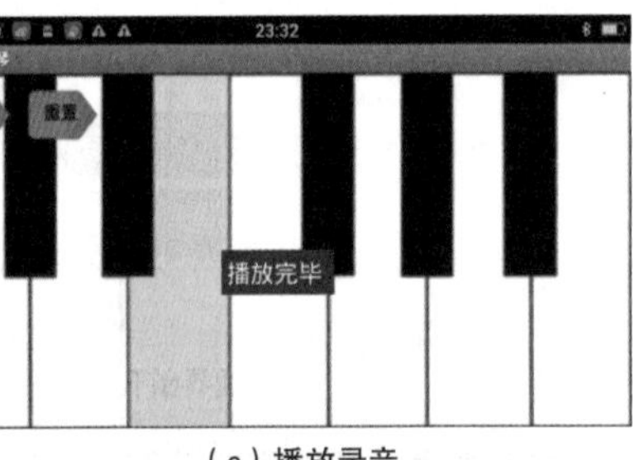

（c）播放录音

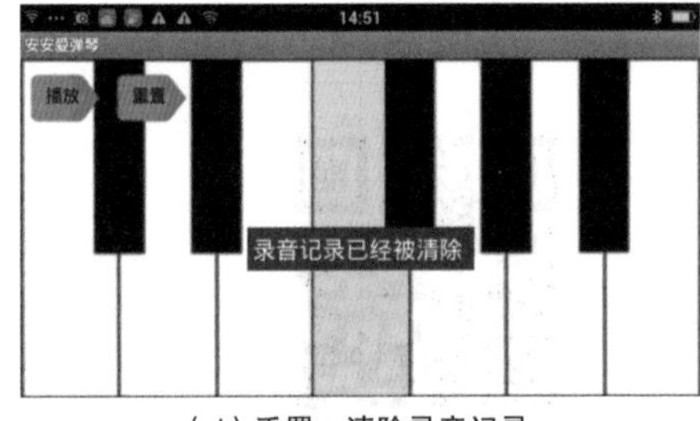

（d）重置，清除录音记录

图8.1 “安安爱弹琴”案例演示

微视频
组件设计讲解

8.2 “安安爱弹琴”组件设计

8.2.1 素材准备

通过“安安爱弹琴”应用的演示，读者可以对该应用的界面、交互和行为都有所了解。为了实现这个效果，需要准备的素材为10个图像文件：piano.jpg（背景图片，没有琴键按下时）、press1.jpg ~ press7.jpg等7个图像文件（分别为相应琴键按下对应的钢琴图）、btn_bg.png（按钮的背景图）、icon.jpg（图标）和7个音阶的声音所对应的音频文件（1.wav ~ 7.wav），如图8.2所示。这些素材可以在本案例实验资源包中找到，也可以换成自己喜欢的相应文件。

案例素材
“安安爱弹琴”App
的素材资源文件包

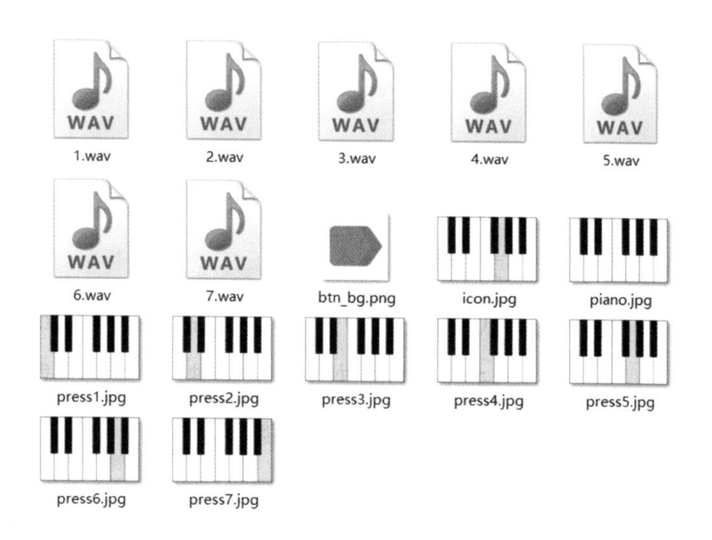

图 8. 2　“安安爱弹琴”资源文件

8.2.2　设计界面

登录开发网站后，新建一个项目，命名为“AnanLikeMusic”。把项目要用到的素材上传到开发网站后，就可以开始设计用户界面了。

按照图 8.3 所示添加所有需要的组件，按照表 8.1 所示设置所有组件的属性。

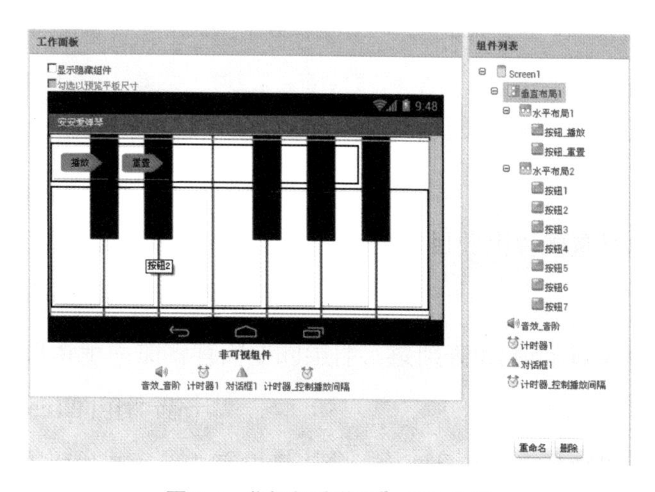

图 8. 3　“安安爱弹琴”组件设计

表 8. 1　所有组件的说明及属性设置

组件	所在组件栏	用途	命名	属性设置
Screen	—	应用默认的屏幕，作为放置其他所需组件的容器	Screen1	AppName：安安爱弹琴 背景图片：piano.jpg

续表

组件	所在组件栏	用途	命名	属性设置
				图标：icon.jpg 屏幕方向：锁定横屏 标题：安安爱弹琴
垂直布局	界面布局	用于把整个屏幕分为上下两大部分，上半部分放置功能按钮，下半部分为弹琴区域	垂直布局1	背景颜色：透明 高度：充满 宽度：充满
水平布局	界面布局	用于水平排列屏幕上半部分的两个功能按钮	水平布局1	背景颜色：透明 高度：20 percent 宽度：80 percent
按钮	用户界面	点击“播放”按钮会播放前面弹琴的录音	按钮_播放	高度：充满 图像：btn_bg.png 文本：播放
按钮	用户界面	清除前面弹琴的录音	按钮_重置	高度：充满 图像：btn_bg.png 文本：重置
水平布局	界面布局	用于水平排列屏幕下半部分的7个琴键按钮	水平布局2	背景颜色：透明 高度：充满 宽度：充满
按钮	用户界面	琴键1	按钮1	背景颜色：透明 高度：充满 宽度：充满 文本：（空）
按钮	用户界面	琴键2	按钮2	背景颜色：透明 高度：充满 宽度：充满 文本：（空）

续表

组件	所在组件栏	用途	命名	属性设置
按钮	用户界面	琴键3	按钮3	背景颜色：透明 高度：充满 宽度：充满 文本：（空）
按钮	用户界面	琴键4	按钮4	背景颜色：透明 高度：充满 宽度：充满 文本：（空）
按钮	用户界面	琴键5	按钮5	背景颜色：透明 高度：充满 宽度：充满 文本：（空）
按钮	用户界面	琴键6	按钮6	背景颜色：透明 高度：充满 宽度：充满 文本：（空）
按钮	用户界面	琴键7	按钮7	背景颜色：透明 高度：充满 宽度：充满 文本：（空）
音效	多媒体	用于播放弹琴的声音	音效_音阶	
计时器	传感器	获取时间信息	计时器1	
对话框	用户界面	用于弹出提示信息	对话框1	
计时器	传感器	用于控制录音的播放间隔	计时器_控制播放间隔	启用计时：不勾选

“安安爱弹琴”这款App被设计为锁定横屏，这样7个琴键能更好地展现，符合钢琴的特点。在界面设计时，首先通过在一个垂直布局组件中加入两个水平布局组件来把屏幕分为两大部分，上半部分为功能按钮区域，提供两个功能按钮：播放和重置；下半部分放置了7个按钮，作为响应弹琴事件的组件。垂直布局组件的高度、宽度都设置为充满，上下两部分的高度比例为1∶4，所以

把处于上半部分的水平布局组件的高度设置为20 percent，即占整个布局高度的20%，而处于下半部分的水平布局组件高度设置为充满，这样App的布局展示会有更好的适应性，无论是大屏幕高分辨率的机型还是小屏幕低分辨率的机型，都能保持充满整个屏幕且不会变形。

另外一个值得注意的是7个琴键按钮的属性设置。App的背景图片是一张7键的钢琴图，每个白色琴键的大小都是一样的，为了保证玩家的弹琴感觉，叠放在背景图片上的琴键按钮大小应该和背景图片上的琴键大小一致。因此把这7个按钮的背景颜色都设置为透明，高度、宽度都设置为充满，这样每个琴键按钮的宽度都会自动调整为1/7，和背景图中的琴键重合。

尽管布局组件的背景颜色是默认的，运行后也是透明的效果，但最好在设计阶段就把3个布局组件的背景颜色也修改为透明，否则在开发网站中显示出来会是灰色，看上去很不舒服。图8.4所示是设计时的效果对比。

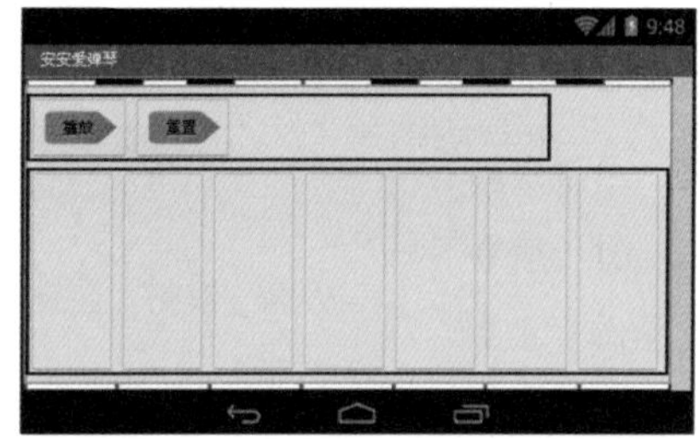

图8.4　布局组件背景颜色设置的对比效果图

8.3 “安安爱弹琴”行为编辑

微视频
让琴键发音讲解

8.3.1 实现弹琴的发音

当玩家手指点击背景图上的琴键时，需要能发出相应音阶的声音。这可以通过音效组件来实现，按不同琴键时把不同的声音文件设置为音效组件的源文件并播放。例如，按琴键1时的代码模块如图8.5所示。

```
当 按钮1 .被点击
执行 设 音效_音阶 . 源文件 为 " 1.wav "
     调用 音效_音阶 .播放
```

图8.5　发出1的音阶

8.3.2　增加弹琴视觉交互效果

由于琴键按钮被设置为透明，所以无法直接体现按钮交互视觉效果。为了有更好的用户体验，可以对每个琴键按下的情况都重绘一张相应的背景图片，把被按的琴键颜色改为黄色，这样就比较好地实现了弹琴的视觉交互效果。修改后的按钮1被点击的代码模块如图8.6所示。

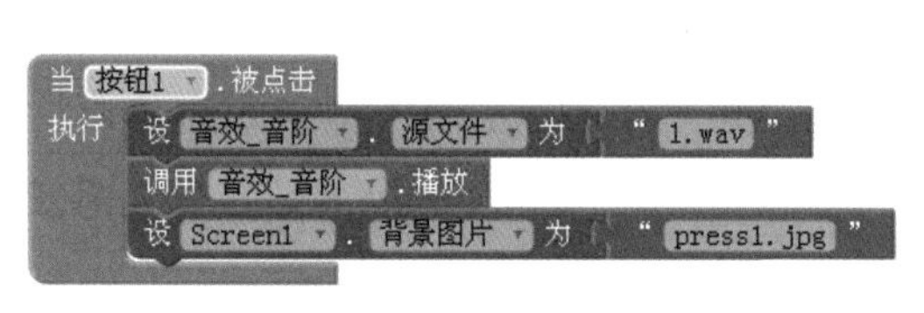

（a）弹琴的视觉交互效果模块

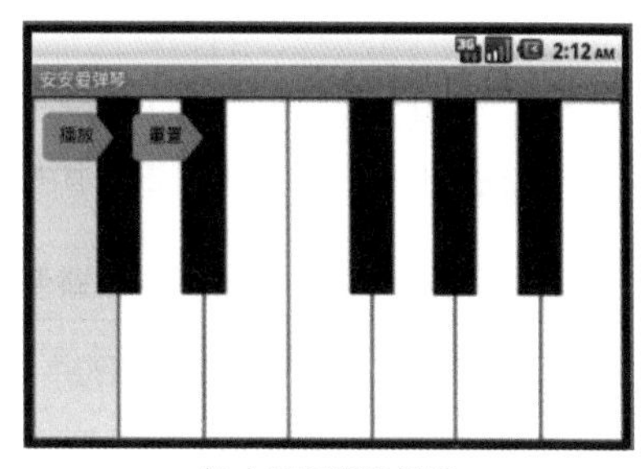

（b）运行视觉效果

图8.6　增加弹琴视觉交互效果的代码模块

8.3.3　利用过程改进代码

由于有7个琴键，每个琴键按钮的点击事件都相似，不同之处仅在于播放的音频文件和设置的背景图片名称。将这些代码重复地复制、粘贴再修改虽然也能完成相应功能，但冗余量太大，代码不简洁；而且如果以后要进行修改，比如增加录音功能，需要修改7个地方，非常麻烦且容易遗漏出错。

微视频
利用过程来改进代码讲解

可以通过定义过程来对代码进行改进。定义过程“弹奏”，有一个参数命名为x。通过调用过程时带入不同的参数，就可以实现播放不同的音效和设置相应的背景图。“弹奏”过程的代码模块如图8.7所示。

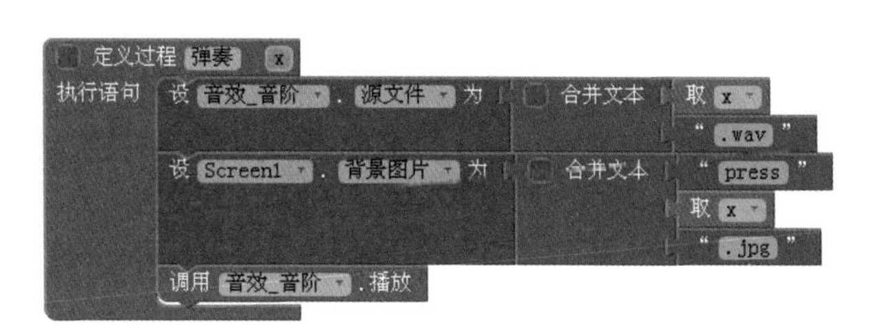

图8.7　“弹奏”过程

在“弹奏”过程中，通过合并文本的方法把传入的x参数值合并成为相应的音频文件名和图像文件名。这和资源文件的名称是相对应的，文件名取得有规律才能更方便地实现这些功能。

有了“弹奏”过程后，按钮1～按钮7的代码就比较简洁了，如图8.8所示。

图8.8　按键处理

微视频
避免资源文件找不到的错误讲解

8.3.4　避免资源文件找不到的问题

App刚开始运行时，音频文件可能还没有来得及加载到内存中，当用户弹琴时可能会出现找不到音频文件的错误。为了解决这个问题，需要预先加载所有的声音文件到手机内存中。这可以在屏幕初始化时进行，实现代码模块如图8.9所示。

图8.9　屏幕初始化时加载音频文件

这些代码从逻辑功能上讲只有最后一句有意义，前面的设置都会被后面的直接覆盖掉。但正是通过这些设置语句，把所有音频文件都加载进了手机运行内存中，后面就不会出现弹琴时来不及装载音频文件的问题了。

微视频
增加自动录音功能讲解

8.3.5　增加自动录音功能

如果能把用户弹奏的曲子录下来，需要时就可以回放录音。实现这个功能需要记录两类信息：一是用户弹了什么琴键，要按顺序记录；二是每个琴键是什么时候弹的，要知道相邻两个琴键弹奏的时间间隔。为此创建两个变量，分别是“按键顺序列表”和“按键时间列表”，如图8.10所示。

有了这两个列表变量后，就可以修改“弹奏”过程，在弹奏过程中记录下对应的音频文件名和时间点。增加了录音功能的“弹奏”过程代码模块如图8.11所示。

```
初始化全局变量 按键顺序列表 为 创建空列表
初始化全局变量 按键时间列表 为 创建空列表
```

图8.10　设置两个全局变量

```
定义过程 弹奏 x
执行语句 设 音效_音阶 . 源文件 为 合并文本 取 x
                                        " .wav "
         设 Screen1 . 背景图片 为 合并文本 " press "
                                        取 x
                                        " .jpg "
         调用 音效_音阶 .播放
         添加列表项 列表 取 global 按键顺序列表
                   item 取 x
         添加列表项 列表 取 global 按键时间列表
                   item 调用 计时器1 .求当前时间
```

图8.11　增加录音功能的“弹奏”过程

修改完“弹奏”过程后，再弹琴时就已经具备了录音功能，无须修改每个按钮的点击时间代码，因为它们都调用了“弹奏”过程。

例如，用户点击的是“1…2…1…2…3…”（即“按钮1，按钮2，按钮1，按钮2，按钮3”），最终按键顺序列表和按键时间列表中都应该有5个元素，对应关系如表8.2所示。

表8.2　音频名称和时刻对应关系

	1	2	3	4	5
按键顺序列表	1	2	1	2	3
按键时间列表	21：55：01	21：55：02	21：55：03	21：55：04	21：55：06

8.3.6　实现播放录音功能

微视频
实现播放录音
功能讲解

当点击“播放”按钮时，首先会检查是否有录音记录，如果有则播放录音，否则提示用户“请先录音”，具体代码模块如图8.12所示。

这里定义了一个“播放录音”过程，使上述代码阅读起来更清晰。而播放录音的处理思想也不复杂，把“按键顺序列表”变量中的每个记录都从头到尾播放一遍即可。具体实现代码模块如图8.13所示。

“播放录音”过程中还调用了一个自定义过程“播放”，这个过程根据传进来的数字播放录音记录中的响应声音并显示交互视觉效果。具体“播放”过程的实现代码模块如图8.14所示。

图8.12 “播放”按钮被点击事件处理

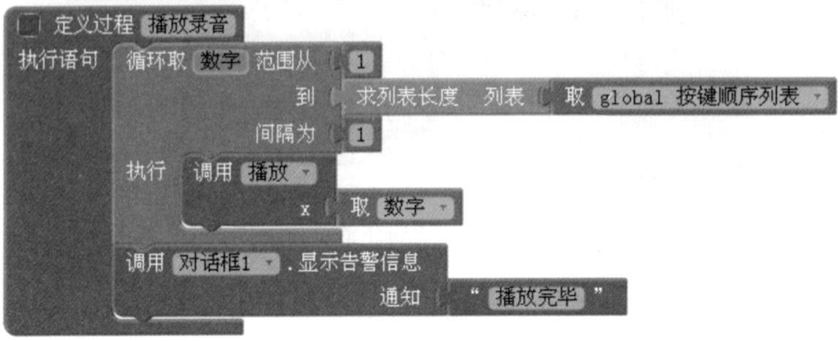

图8.13 “播放录音”过程

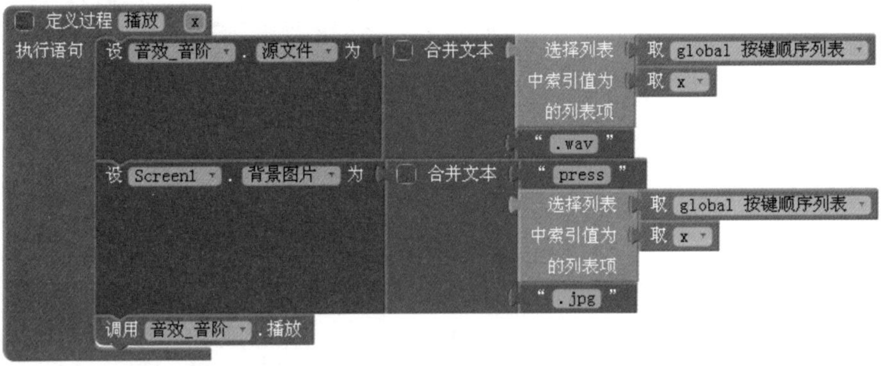

图8.14 “播放”过程

微视频
实现正常播放
录音讲解

完成以上编码后，开始运行测试，会发现点击“播放”按钮时的确会发出短暂的声音，但并没有重现录音的曲子，这就是一个bug了。分析原因是在“播放录音”过程中，虽然通过循环处理使每个录的音都重放了一遍，但由于运行处理速度实在太快，前一个音还没有发完就开始发第二个音，最后在很短的时间内全部执行完毕，听上去就像一个音一样。改进的办法是播放完一个音后暂停一段时间（即下一个音和当前音之间的时间间隔），然后再播放下一个音。具体的流程图如图8.15所示。

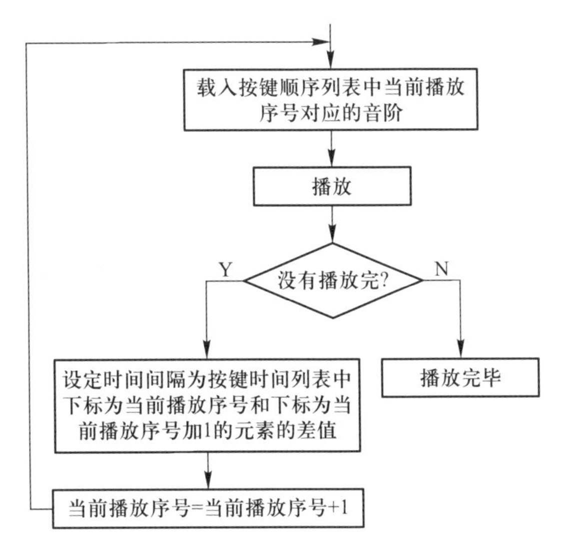

图8.15　“播放录音”过程的流程图

由于App Inventor中没有直接可用的延时方法，所以本例中采用计时器组件来实现延时，具体代码模块如图8.16所示。

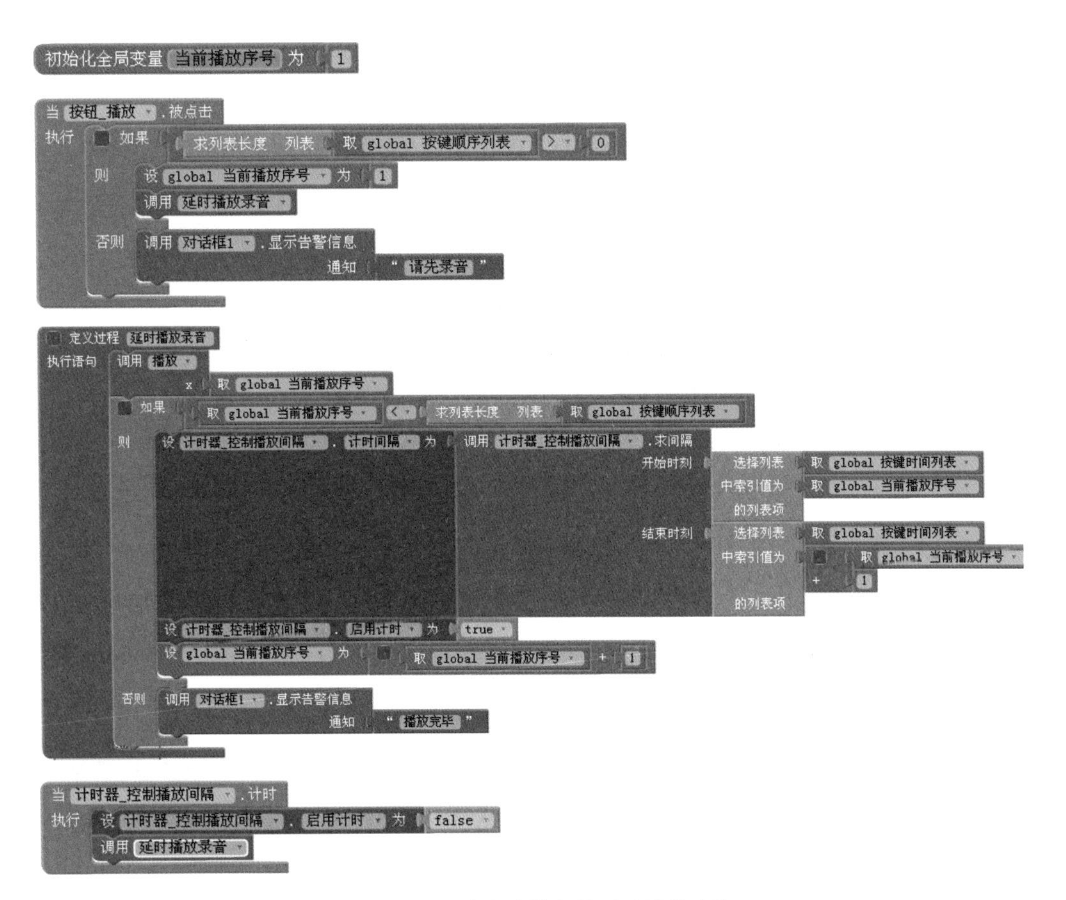

图8.16　通过计时器实现延时播放功能

首先定义一个全局变量“当前播放序号”，用来存储当前播放到第几个音。

一旦进入“延时播放录音”过程处理，会先调用过程“播放”来播放当前序号的音，然后求出当前播放的音和下一个要播放的音之间的时间间隔，并把计时器的计时间隔设置为这个值，之后启动计时器，将当前播放序号加1。注意，计时器在组件设计时的“启用计时”属性是不勾选的，即不会定期执行计时事件处理。只有当“启用计时”属性设置为true时，计时器组件才开始计时，经过“计时间隔”值的时间等待后，会触发“计时”事件，转入“计时”事件处理器。

在“计时”事件处理器中，首先把计时器的“启用计时”属性设置为false，禁止计时器计时工作，然后再调用“延时播放录音”过程，这样又回到了上一段的处理过程。通过“延时播放录音”和“计时”这两个过程的交替执行，会每间隔一段时间播放一下录音，直到最后一个音播放完毕。

现在再测试一下App的运行效果，应该可以正常录音和播放录音了。

8.3.7 实现重置功能

实现重置功能就是要清除录音记录并给出提示。具体实现代码如图8.17所示。

图8.17 实现重置功能

8.4 递归

在“延时播放录音”过程模块和计时器的“计时”事件处理模块中，实际存在着一种互相调用：当在“延时播放录音”过程模块中把计时器设置为可用时，等待了相应的时间间隔后就会转入计时器的“计时”事件处理模块，而在“计时”事件处理模块中又直接调用了“延时播放录音”过程。这种A模块的实现过程中调用了B模块，而B模块的实现过程中又调用了A模块的情况，实际上就是一种递归。

微视频
两种方法求解$n!$
讲解

8.4.1　递归过程

例：用递归过程实现求n！。

求n！有两种方法。

1. 递推法

在学习循环时，计算n！采用的就是递推法：

$$n!=1\times 2\times 3\times\cdots\times n$$

用循环语句实现如图8.18所示。

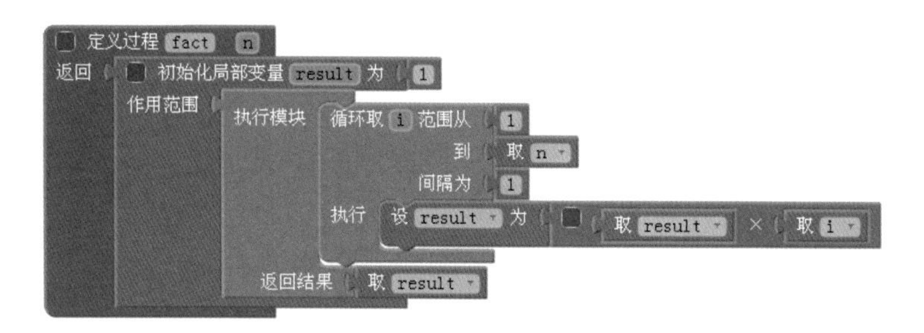

图8.18　通过循环实现fact（n）

2. 递归法

把n！以递归方式进行定义：

$$n!=\begin{cases} n\times(n-1)! & \text{当} n>1 \quad \text{递归式子} \\ 1 & \text{当} n=1 \text{或} n=0 \quad \text{递归出口} \end{cases}$$

即求n！可以在（$n-1$）！的基础上再乘上n。如果把求n！写成带返回值的过程fact（n），则fact（n）的实现依赖于fact（n–1），如图8.19所示。

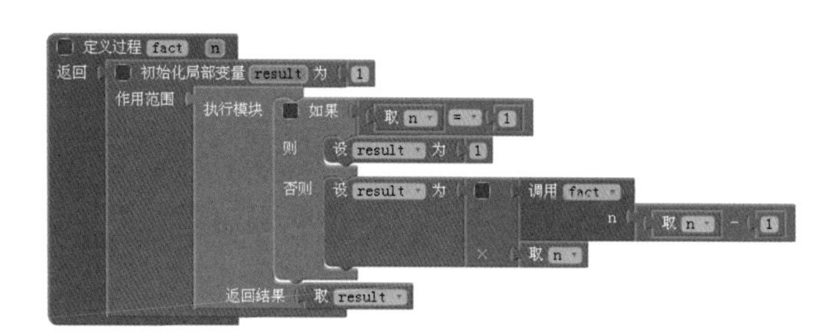

图8.19　通过递归实现fact（n）

虽然求n！问题不是只能采用递归才能实现，但通过这个例子能帮助读者快速掌握递归方法。

在上面的fact过程中出现了一种新调用方法，即fact（n）过程调用了

fact（n–1），这种过程自己调用自己的形式称为过程的递归调用。在fact过程中定义了保存运算结果的局部变量result，并赋值result=n*fact（n–1），然后通过result的值返回$n!$的结果。

读者也许会觉得fact（n）的定义不完整，因为fact（n–1）还不知道，result无法算出。这里需要区分程序书写与程序执行。就像循环程序并不是把所有的循环体语句重复书写，只是给出执行规律，由计算机具体重复执行；递归过程同样给出的是执行规律，至于fact（n–1）如何求得，应由计算机按照给出的规律自行计算。

微视频
分析递归执行
过程讲解

8.4.2 递归过程的执行

下面看一下递归过程的执行过程，可以更好地理解递归过程。

图8.20给出了计算fact（4）的调用过程。数字① ~ ⑧是递归过程调用返回的顺序编号。首先以4作参数调用fact过程，fact（4）依赖于fact（3）的值，所以必须先计算出fact（3）才能求fact（4）。当fact（4）递归调用自己计算fact（3）时，fact（4）并未结束，而是暂时停一下，等算出fact（3）后再继续计算fact（4）。fact（3）是fact（4）的克隆体，尽管程序代码、变量名相同，但过程体、参数、变量不同。这样依次递归，当调用fact（1）时，各个克隆的fact过程均未结束，只有当n=1，fact（1）=1时，不必再继续递归调用下去。有了fact（1）的确切值，就可以计算fact（2），不断返回，不断结束原来递归克隆的函数，最后就可以计算出fact（4）。

从实现过程看，fact过程不断调用自己，如果没有终结则会发生死机，就像循环没有结束条件会导致死循环一样。任何递归过程都必须包含结束条件，以判断是否要递归下去，一旦结束条件成立，递归克隆就不应该再继续，而应以递归出口值作为过程结果并返回，结束一个递归克隆过程体。通过一层层返回，一层层地计算出i！（i=1, 2, …, n–1），最终计算出n！。

案例apk
求解n阶乘apk
安装文件

为了更好地理解递归过程的执行，对上面的fact过程进行修改，把中间运行状态通过一个标签展示出来。修改后的实现模块和运行结果如图8.21所示。

递归的实质是把问题简化成形式相同但较简单一些的情况，编写程序时只给出统一形式，运行时再展开。程序中每经过一次递归，问题就得到一步简化，例如把n！的计算简化成对（n–1）！的计算，不断地简化下去，最终归

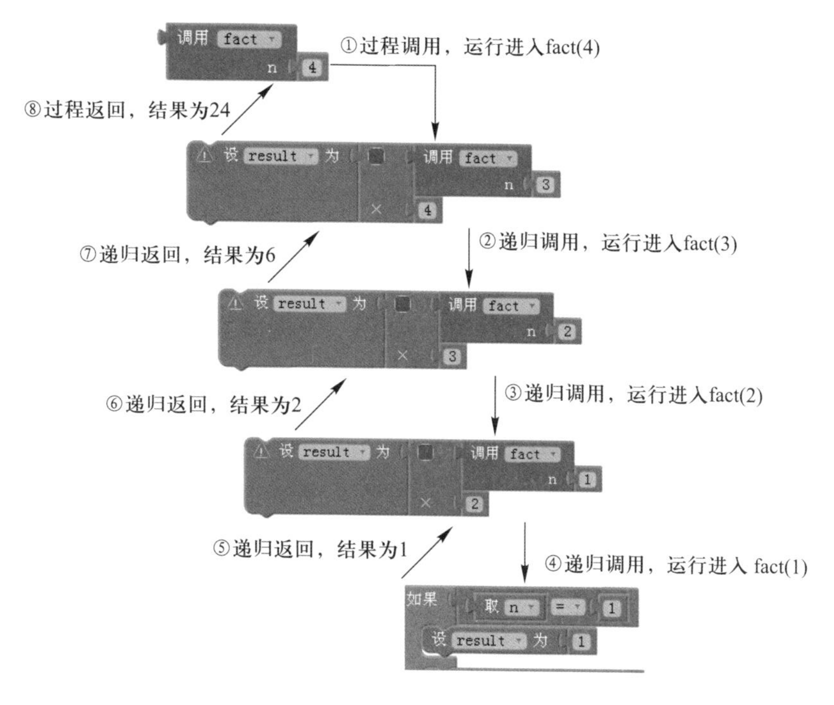

图 8.20　fact 过程的调用返回过程示例

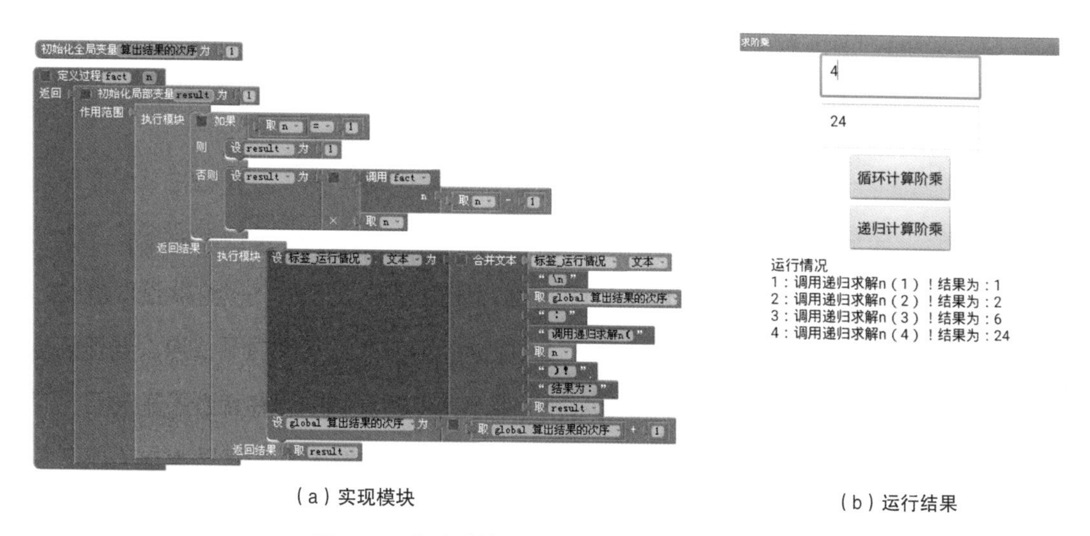

（a）实现模块　　（b）运行结果

图 8.21　修改后的 fact 实现模块和运行结果

结到一个初始值，就不必再递归了。

8.4.3　递归程序设计

从递归过程的程序编写角度看，必须抓住两个关键点。

（1）递归出口：即递归的结束条件，也就是什么情况不用再递归调用下去。

（2）递归式子：递归的表达式，如 fact（n）=n*fact（n-1）。

对于递归过程，可以通过数学归纳法来理解。用数学归纳法证明问题，首先证明初值成立，然后假设n时成立，再证明$n+1$时也成立，问题即可得到证明。这里的初值验证就像是递归的出口，从n到$n+1$的证明相当于找递归式子。

递归程序设计是一个非常有用的工具，可以解决一些用其他方法很难解决的问题。如果读者进一步学习计算机的其他后续课程，递归将是一种常用手段。但递归程序设计对技巧性的要求比较高，对于一个具体问题，要想归纳出递归式子有时是很困难的，并不是每个问题都像求阶乘过程那样直截了当。

练习与思考题

1. 如果图片、音视频文件比较多，App在刚开始运行时容易出现找不到资源的错误，应该如何解决?
2. 点击钢琴的琴键所执行的代码模块除了具体的发音以外其他都是相同的，因此创建一个过程比较合适。思考类似的场景还有哪些，比如计算器，应该如何设计?
3. 为了让钢琴中的琴键大小都相同且正好充满整个屏幕，应该如何设置属性?
4. 设计递归过程有哪些关键点? 如果找不到递归出口会怎样?
5. 如何实现阿克曼函数的递归求解?

$$A(m, n)=\begin{cases} n+1 & 若\ m=0 \\ A(m-1, 1) & 若\ m>0\ 且\ n=0 \\ A(m-1, A(m, n-1)) & 若\ m>0\ 且\ n>0 \end{cases}$$

实验

1. 行动起来，根据“安安爱弹琴”App的教程，自己动手实践一遍，感受整个过程。

2. 在“安安爱弹琴”App的基础上，设计和开发一款“跟我学弹琴”小应用。“跟我学弹琴”App要增加乐谱功能，玩家可以根据屏幕上显示的乐符提示来跟弹，比如“小星星”、“两只老虎”等。提示玩家的方法可以是逐个出现下一个音阶提示，也可以是有一个标记指示要弹哪个键等，方法不限。

第9章
安安爱成语

本章以“安安爱成语”小应用为例，主要展示如何通过蓝牙组件来进行两部手机的联机对战，实现蓝牙通信的应用开发。此外，还深入讲解csv文件和列表的操作。

本章要点

（1）csv文件和列表之间的转换。

（2）使用蓝牙服务器和蓝牙客户端组件进行网络通信。

（3）多人对战游戏开发。

教学课件
第9章教学课件

微视频
“安安爱成语”App
运行演示

案例apk
“安安爱成语” apk
安装文件

9.1 “安安爱成语单机版”案例演示

“安安爱成语单机版”案例演示如图9.1所示。

（1）App启动后进入主界面，有3个按钮。

（2）点击“自己一人玩”按钮进入单机版的开始界面。

（3）成语接龙游戏过程中，倒序显示接龙成语列表。

（4）点击“提示”按钮后，会弹出消息对话框提示可选成语。

（5）点击列表中的成语后，会弹出成语释义对话框。

（6）点击“重玩”按钮后恢复到初始游戏界面。

（a）开始界面　（b）单机版开始界面　（c）接龙过程

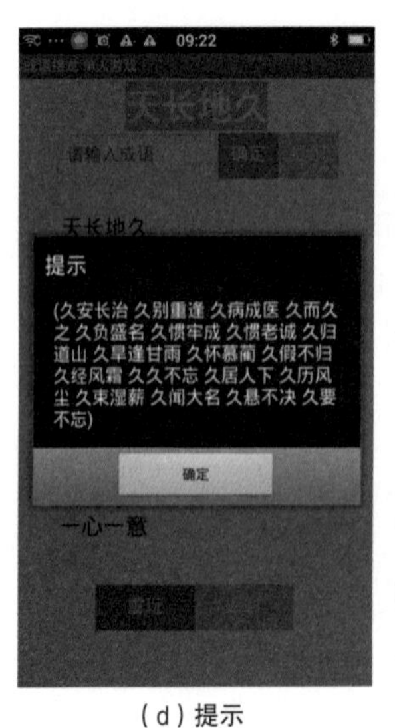

（d）提示

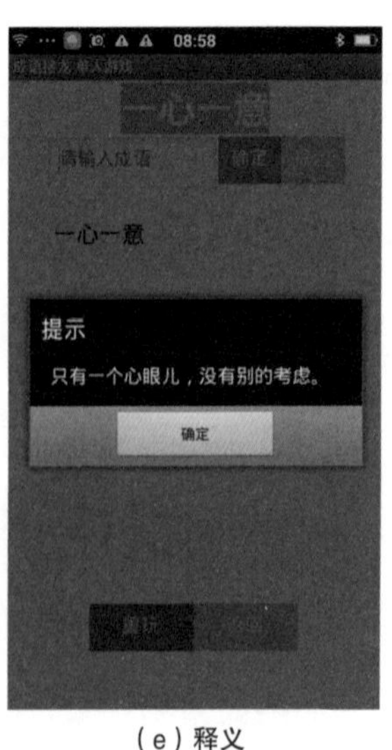

（e）释义

（f）重玩

图9.1 “安安爱成语单机版”案例演示

9.2 “安安爱成语单机版”组件设计

微视频
单机版组件设计讲解

9.2.1 素材准备

通过安安爱成语接龙对战游戏的演示，读者可以对该应用的界面、交互和行为都有所了解。为了实现这个效果，需要准备的素材为两张图片：background.png（背景图片）、icon.jpg（图标图片）。这些素材可以在本案例实验资源包中找到，也可以换成自己喜欢的图像文件。

案例素材
“安安爱成语” App 的素材资源文件包

除了图片资源，这里还需要一个关键素材，就是成语库。本例中提供了一个含有30 804条成语的文件idioms.csv，该文件内只有成语；此外还有一个带有成语解释的文件idiomdetail.csv，这两个文件也需要上传到素材库中。

此外还有一个网上下载的未经处理的成语词典文件 IdiomBase.txt，供大家后续参考使用。该文件在本案例开发过程中暂不需要上传。

资源文件如图9.2所示。

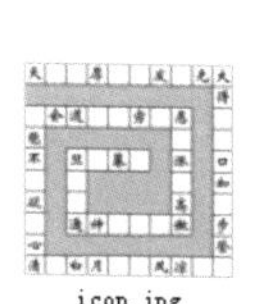

图9.2 “安安爱成语单机版”资源文件

9.2.2 首页屏幕Screen1组件设计

新建一个项目，命名为“IdiomUp”。把项目要用到的素材上传到开发网站后，就可以开始设计用户界面了。

按照图9.3所示添加所有需要的组件，按照表9.1所示设置所有组件的属性，完成Screen1的组件设计。

Screen1作为主界面，内容要素不多，主要是让玩家选择游戏模式。本例中，游戏支持单人游戏模式和联机对战模式。如果选择的是联机对战模式，由于是通过蓝牙进行两部手机的通信连接，还需要选择是当服务器还是当客户机，所以需要有两个不同的角色。充当服务器角色的手机可以开启服务，然后等待客户机的连接；当客户机找到服务器并请求连接成功后，两部手机就可以开始蓝牙通信了。这个游戏就是通过蓝牙来传输玩家输入的成语，判断成语是否符合成语接龙游戏的规则，并给出输赢结果。

图9.3　Screen1的组件设计

表9.1　Screen1屏幕所有组件的说明及属性设置

组件	所在组件栏	用途	命名	属性设置
Screen	—	应用默认的屏幕，作为放置其他所需组件的容器	Screen1	水平对齐：居中 AppName：成语接龙 背景图片：background.png 图标：icon.jpg 标题：成语接龙对战
标签	用户界面	用于界面布局排版	标签_占位1	高度：65 percent 文本：空
按钮	用户界面	点击按钮跳转到单人游戏屏幕	按钮_单人游戏	背景颜色：蓝色 粗体：勾选 字号：20 形状：圆角 文本：自己一人玩 文本颜色：白色
标签	用户界面	用于界面布局排版	标签_占位2	高度：3像素 文本：空

续表

组件	所在组件栏	用途	命名	属性设置
按钮	用户界面	点击按钮跳转到服务器屏幕	按钮_服务器	背景颜色：品红 粗体：勾选 字号：20 形状：圆角 文本：我做服务器 文本颜色：白色
标签	用户界面	用于界面布局排版	标签_占位3	高度：3像素 文本：空
按钮	用户界面	点击按钮跳转到客户机屏幕	按钮_客户机	背景颜色：橙色 粗体：勾选 字号：20 形状：圆角 文本：我做客户机 文本颜色：白色

9.2.3　单人游戏屏幕组件设计

新建一个Screen，命名为“Screen_SingleGame”。按照图9.4所示添加所有需要的组件，按照表9.2所示设置所有组件的属性，完成Screen_ SingleGame组件设计。

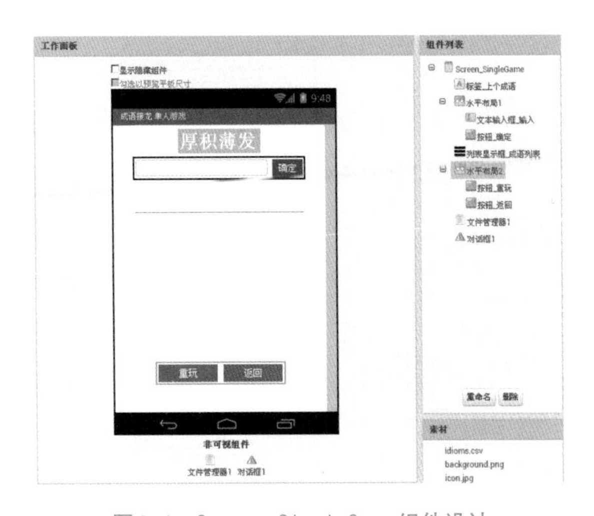

图9.4　Screen_SingleGame组件设计

表9.2　Screen_SingleGame屏幕所有组件的说明及属性设置

组件	所在组件栏	用途	命名	属性设置
Screen	—	服务器端的屏幕，作为放置其他所需组件的容器	Screen_SingleGame	水平对齐：居中 标题：成语接龙 单人游戏
标签	用户界面	用于显示上一条成语	标签_上个成语	背景颜色：橙色 粗体：勾选 字号：32 文本：厚积薄发 文本颜色：白色
水平布局	界面布局	实现内部两个组件水平排列布局	水平布局1	背景颜色：透明 宽度：80 percent
文本输入框	用户界面	输入成语	文本输入框_输入	字号：16 宽度：充满 提示：请输入成语
按钮	用户界面	点击发送输入的成语	按钮_确定	背景颜色：蓝色 字号：16 文本：确定 文本颜色：白色
列表显示框	用户界面	用于显示成语列表	列表显示框_成语列表	背景颜色：白色 高度：60 percent 宽度：80 percent 文本颜色：黑色 TextSize：40
水平布局	界面布局	实现内部两个组件水平排列布局	水平布局2	背景颜色：透明 宽度：60 percent
按钮	用户界面	点击重新开始	按钮_重玩	背景颜色：红色 字号：16 宽度：28 percent 文本：重玩 文本对齐：居中 文本颜色：白色

续表

组件	所在组件栏	用途	命名	属性设置
按钮	用户界面	点击返回主屏幕	按钮_返回	背景颜色：品红 字号：16 宽度：28 percent 文本：返回 文本对齐：居中 文本颜色：白色
文件管理器	数据存储	用户打开成语词典文件	文件管理器 1	
对话框	用户界面	用户显示反馈信息	对话框 1	

9.3 “安安爱成语单机版”行为编辑

9.3.1 装载成语词典文件

微视频
读取和转换csv
文件讲解

成语词典文件idioms.csv内含30 804个成语，每个成语一行。用Excel软件打开，其样式如图9.5所示。

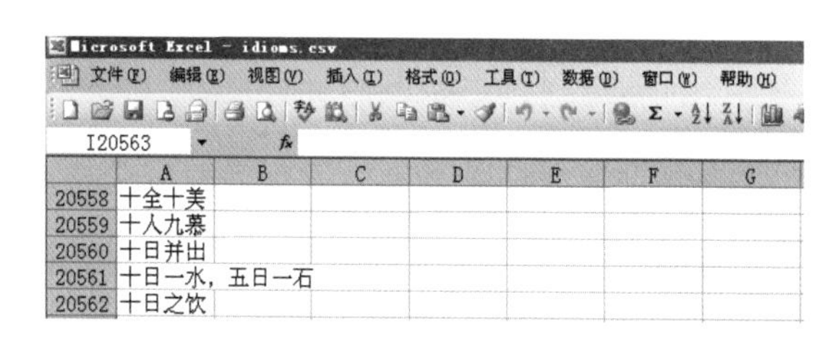

图9.5　用Excel软件打开idioms.csv文件截图

csv格式的文件其实就是由逗号作为分隔符的文本文件，也可以用记事本打开。由于通过Excel另存为的csv格式文件默认编码为ANSI，这种编码的文件在App Inventor中打开会出现乱码，因此需要通过记事本打开，通过另存为把编码修改为UTF-8，如图9.6所示。

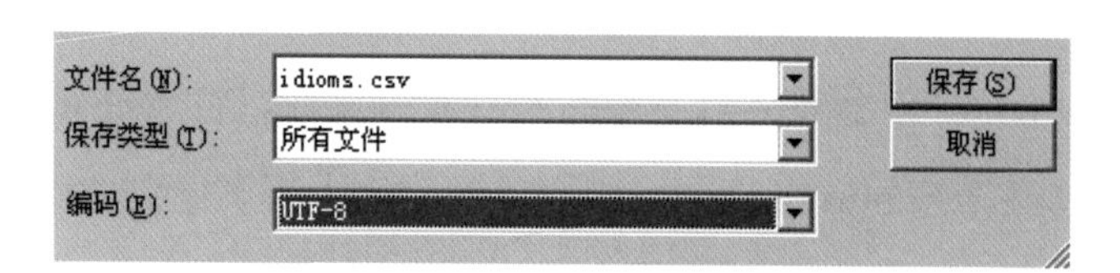

图9.6　通过记事本另存为修改文件编码

9.3.2 读入成语词典

要判断用户输入的是不是成语，首先需要一个成语词典。当用户输入一个词语后，在成语词典中查询是否有该词。为此新建一个全局变量“成语列表”，当屏幕初始化时，通过文件管理器读入上传到素材库中的idioms.csv文件，然后通过列表组件所提供的方法把读取到的文件文本转换为列表赋给全局变量“成语列表”，如图9.7所示。

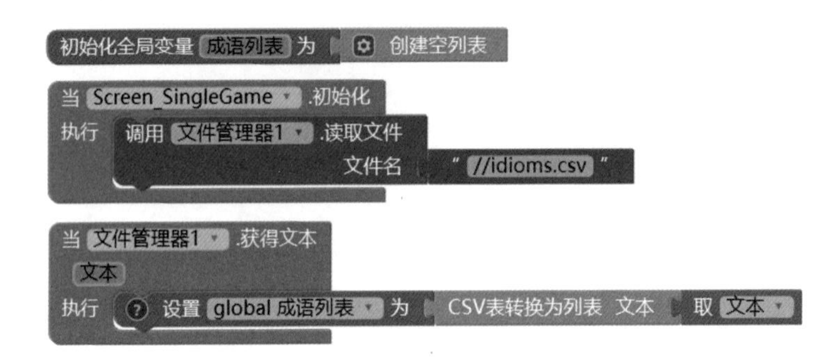

图9.7 初始化时读入成语词典文件

一个CSV文件实际上被转换为一个二维列表，即CSV文件中的每一行先转换成一个列表，该行的每一列元素转变为该列表中的一个列表项。对于图9.5所示的CSV文件，由于每一行只有一列，所以每一行都会转换为只含有一个列表项的列表。而整个CSV文件所转换成的列表长度就是CSV文件的行数，每一个列表项就是前面相应行所转换成的列表。在本例中，图9.5所示的CSV文件内容转换为列表如图9.8所示。

建议读取上传素材库中的文件时以“//”相对路径模式来指定文件名。

图9.8 成语列表结构示意图

在App Inventor开发网站中上传的所有素材文件，在通过AI伴侣调试运行时都会下载到“/AppInventor/assets/”这个目录中，因此图9.7中的文件名也可以设置为“/AppInventor/assets/idioms.csv”，这在通过AI伴侣连接运行时是可行的。但这样会有缺陷，如果App通过apk文件直接在手机中安装，则项目的素材文件会根据安装路径的不同而存放在不同的目录中，这样就会因为在绝对路径“/AppInventor/assets/”中找不到idioms.csv文件而不能正常运行。当文件名设置为“//素材文件名”时，则是以相对路径模式来读取文件，无论使用AI伴侣模式还是apk安装模式，都能在正确的目录中找到指定的文件。

9.3.3　检查某个词语是不是成语

微视频
检查是否符合成语规则讲解

为了检查某个词语是不是成语，定义了一个“检查是不是成语”过程，如图9.9所示。这个过程带有一个参数，就是被检查的词语。当查到是成语时返回true，否则返回false。

图9.9　定义过程“检查是不是成语”

这个检查的原理很简单，如果能在成语列表中找到输入的词语，则认定这个词语是成语。由于“成语列表”是一个二维列表，每个列表项也是一个列表（虽然这个列表只有一个列表项），因此需要先把参数“词语”转换为一个列表，然后再进行检查。

9.3.4　显示成语列表

当用户在文本输入框中输入词语并被判断为是成语后，把最上面的标签文字修改为输入的词语，然后更新列表显示框的单元项，加入最新输入的词语并显示在最前面，如图9.10所示。

列表显示框的单元项可以通过设置“元素字串”属性来更新，元素字串是一个文本，每个单元项通过字符逗号进行分割。

9.3.5　检查两个成语是否符合接龙规则

微视频
检查两个成语是否符合接龙规则讲解

以上代码完成了成语的输入和判断，但还没有判断输入的成语是否满足成语接龙的规则，也就是当前输入的成语的第一个字是否和上一条成语的最后一个字

```
初始化全局变量 成语字串 为 " "
当 按钮_确定 .被点击
执行 如果 否定 调用 检查是不是成语
                    词语 文本输入框_输入 . 文本
     则 调用 对话框1 .显示告警信息
              通知 " 这不是成语 "
     否则 设 标签_上个成语 . 文本 为 文本输入框_输入 . 文本
          设 global 成语字串 为 合并文本 文本输入框_输入 . 文本
                                       " , "
                                       取 global 成语字串
          设 列表显示框_成语列表 . 元素字串 为 取 global 成语字串
          设 文本输入框_输入 . 文本 为 " "
```

图9.10　“确定”按钮被点击事件处理

相同。为此定义一个过程“检查是否接对了成语”，具体代码模块如图9.11所示。

在这个过程中调用了过程“检查文本1的头是否和文本2的尾相等”，具体定义如图9.12所示。

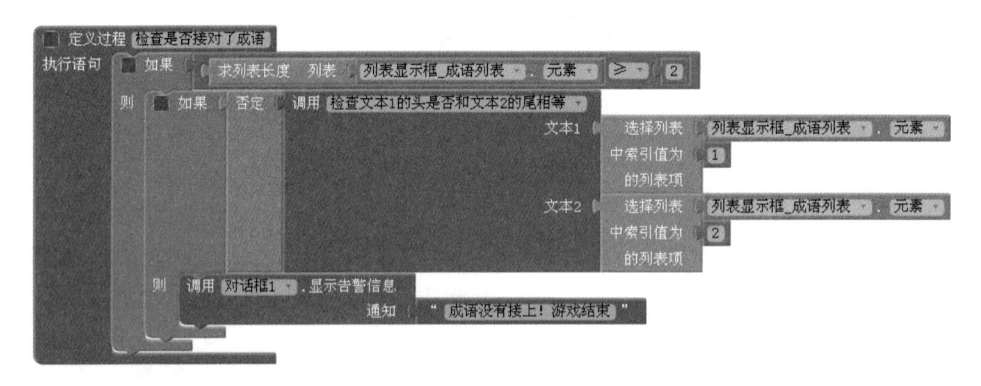

图9.11　定义过程“检查是否接对了成语”

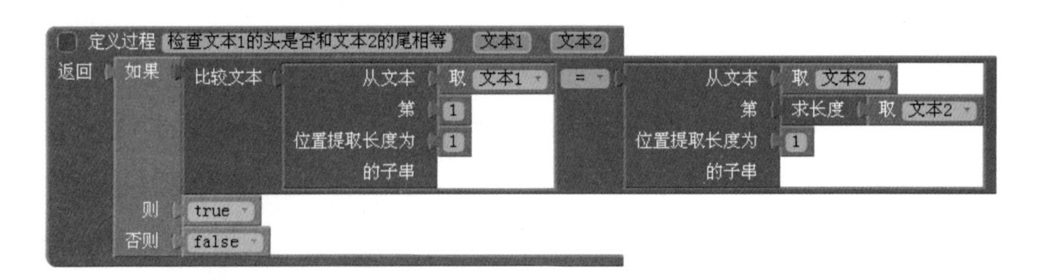

图9.12　定义过程“检查文本1的头是否和文本2的尾相等”

在UTF-8编码中一个汉字的长度为1，通过文本组件提供的“比较文本”方法来实现比对功能。

当这些完成后，修改“确定”按钮的被点击事件处理器，在最后加上一句调用“检查是否接对了成语”过程，如图9.13所示。

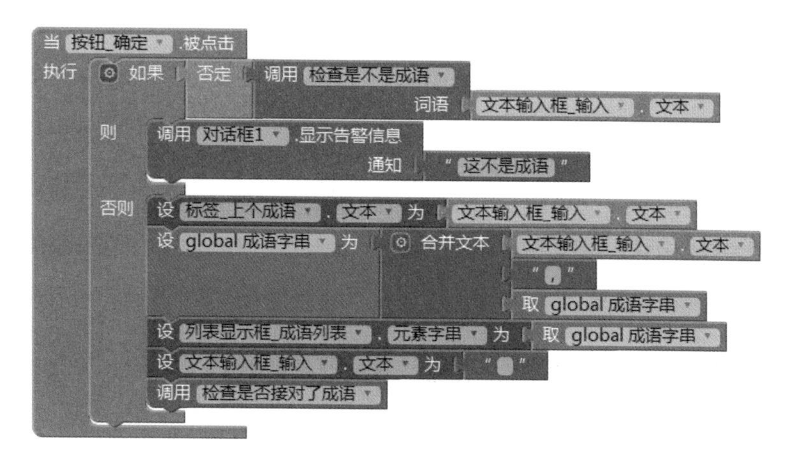

图9. 13　更新后的“确定”按钮被点击事件处理

9.3.6　重玩

重玩时需要把列表显示框中的成语清空。为了增加趣味性，再从成语列表中随机选一个成语显示在顶部的标签中，如图9.14所示。

图9. 14　重玩功能实现

9.3.7　返回

关闭屏幕就会返回父屏幕，即Screen1，如图9.15所示。

当然，要想从首页进入单人游戏界面，还需要在Screen1中加上转到Screen_SingleGame的代码，如图9.16所示。

至此，单机版的成语接龙游戏就基本完成了。虽然功能不复杂，但已经能玩了。

图9. 15　返回功能实现

图9. 16　进入单人游戏屏幕

微视频
增加提示成语列表讲解

9.3.8 增加成语接龙提示功能

由于玩家可能在开始时成语量有限，接龙难以玩下去，因此针对单人游戏可以增加提示功能，相当于练习模式，可以在当前成语答不上来时给出几个满足接龙条件的候选成语。为此，需要稍微修改一下界面和代码模块。

在“确定”按钮旁边加上一个“提示”按钮，修改后的界面如图9.17所示。

在逻辑编辑中为“提示”按钮加上响应点击事件的代码，具体如图9.18所示。

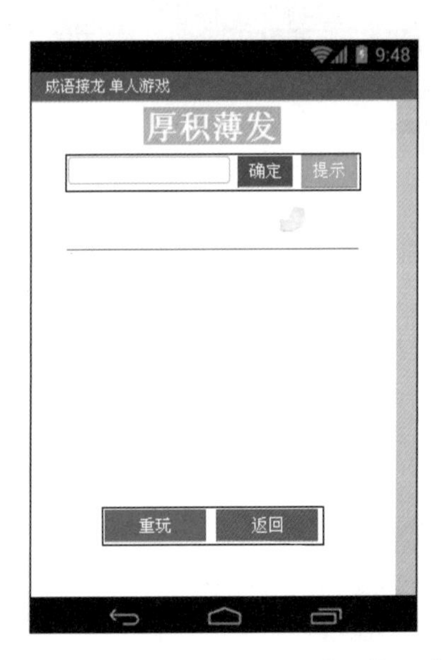

图9.17 修改后的单机版屏幕组件设计

图9.18 “提示”按钮事件处理模块

这里创建了一个全局变量“提示成语列表”来存放符合条件的成语集合，通过调用自定义的“查找获取某字开头的成语列表”过程，把结果通过对话框形式显示出来，如图9.19所示。

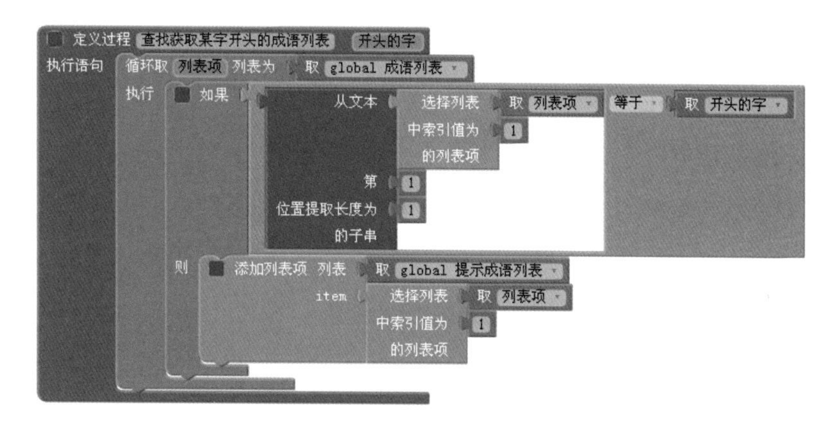

图 9. 19　定义过程“查找获取某字开头的成语列表”

在该过程中，循环对“成语列表”中的每个成语判断是否以传入的参数“开头的字”开头，满足条件的就加入“提示成语列表”中。

由于成语词典中的成语数量较多，因此运行提示功能时耗时较多，可能需要等待几秒钟才会弹出提示对话框。具体运行的结果如图 9.1（d）所示。

9.3.9　增加成语解释

微视频
增加成语释义讲解

有些成语对玩家来说比较陌生，这时是进一步学习相关知识的好时机，能激发玩家的学习兴趣和热情。

在组件设计中增加一个文件管理器组件，并上传成语详细词典文件 idiomdetail.csv。在逻辑编辑中新增一个全局变量“成语详细列表”，供用户存放读入的成语详细信息。

用 Excel 打开 idiomdetail.csv 文件，界面如图 9.20 所示。文件每行有两列，分别是成语及成语解释。如果用记事本打开，如图 9.21 所示，可以看见成语和成语解释之间是用“,”分隔的。把成语详细词典文件内容转换为“成语详细列表”的代码模块如图 9.22 所示。

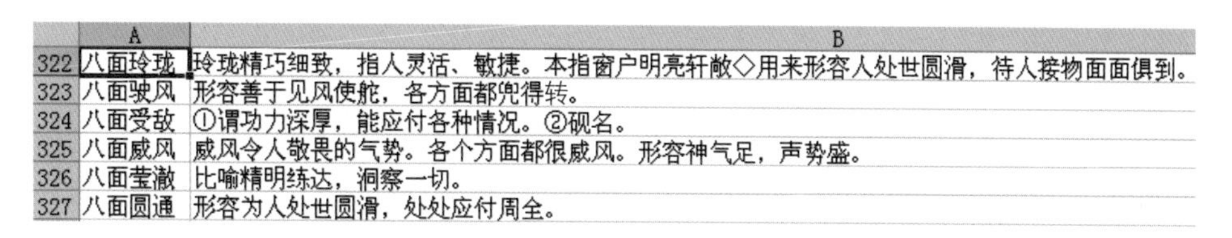

	A	B
322	八面玲珑	玲珑精巧细致，指人灵活、敏捷。本指窗户明亮轩敞◇用来形容人处世圆滑，待人接物面面俱到。
323	八面驶风	形容善于见风使舵，各方面都兜得转。
324	八面受敌	①谓功力深厚，能应付各种情况。②砚名。
325	八面威风	威风令人敬畏的气势。各个方面都很威风。形容神气足，声势盛。
326	八面莹澈	比喻精明练达，洞察一切。
327	八面圆通	形容为人处世圆滑，处处应付周全。

图 9. 20　用 Excel 软件打开 idiomdetail. csv 文件截图

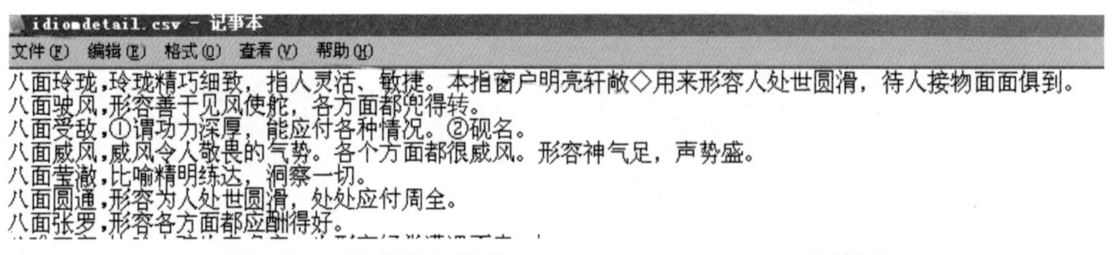

idiomdetail.csv - 记事本

文件(F) 编辑(E) 格式(O) 查看(V) 帮助(H)

八面玲珑,玲珑精巧细致，指人灵活、敏捷。本指窗户明亮轩敞◇用来形容人处世圆滑，待人接物面面俱到。
八面驶风,形容善于见风使舵，各方面都兜得转。
八面受敌,①谓功力深厚，能应付各种情况。②砚名。
八面威风,威风令人敬畏的气势。各个方面都很威风。形容神气足，声势盛。
八面莹澈,比喻精明练达，洞察一切。
八面圆通,形容为人处世圆滑，处处应付周全。
八面张罗,形容各方面都应酬得好。

图 9.21　用记事本软件打开 idiomdetail.csv 文件截图

```
初始化全局变量 成语详细列表 为 创建空列表

当 Screen_SingleGame .初始化
执行 调用 文件管理器1 .读取文件
         文件名 "//idioms.csv"
     调用 文件管理器2 .读取文件
         文件名 "//idiomdetail.csv"

当 文件管理器2 .获得文本
  文本
执行 设置 global 成语详细列表 为 CSV表转换为列表 文本 取 文本
```

图 9.22　建立成语详细列表

当玩家点击列表显示框中的任意一条成语时，将弹出相应的详细解释信息，实现代码模块如图9.23所示。

```
初始化全局变量 i 为 1

当 列表显示框_成语列表 .选择完成
执行 设 global i 为 1
     当 满足条件 选择列表 选择列表 取 global 成语详细列表
                          中索引值为 取 global i
                          的列表项
                 中索引值为 1
                 的列表项
               不等于 列表显示框_成语列表 . 选中项
     执行 设 global i 为 取 global i + 1
     调用 对话框1 .显示消息对话框
         消息 选择列表 选择列表 取 global 成语详细列表
                       中索引值为 取 global i
                       的列表项
              中索引值为 2
              的列表项
         标题 "提示"
         按钮文本 "确定"
```

图 9.23　查找并显示成语释义

这个过程的主要思想就是对成语详细列表做一遍顺序访问，从第一个列表项开始，针对每个列表项取出所包含的成语部分，比较它是否和列表显示框中的选中项相同，找到相同成语后再取出相应的成语解释。这种处理过程效率比较低下，耗时很长，因为成语详细列表所含信息多，文件较大。

这里可以进行优化，比如先在小的成语词典中找到该条成语的位置（第几条），缩减查找的耗时，然后直接去大的成语词典中取出想要的信息（因为大、小成语词典中的成语顺序是一致的）。这和图书馆中的索引卡片类似，找一本书时，不要一开始就在整个图书馆的所有书架上一本一本翻找，而要先去检索区找到书所存放的架位，然后直接去取即可。

改进后的代码模块如图9.24所示。运行后发现查找速度大大提高，比如查找“一心一意”这个成语的解释，用前一种方法要20 s，而后一种方法1 s内就查找出来了。

```
当 列表显示框_成语列表 .选择完成
执行 设 global i 为 求列表项 创建列表 列表显示框_成语列表 . 选中项
                    在列表 取 global 成语列表
                    中的位置
     调用 对话框1 .显示消息对话框
                 消息 选择列表 选择列表 取 global 成语详细列表
                              中索引值为 取 global i
                              的列表项
                      中索引值为 2
                      的列表项
                 标题 “ 提示 ”
              按钮文本 “ 确定 ”
```

图9.24　改进后的查找和显示方法

9.4　“安安爱成语蓝牙联机版”案例演示

微视频
蓝牙对战模式演示

单机版只能一个人玩，但联机对战版可以支持两个人同时玩，一个人担当服务器角色，开启服务，等其他玩家加入。还有一个人担当客户端角色，连接上目标服务器后就可以对战了。蓝牙联机版的案例演示如图9.25所示。

（1）在主界面中点击“我做服务器”按钮后会进入服务器主界面。

（2）点击“我做客户机”按钮进入客户机主界面。

（3）服务器开启服务后，客户机点击“连接服务器”按钮后，选择蓝牙服务器。

（4）客户机连接上服务器后，标题会改变，等待服务器发来的成语。

（5）服务器端有客户机连接上后，标题会改变，可以发送第一条成语给客户机。

（6）服务器端会显示自己和客户机发送的所有成语。

（7）客户机会显示服务器和自己发送的所有成语。

在本例中，将通过蓝牙通信来实现两部移动终端之间的信息传递。由于有两种不同的玩家角色，因此需要不同的游戏屏幕和处理流程。下面将分别就服务器端和客户端进行论述。

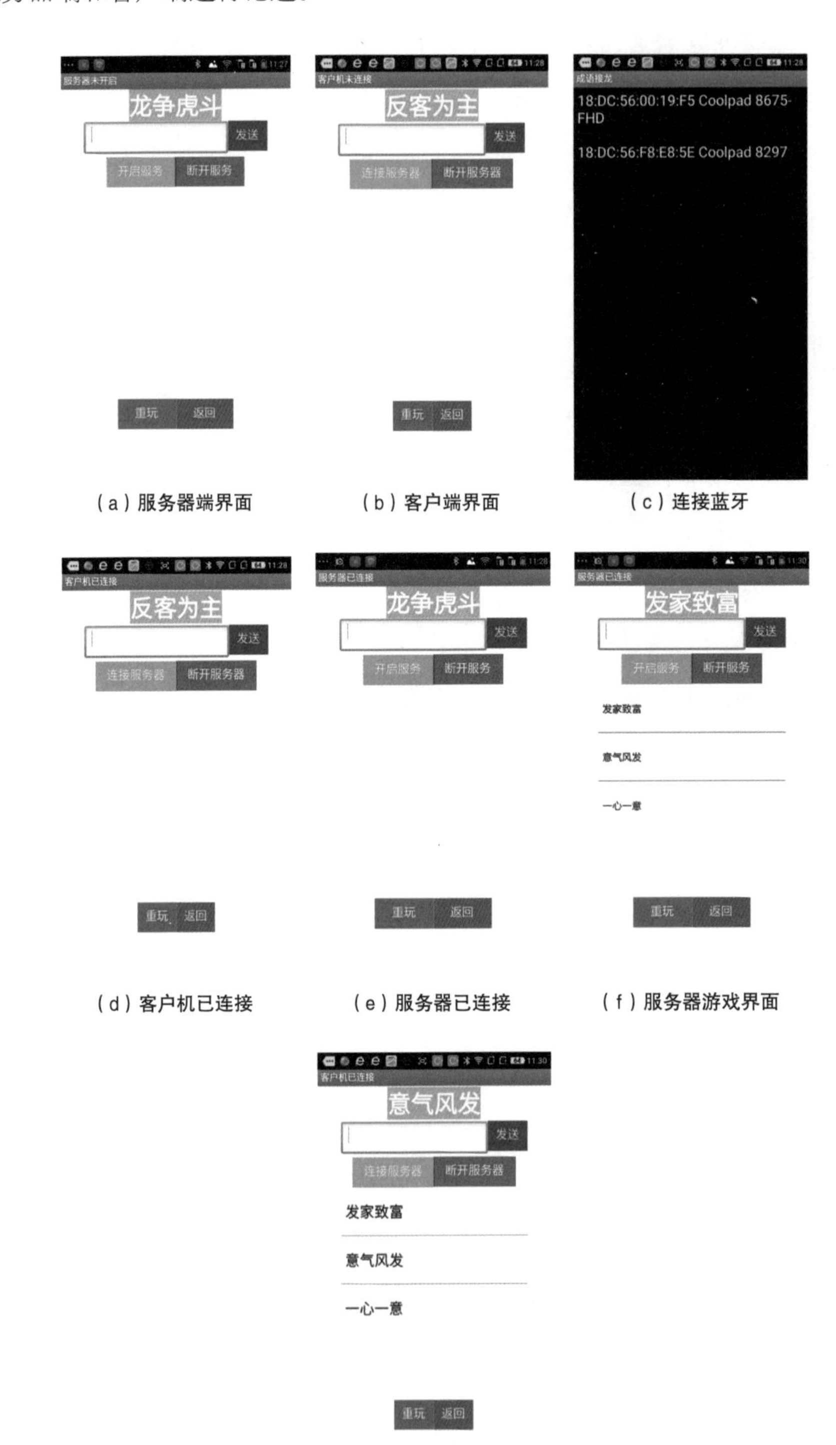

（a）服务器端界面　（b）客户端界面　（c）连接蓝牙

（d）客户机已连接　（e）服务器已连接　（f）服务器游戏界面

（g）客户机游戏界面

图 9.25　蓝牙联机版案例演示

9.5 “安安爱成语蓝牙联机版”服务器端组件设计

新建一个屏幕，命名为“Screen_Server”。按照图9.26所示添加所有需要的组件，按照表9.3所示设置所有组件的属性，完成Screen_Server组件设计。

微视频
蓝牙联机版组件设计讲解

图9.26　Screen_Server组件设计

表9.3　Screen_Server屏幕所有组件的说明及属性设置

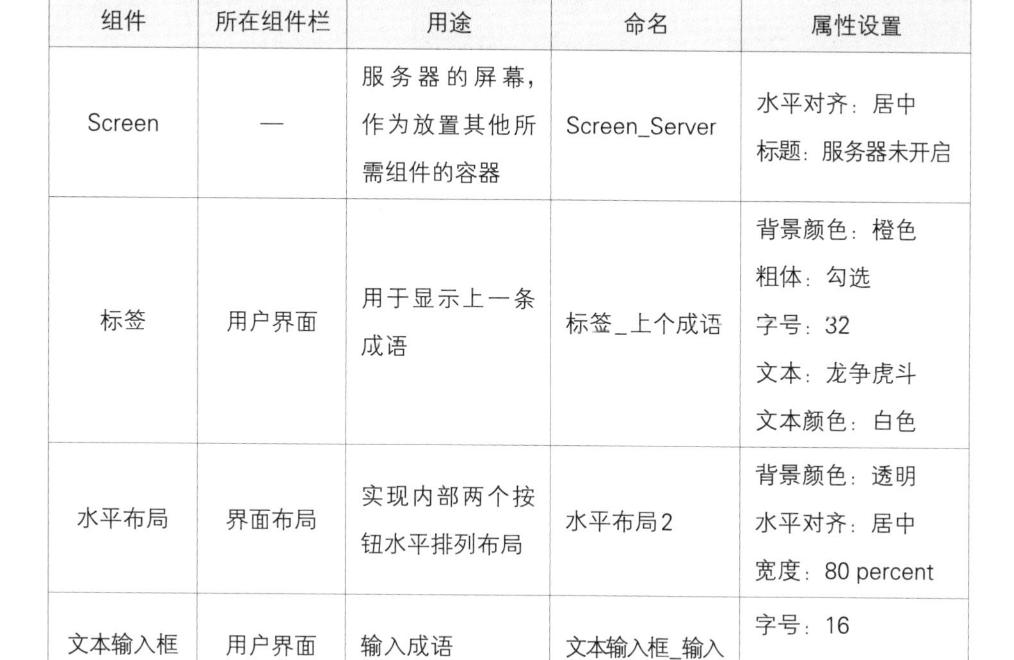

组件	所在组件栏	用途	命名	属性设置
Screen	—	服务器的屏幕，作为放置其他所需组件的容器	Screen_Server	水平对齐：居中 标题：服务器未开启
标签	用户界面	用于显示上一条成语	标签_上个成语	背景颜色：橙色 粗体：勾选 字号：32 文本：龙争虎斗 文本颜色：白色
水平布局	界面布局	实现内部两个按钮水平排列布局	水平布局2	背景颜色：透明 水平对齐：居中 宽度：80 percent
文本输入框	用户界面	输入成语	文本输入框_输入	字号：16 宽度：充满

续表

组件	所在组件栏	用途	命名	属性设置
按钮	用户界面	点击发送输入的成语	按钮_发送	背景颜色：蓝色 字号：16 文本：发送 文本颜色：白色
水平布局	界面布局	实现内部两个组件水平排列布局	水平布局1	背景颜色：透明 宽度：80 percent
按钮	用户界面	点击开启蓝牙服务器	按钮_开启服务	背景颜色：绿色 字号：16 宽度：30 percent 文本：开启服务 文本颜色：白色
按钮	用户界面	点击断开蓝牙服务	按钮_断开服务	背景颜色：红色 字号：16 宽度：30 percent 文本：断开服务 文本颜色：白色
列表显示框	用户界面	用于显示成语列表	列表显示框_成语列表	背景颜色：白色 元素字串：成语接龙 高度：50 percent 宽度：80 percent 文本颜色：黑色 TextSize：40
水平布局	界面布局	实现内部两个组件水平排列布局	水平布局3	背景颜色：透明
按钮	用户界面	点击重新开始	按钮_重玩	背景颜色：红色 字号：16 宽度：25 percent 文本：重玩 文本颜色：白色

续表

组件	所在组件栏	用途	命名	属性设置
按钮	用户界面	点击返回主屏幕	按钮_返回	背景颜色：品红 字号：16 宽度：25 percent 文本：返回 文本颜色：白色
蓝牙服务器	通信连接	用于蓝牙通信中作为服务器	蓝牙服务器1	
计时器	传感器	用于定时检测是否接收到信息	计时器1	启用计时：不勾选
文件管理器	数据存储	用于打开成语词典文件	文件管理器1	
对话框	用户界面	用于显示反馈信息	对话框1	

9.6 “安安爱成语蓝牙联机版”服务器端行为编辑

9.6.1 主界面打开屏幕

在主界面中主要是响应两个按钮的点击事件，分别打开相应的屏幕。具体代码模块如图9.27所示。这部分代码可以等Screen_Server和Screen_Client设计完成再编写。

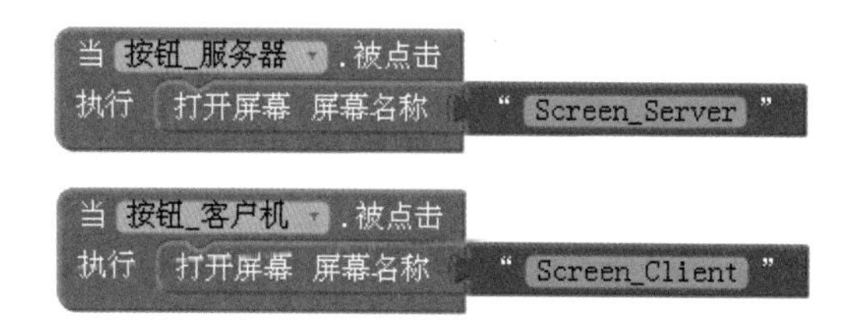

图9.27　Screen1的代码模块

9.6.2 服务器端开启服务

微视频
蓝牙服务器的开启和断开讲解

在服务器屏幕中点击“开启服务”按钮，将调用“蓝牙服务器”组件的“接受连接”方法，该方法带有一个参数“服务名”，如图9.28所示。

当蓝牙服务器接收到客户端的连接后，重设屏幕的标题为“服务器已连接”，起到提示作用，然后启用计时器，准备定时刷新接收到的数据，如图9.29所示。

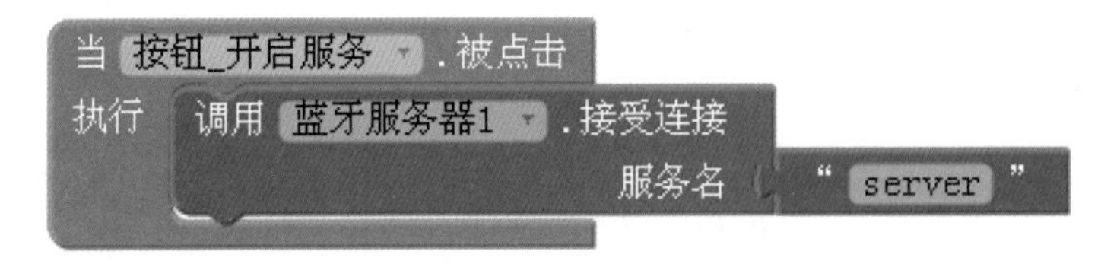

图9.28　开启服务模块

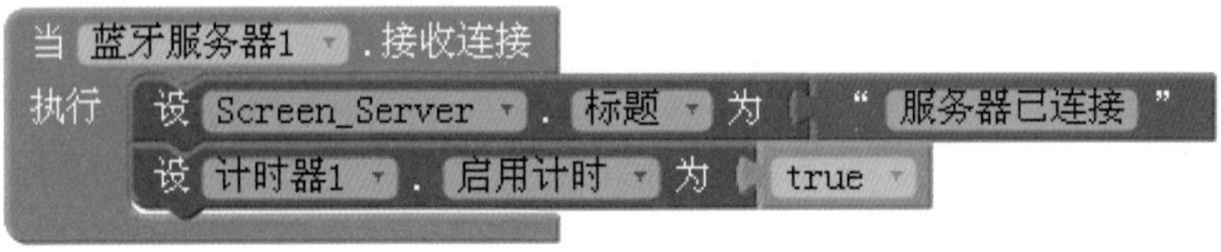

计时器组件在组件设计时不勾选“启用”属性。

当 蓝牙服务器1 .接收连接
执行 设 Screen_Server . 标题 为 “ 服务器已连接 ”
设 计时器1 . 启用计时 为 true

图9.29　接收连接模块

9.6.3　断开服务

如果不想继续游戏了，可以选择断开服务，此时蓝牙服务器将断开连接，并修改标题内容，同时停止计时器计时，如图9.30所示。

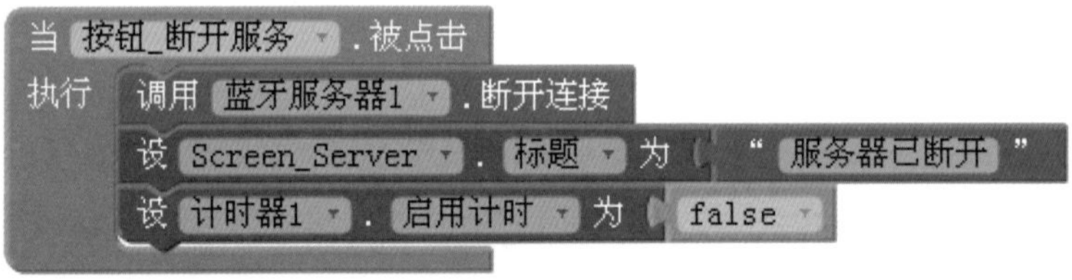

当 按钮_断开服务 .被点击
执行 调用 蓝牙服务器1 .断开连接
设 Screen_Server . 标题 为 “ 服务器已断开 ”
设 计时器1 . 启用计时 为 false

图9.30　断开模块

微视频
蓝牙数据发送和跨屏幕复制代码讲解

9.6.4　发送成语

当玩家输入词语后点击“发送”按钮时，与单机版的处理流程类似，首先要检查输入的词语是不是成语，如果是，再看是否符合成语接龙游戏规则，如果也符合，那么要把这条成语通过“蓝牙服务器”组件发送出去。其他处理也和前面的单机版相似，不再赘述。具体实现如图9.31所示。

与单机版的“检查是否接对了成语”过程稍有区别的是，蓝牙联机版的“检查是否接对了成语2”过程带有一个返回值，当返回值为true时说明符合游戏规则，否则返回值为false。具体过程定义模块如图9.32所示。

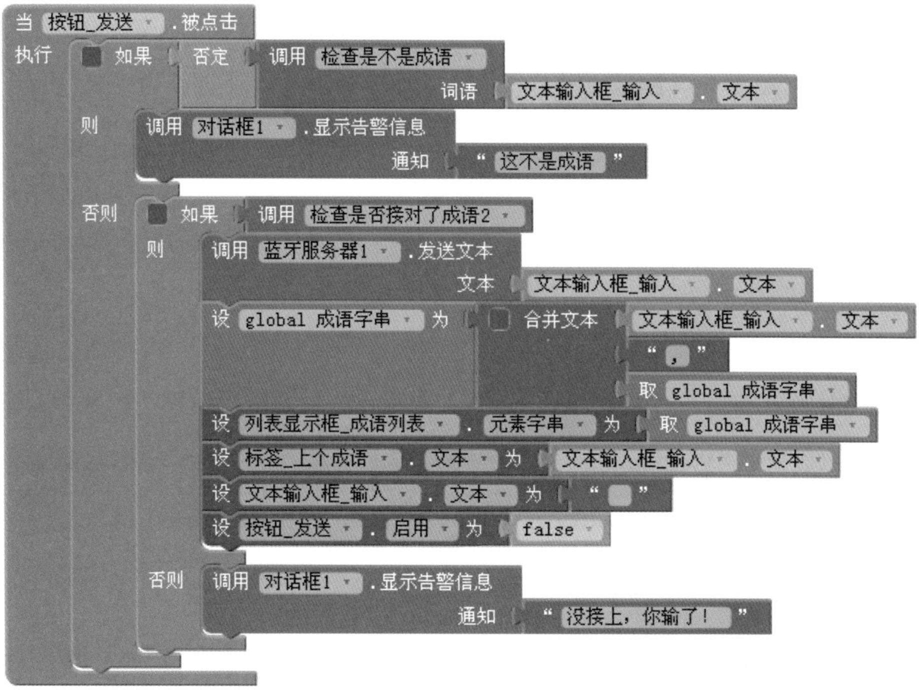

图 9.31　发送成语

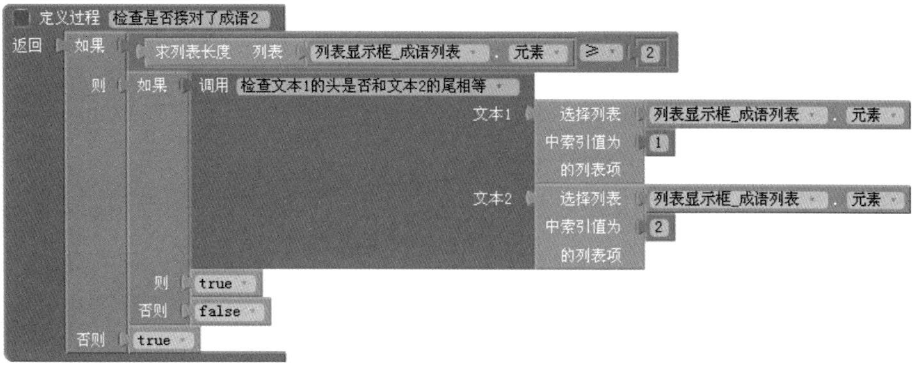

图 9.32　定义过程“检查是否接对了成语 2”

9.6.5　跨屏幕复制相同的代码模块

蓝牙联机版的实现和单机版的实现有非常多的代码是类似的，如果能复制一份进行修改会便捷很多。在App Inventor 2中，逻辑设计工作面板中的菜单项“复制代码块”只针对同一个屏幕内的代码复制有效，如果需要进行多个屏幕之间的跨屏幕代码复制，需要用到背包功能，如图9.33所示。

使用背包比较简单，只需把要跨屏复制的模块拖进背包，然后在另一个屏幕拖出来即可。

图9.33　背包

微视频
蓝牙数据的接收和显示讲解

9.6.6　接收来自客户端的信息

服务器端发出成语后，就要等待客户机返回所接的成语。这里通过计时器的“计时”时间来定期检查蓝牙服务器有没有接收到文本信息。如果有，则说明已经收到客户机传来的成语，要将其加入成语显示列表中。这时轮到服务器端接龙，因此要设置“发送”按钮为可用状态，这样才能继续游戏。代码模块如图9.34所示。

```
当 计时器1 .计时
执行 如果 蓝牙服务器1 . 连接状态
     则 如果 调用 蓝牙服务器1 .获取接收字节数 > 0
        则 设 global 客户端发来的成语 为 调用 蓝牙服务器1 .接收文本
                                              字节数 调用 蓝牙服务器1 .获取接收字节数
           设 global 成语字串 为 合并文本 取 global 客户端发来的成语
                                        “ , ”
                                        取 global 成语字串
           设 列表显示框_成语列表 . 元素字串 为 取 global 成语字串
           设 标签_上个成语 . 文本 为 取 global 客户端发来的成语
           设 按钮_发送 . 启用 为 true
```

图9.34　接收来自客户端信息的模块

9.6.7　其他模块

作为一个完整的游戏，还需要实现部分与单机版功能相同的代码。例如，在屏幕初始化时也需要把成语词典转换为列表装入，和图9.22所示相同；其他没有列出的自定义过程，如“检查是不是成语”和“检查文本1的头是否和文本2的尾相等”等也与单机版一样，这里都不再详细描述。

9.7　“安安爱成语蓝牙联机版”客户端组件设计

新建一个Screen，命名为“Screen_Client”。按照图9.35所示添加所有需要的组件，按照表9.4所示设置所有组件的属性，完成Screen_Client组件设计。

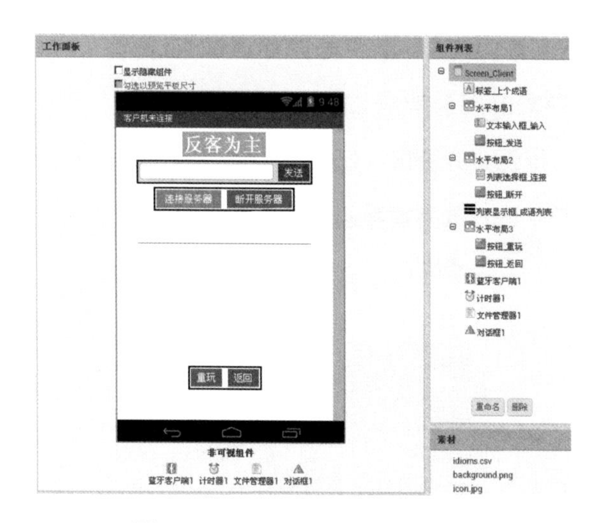

图9.35　Screen_Client 组件设计

表9.4　Screen_Client 屏幕所有组件的说明及属性设置

组件	所在组件栏	用途	命名	属性设置
Screen	—	客户机的屏幕，作为放置其他所需组件的容器	Screen_Client	水平对齐：居中 标题：客户机未连接
标签	用户界面	用于显示上一条成语	标签_上个成语	背景颜色：橙色 粗体：勾选 字号：32 文本：反客为主 文本颜色：白色
水平布局	界面布局	实现内部两个按钮水平排列布局	水平布局1	背景颜色：透明 水平对齐：居中 宽度：80 percent
文本输入框	用户界面	输入成语	文本输入框_输入	字号：16 宽度：充满
按钮	用户界面	点击发送输入的成语	按钮_发送	背景颜色：蓝色 启用：不勾选 字号：16 文本：发送 文本颜色：白色
水平布局	界面布局	实现内部两个组件水平排列布局	水平布局2	背景颜色：透明 宽度：80 percent

续表

组件	所在组件栏	用途	命名	属性设置
列表选择框	用户界面	点击选择连接蓝牙服务器	列表选择框_连接	背景颜色：绿色 字号：16 宽度：30 percent 文本：连接服务器 文本颜色：白色
按钮	用户界面	点击断开蓝牙服务器	按钮_断开	背景颜色：红色 字号：16 宽度：30 percent 文本：断开服务器 文本颜色：白色
列表显示框	用户界面	用于显示成语列表	列表显示框_成语列表	背景颜色：白色 元素字串：成语接龙 高度：50 percent 宽度：80 percent 文本颜色：黑色 TextSize：40
水平布局	界面布局	实现内部3个组件水平排列布局	水平布局3	背景颜色：透明
按钮	用户界面	点击重新开始	按钮_重玩	背景颜色：红色 字号：16 宽度：35 percent 文本：重玩 文本颜色：白色
按钮	用户界面	点击返回主屏幕	按钮_返回	背景颜色：品红 字号：16 宽度：35 percent 文本：返回 文本颜色：白色
蓝牙客户端	通信连接	用于蓝牙通信中作为客户端	蓝牙客户端1	

续表

组件	所在组件栏	用途	命名	属性设置
计时器	传感器	用于定时检测是否接收到信息	计时器 1	启用计时：不勾选
文件管理器	数据存储	用于打开成语词典文件	文件管理器1	
对话框	用户界面	用于显示反馈信息	对话框 1	

9.8 “安安爱成语蓝牙联机版”客户端行为编辑

微视频
客户端行为讲解

9.8.1 连接服务器

当用户点击“连接服务器”按钮时，在列表选择框的准备选择事件处理中会先通过“蓝牙客户端”组件获取可用于连接的蓝牙服务器地址和名称。当用户选择好服务器后，通过选择完成事件处理连接选中的蓝牙服务器，连上后给出相应提示，并启动计时器监测是否收到服务器发来的信息，如图9.36所示。

图 9. 36　连接服务器

9.8.2 发送词语

客户端的发送处理流程与服务器端类似，差异只是信息发送是通过蓝牙客户端进行的。具体代码如图9.37所示。

9.8.3 接收来自服务器的信息

接收来自服务器的信息处理也和服务器端类似，只是调用的是蓝牙客户端组件，如图9.38所示。

其他代码和服务器端类似，不再赘述。

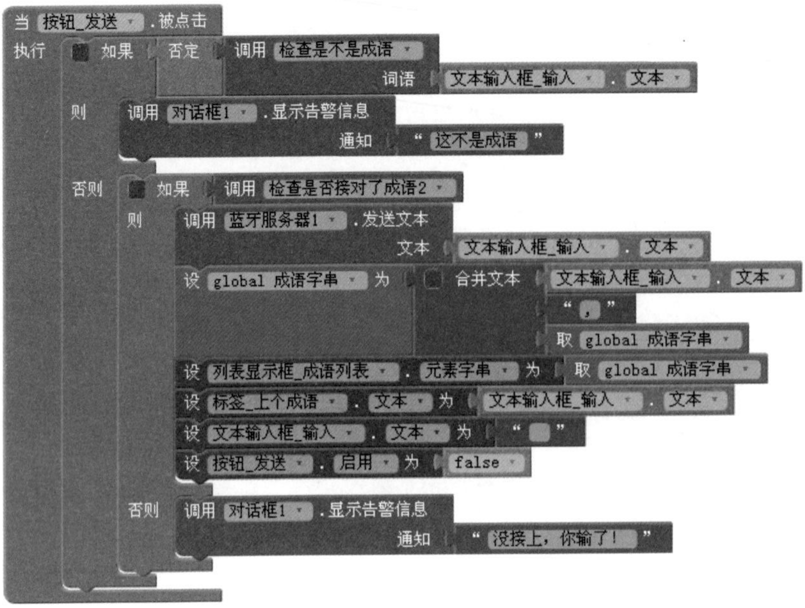

图 9.37 客户端的发送功能实现

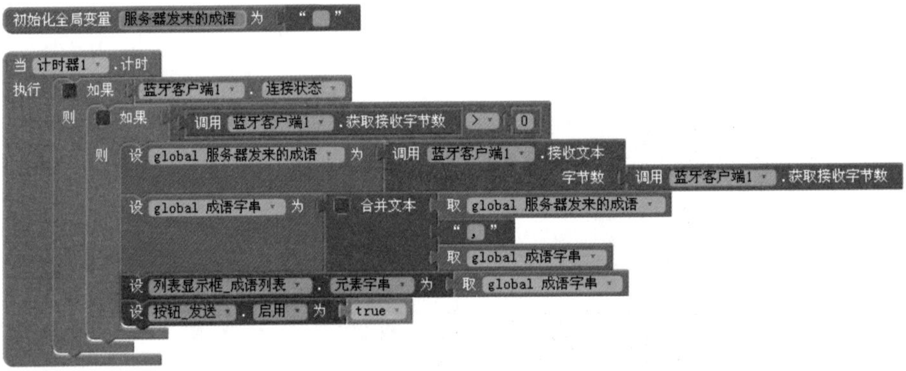

图 9.38 客户端的接收信息实现

练习与思考题

1. 在App Inventor中开发多屏幕App时，默认建立的Screen1屏幕是运行时第一个显示出来的主屏幕，如果想在App运行时让用户最早看到的是Screen2，用什么办法？
2. csv文件有什么特点？把csv文件转换为列表时是按什么规律进行的？
3. 在数据量比较大的情况下，有什么方法能快速定位某条信息？
4. 在多屏幕App中，一个屏幕中定义的变量和过程在另一个屏幕中能直接使用吗？如果想复用其他屏幕中的模块，该怎么做？
5. 除了蓝牙通信，还有什么方式可以让两部手机进行通信和数据交换？

实验

1. 行动起来，根据“安安爱成语”App 的教程，自己动手实践一遍，感受整个过程。

2. 在“安安爱成语”App 的基础上，增加一些功能，例如：

（1）增加接龙次数统计，显示接了多少个成语。

（2）增加计时功能，统计花了多少时间。

（3）增加时限判输赢功能，如果 30 s 内没有正确接上，就判定为输。

3. 开发一个“掷骰子比赛（蓝牙联机对战版）”App，具体要求如下。

（1）两部手机可以通过蓝牙连接通信。

（2）服务器方先开始，晃动手机，一个骰子在旋转，然后停下来，显示点数（1 ~ 6 点），并把该点数发送给客户机。

（3）客户机方收到服务器方的点数，开始本机的掷骰子。

（4）根据双方点数的大小确定游戏结果，并在双方手机上显示。

（5）可以重新开始玩游戏。

第10章
安安爱旅游

本章以“安安爱旅游”小应用为例，主要展示如何在App Inventor中应用地图、方位传感器、相机、网络微数据库等组件，实现地图定位、复杂结构的数据网络化访存、拍照等功能。

本章要点

（1）使用传感器制作指南针。

（2）使用Activity启动器组件调用地图。

（3）使用列表实现复杂数据结构。

（4）使用网络微数据库组件存储和访问远端数据。

（5）调用相机并存储照片。

教学课件
第10章教学课件

微视频
“安安爱旅游”App
运行演示

案例apk
“安安爱旅游”apk
安装文件

10.1 “安安爱旅游”案例演示

“安安爱旅游”案例演示如图10.1所示。

（1）显示指南针和地理位置信息。

（2）进入Web方式访问的百度地图。

（3）显示预设的3个热门景点列表选择框。

（4）如果手机上有多个地图App，提示选择通过哪个来打开景点地图。

（5）通过“高德地图”App查看杭州西湖。

（6）旅游日记本的用户登录界面。

（7）进入旅游日记本后，打开写日记的主界面。

（8）可以取回网络日记，浏览已有日记到最后一篇时给出提示。

（9）调用摄像头拍照。

由于“安安爱旅游”App要调用其他软件所提供的功能，因此需要至少预先安装一个可被调用的地图App，比如百度地图、腾讯地图等，Android手机一般都会预装一款地图App。安装完成后，打开移动网络和GPS，运行软件。

如图10.1所示，App首页可以看到指南针的功能。为保证指南针精确显示，最好让设备水平摆放。

（a）首页

（b）旅游地图

（c）热门景点

（d）选择地图 App　　（e）“高德地图” App　　（f）旅游日记

（g）写日记　　（h）浏览日记　　（i）旅游照片

图 10.1　“安安爱旅游”案例演示

微视频
组件设计讲解

10.2　“安安爱旅游”组件设计

10.2.1　素材准备

通过以上案例展示，读者可以对界面、交互和行为都有所了解。为了实现这个效果，需要准备的素材为两张图片：Campass.png（指南针图片）、icon.jpg（图标图片），如图10.2所示。这些素材可以在本案例实验资源包中找到，也可以换成自己喜欢的图像文件。

案例素材
“安安爱旅游” App
的素材资源文件包

图 10.2 “安安爱旅游”资源文件

10.2.2 设计界面

登录开发网站后，新建一个项目，命名为“Travel”。把项目要用到的素材上传到开发网站后，就可以开始设计用户界面了。

按照图10.3所示添加所有需要的组件，按照表10.1所示设置所有组件的属性。

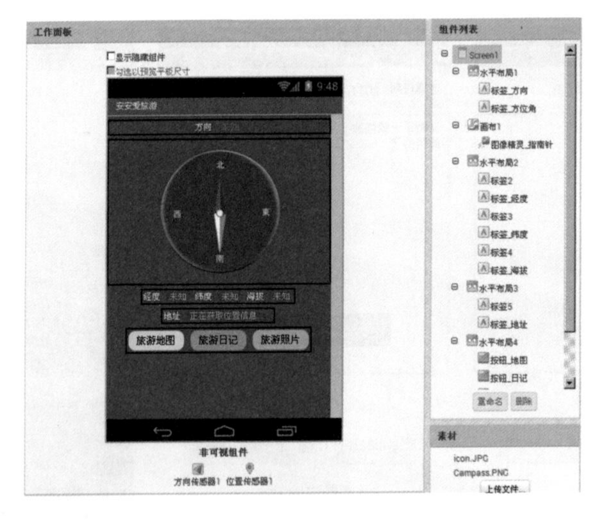

图 10.3 “安安爱旅游”界面设计

表 10.1 所有组件的说明及属性设置

组件	所在组件栏	用途	命名	属性设置
Screen	—	应用默认的屏幕，作为放置其他所需组件的容器	Screen1	水平对齐：居中 AppName：安安爱旅游 背景颜色：蓝色 图标：icon.jpg 标题：安安爱旅游

续表

组件	所在组件栏	用途	命名	属性设置
水平布局	界面布局	将组件按行排列	水平布局1	水平对齐：居中 背景颜色：透明 宽度：充满
标签	用户界面	用于提示方向	标签_方向	文本颜色：白色 文本：方向
标签	用户界面	用于显示方位角的值	标签_方位角	文本颜色：品红 文本：未知
画布	绘图动画	用于放置指南针图像的容器	画布1	背景颜色：透明 高度：200像素 宽度：充满
图像精灵	绘图动画用户界面	用于显示指南针图像	图像精灵_指南针	高度：180像素 宽度：180像素 图片：Campass.png
水平布局	界面布局	将组件按行排列	水平布局2	背景颜色：透明
标签	用户界面	用于提示经度	标签2	文本颜色：白色 文本：经度
标签	用户界面	用于提示经度值	标签_经度	文本颜色：橙色 文本：未知
标签	用户界面	用于提示纬度	标签3	文本颜色：白色 文本：纬度
标签	用户界面	用于提示纬度值	标签_纬度	文本颜色：橙色 文本：未知
标签	用户界面	用于提示海拔	标签4	文本颜色：白色 文本：海拔
标签	用户界面	用于提示海拔值	标签_海拔	文本颜色：橙色 文本：未知
水平布局	界面布局	将组件按行排列	水平布局3	背景颜色：透明
标签	用户界面	用于提示地址	标签5	文本颜色：白色 文本：地址

续表

组件	所在组件栏	用途	命名	属性设置
标签	用户界面	用于提示地址值	标签_地址	文本颜色：橙色 文本：正在获取位置信息…
水平布局	界面布局	将组件按行排列	水平布局4	背景颜色：透明
按钮	用户界面	用于打开地图屏幕	按钮_地图	背景颜色：黄色 字号：16 形状：圆角 文本：旅游地图
按钮	用户界面	用于打开日记屏幕	按钮_日记	背景颜色：绿色 字号：16 形状：圆角 文本：旅游日记
按钮	用户界面	用于打开拍照屏幕	按钮_照片	背景颜色：青色 字号：16 形状：圆角 文本：旅游照片
方向传感器	传感器	用于接收方向改变信息	方向传感器1	默认
位置传感器	传感器	用于接收位置改变信息	位置传感器1	默认

10.3 “安安爱旅游”行为编辑

微视频
实现指南针讲解

10.3.1 实现指南针

指南针是中国的四大发明之一。有了智能手机，可以很方便地通过App Inventor在手机上开发一个电子指南针。

实现指南针主要依赖两个组件：方向传感器和图像精灵。在第6章“安安历险记”中已经初步接触过方向传感器组件。方向传感器可以提供手机相对于地球的方位数据，包括旋转角、倾斜角、方位角等，指南针的实现主要依赖于方位角的值。当手机水平放置，手机绕着与屏幕垂直的中心线转过的角度就是方位角的值。0°表示手机头部朝向正北，随着顺时针旋转值增大，90°表示朝向正东，180°表示朝向正南，270°表示朝向正西，如图10.4所示。

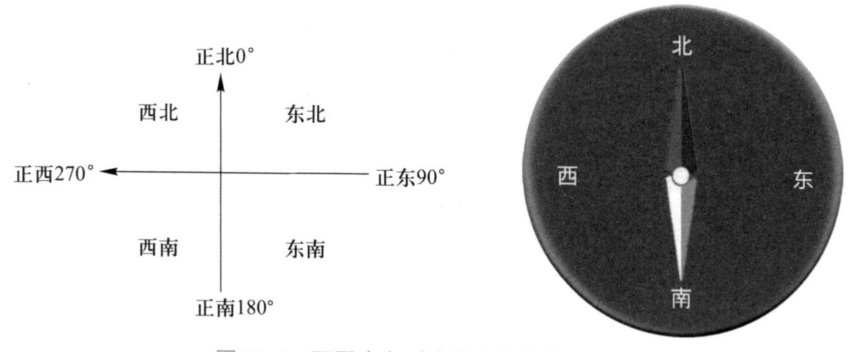

图 10. 4　不同方向对应的方位角值

实现指南针随方向旋转的效果其实就是根据方位角的值动态调整指南针图像精灵旋转的角度，这可以通过设置图像精灵的“方向”属性来实现。

为了增强用户友好性，指南针上方还给出了具体的方向描述和度数。由于设备的空间传感器非常灵敏，方位角值严格等于0°、90°、180°、270°的可能性极小，因此设定了一个［−3, +3］区间内的方向描述范围，具体如表10.2所示。

表 10. 2　不同方位对应的方位角值

方向描述	正北	东北	正东	东南
方位角值	［357, 360］或［0,3］	［3, 87］	［87, 93］	［93, 177］
方向描述	正南	西南	正西	西北
方位角值	［177, 183］	［183, 267］	［267, 273］	［273, 357］

具体实现代码模块如图10.5所示。由于需要判断的组合比较多，这里只列出了3种判断，其余5种判断省略。

App界面中还显示了经纬度、海拔等信息，以及具体的地址信息。这些信息都是通过位置传感器获取的。

位置传感器是提供位置信息的非可视化组件，提供的信息包括纬度、经度、高度（如果设备支持）及街区地址，也可以实现“地理编码”，即将地址

```
当 方向传感器1 .方向被改变
  方位角 倾斜角 翻转角
执行 设 图像精灵_指南针 . 方向 为 取 方位角 + 0
     如果 取 方位角 ≥ 87 并且 取 方位角 ≤ 93
     则 设 标签_方向 . 文本 为 "东"
        设 标签_方位角 . 文本 为 取 方位角 - 90
     如果 取 方位角 > 3 并且 取 方位角 < 87
     则 设 标签_方向 . 文本 为 "东北"
        设 标签_方位角 . 文本 为 取 方位角 - 0
     如果 取 方位角 > 93 并且 取 方位角 < 177
     则 设 标签_方向 . 文本 为 "东南"
        设 标签_方位角 . 文本 为 取 方位角 - 90
```

图 10.5　指南针旋转和方向描述实现

如果手机的定位服务刚启动，定位当前位置一般需要花费几分钟时间。如果App此时请求经度、纬度、当前地址或者其他任何位置数据，App Inventor只会报告Unavailable（不可用）。建议通过使用“经纬度数据状态”属性来检查位置传感器是否已经定位到当前位置。

信息转换为纬度（用通过地址求纬度方法）及经度（用通过地址求经度方法）。要正确获取地理位置信息，组件的“启用”属性值必须为真，而且需要开启设备的位置信息访问权限，手机会自动通过GPS、通信基站或WiFi自动定位。

具体实现代码如图10.6所示。

```
当 位置传感器1 .位置被更改
  纬度 经度 海拔 速度
执行 如果 位置传感器1 . 经纬度数据状态
     则 设 标签_经度 . 文本 为 取 经度
        设 标签_纬度 . 文本 为 取 纬度
        设 标签_地址 . 文本 为 位置传感器1 . 当前地址
     如果 位置传感器1 . 海拔数据状态
     则 设 标签_海拔 . 文本 为 取 海拔
```

图 10.6　显示当前地理位置信息

10.3.2　旅游地图

微视频
地图组件设计讲解

新建一个屏幕，取名为“Screen_Maps”。其组件设计如图10.7所示，详细组件属性设置如表10.3所示。

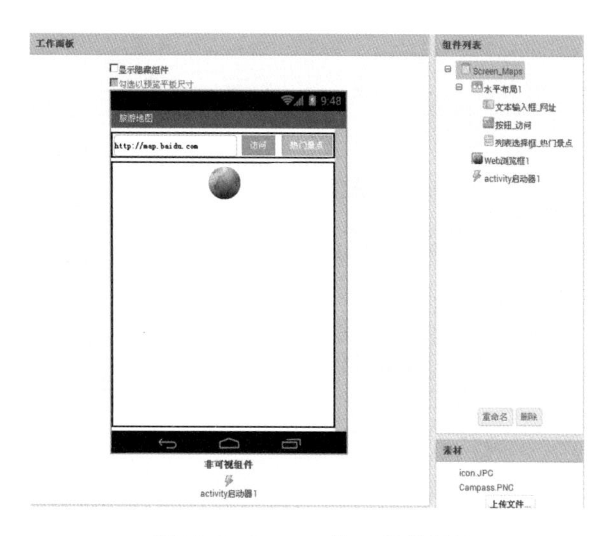

图 10.7　Screen_Maps 组件设计

表 10.3　所有组件的说明及属性设置

组件	所在组件栏	用途	命名	属性设置
Screen	—	应用默认的屏幕，作为放置其他所需组件的容器	Screen_Maps	水平对齐：居中 标题：旅游地图
水平布局	界面布局	将组件按行排列	水平布局 1	水平对齐：居中 背景颜色：透明 宽度：充满
文本输入框	用户界面	输入网址	文本输入框 _ 网址	宽度：充满 提示：请输入网址 http:// 文本：http://map.baidu.com
按钮	用户界面	用于访问网站	按钮 _ 访问	背景颜色：绿色 文本颜色：白色 文本：访问
列表选择框	用户界面	用于展示热门景点	列表选择框 _ 热门景点	颜色：橙色 文本颜色：白色 文本：热门景点

续表

组件	所在组件栏	用途	命名	属性设置
Web 浏览框	用户界面	用于显示方位角的值	Web 浏览框 1	首页地址：http://map.baidu.com 允许使用位置信息：勾选
Activity 启动器	通信连接	用于启动其他 App	activity 启动器 1	Action：android.intent.action.VIEW

微视频
地图功能实现讲解

1. 访问地图的实现

在App Inventor中使用地图一般有两种途径：一种是网页方式，通过Web浏览框实现；另一种是使用Activity启动器组件调用已经安装在手机中的地图App。

（1）通过网页方式访问地图。

使用Web浏览框类似于在浏览器中打开地图，只需将URL链接地址传递给Web浏览框组件的GoToUrl方法，就可以在Web浏览器中访问地图。在本例中，在设计阶段把Web浏览框的“首页地址”属性设置为http://map.baidu.com，进入该页面时的显示效果如图10.1（b）所示。在Web浏览框中显示的地图页面的使用方法和采用浏览器打开地图网页的方法一致。

如果用户想通过Web浏览框作为内嵌的浏览器访问其他网址，只需动态地设置Web浏览框的“访问网页”过程中的“网址”属性。在本例中，当“访问”按钮被点击时，执行的代码如图10.8所示。

图 10.8　Web 浏览框访问网页

（2）通过地图App访问地图。

图10.7所示的界面中有一个“热门景点”按钮，这实际上是一个列表选择框，可以通过点击列表选择框中的景点名称直接调用地图App来定位该景点。运行效果如图10.1（c）~图10.1（e）所示。

在实现过程中，首先定义两个列表变量：“热门景点列表”和“热门景点地图URI列表”，分别存放显示出来的景点名称和这些景点对应的URI（uniform resource identifier，统一资源标识）。如图10.9所示，这些URI值的含义是通过地址来查询景点在地图中的位置，具体在表10.4中详细说明。

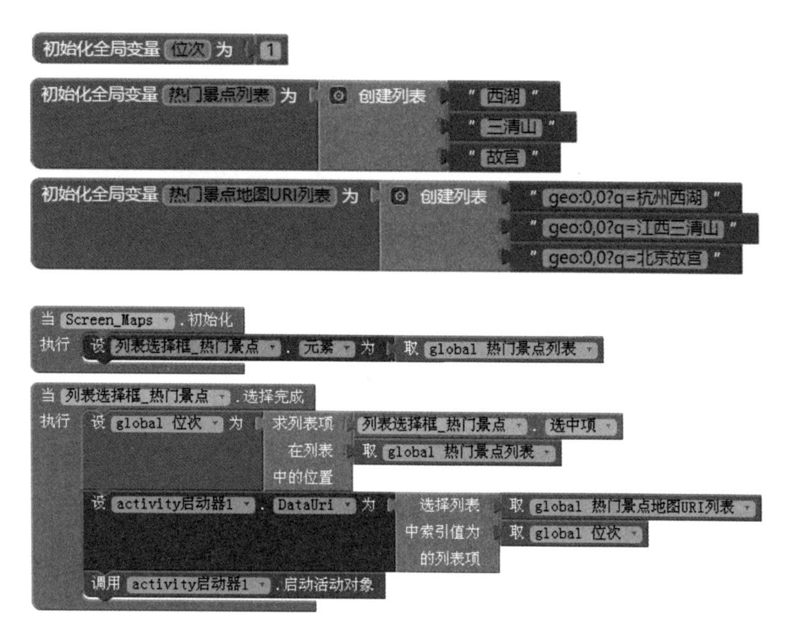

图 10.9　通过Activity启动器访问地图App

当屏幕初始化时，把列表选择框组件的“元素”属性值设置为“热门景点列表”变量，实现景点列表的动态加载。当用户点击某个景点名称后，会触发列表选择框的“选择完成”事件，进入相应的事件处理器。先求出点击的是哪一个景点，把位置值存入“位次”变量，然后求出相应景点的URI，把URI赋给Activity启动器组件的DataUri属性，最后调用“启动活动对象”过程来实现地图App的调用。

2. 使用地图App

要激活Android手机中的另外一个App，当前App必须向Android操作系统发出一个特别的信号，这个信号称为Intent（意图）。Intent是一个处理某事件的请求。操作系统将该信息传给知道如何处理它的App。

大多数Android手机都会预先安装某个地图App，如Google地图、百度地图、腾讯地图等，这和具体的手机品牌有关。当Android操作系统接收到一个带有地理数据的Intent时，就会激活能处理这些地理数据的App，通常就是地图类App。如果手机中能够处理地理数据的App只有一个，那么就会直接启动这个App。但如果手机中安装了多个知道如何处理地理数据的App，那么系统会询问用户想要选择哪个App来处理。如图10.1（d）所示，手机中的“百度地图”App和“高德地图”App都能处理，这时需要用户选择启用哪一个App。

在App Inventor中，为了生成Intent信号，需要使用Activity启动器组件。Activity启动器有两个主要属性需要设置：Action和DataUri。在本例中，在设计阶段已经将Action属性设置为android.intent.action.VIEW，也就是将Intent的动作指定为View动作。这意味着无论将什么样的数据传给DataUri，都能在适当的App中查看它。本例赋给DataUri的是用户选中的某个热门景点的地理信息，数据模式是“geo:0, 0?q=address”。这里“geo”标签表明这是一个地理信息。此外，“geo”标签还支持另外3种数据模式（参见表10.4，其中列出了所有数据模式以及代码示例）。表中最常用的是第一、二种方法，它们分别通过坐标和地址进行查找。

表 10.4　向地图App传递位置数据的4种方法

数据模式	描述	代码示例
geo:0,0?q=address	展示给定街道地址的位置	geo:0,0?q=北京故宫
geo:lat,long	展示给定纬度和经度的地图	geo:30.334 266,120.162 358
geo:lat,long?z=zoom	与前一项类似，但指定了某个缩放级别。缩放级别1展示整个地球。最清晰的缩放级别是23	geo:30.334 266,120.162 358?z=16
geo:0,0?q=lat,long(label)	展示给定的纬度和经度，并在该点上添加一个文本标签	geo:0,0?q=30.334 266,120.162 358（浙江大学城市学院北校区）

10.3.3　日记用户注册和登录功能

在旅游过程中写日记，随手记录一些备忘录是一个不错的想法。在第7章“安安的通讯小助手”中已经学习过怎样利用“微数据库”组件和“文件管理器”组件来实现持久化存储，在手机中记录和读取信息。但这些信息都是保存在本地的，换了一台设备后就无法再读取以前的记录了。如果这些数据能像正在编辑的App Inventor项目那样保存在网络中，并能在更换设备后正常读取就好了。本例将把旅游日记的信息存在网上，并重点讲解“网络微数据库”组件的使用。

1. 日记用户登录组件设计

微视频
日记用户登录组件设计讲解

新建一个屏幕，取名为“Screen_Login”，具体组件设计效果如图10.10所示，详细参数如表10.5所示。

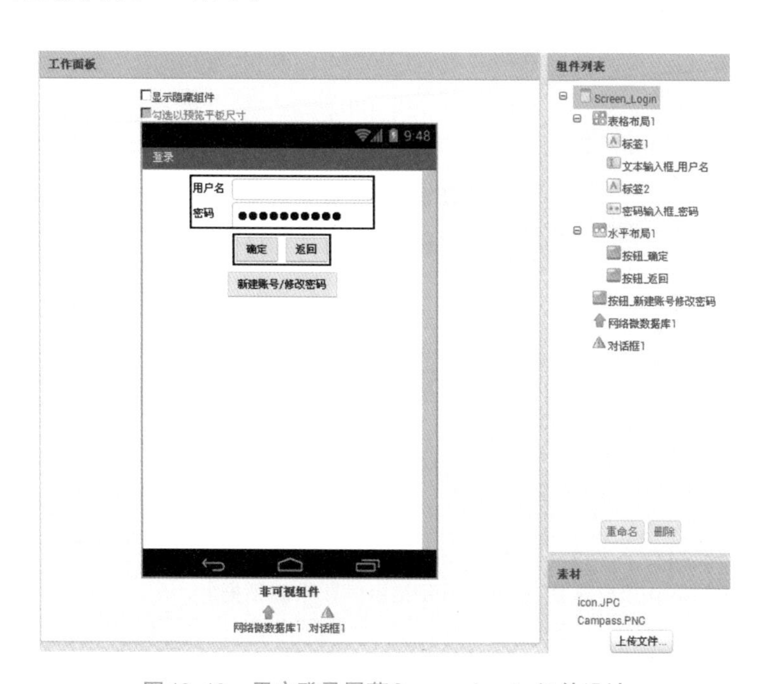

图 10. 10　用户登录屏幕Screen_Login组件设计

表 10. 5　所有组件的说明及属性设置

组件	所在组件栏	用途	命名	属性设置
Screen	—	应用默认的屏幕，作为放置其他所需组件的容器	Screen_Login	水平对齐：居中 标题：登录

续表

组件	所在组件栏	用途	命名	属性设置
表格布局	界面布局	将组件按行列排列	表格布局1	列数：2 行数：2
标签	用户界面	用于提示用户名	标签1	文本：用户名
文本输入框	用户界面	输入用户名	文本输入框_用户名	宽度：充满 提示：请输入用户名
标签	用户界面	用于提示密码	标签2	文本：密码
密码输入框	用户界面	用于输入密码	密码提示框_密码	
水平布局	界面布局	将组件按行排列	水平布局1	背景颜色：透明
按钮	用户界面	用于提交用户名和密码信息	按钮_确定	文本：确定
按钮	用户界面	用于返回主屏幕	按钮_返回	文本：返回
按钮	用户界面	用于新建或者修改用户名和密码信息	按钮_新建账号修改密码	文本：新建账号/修改密码
网络微数据库	数据存储	用于存储和访问远程网络数据	网络微数据库1	服务地址：http://tinywebdb.gzjkw.net/db.php?user=ai2mooc&pw=appinventor&v=1
对话框	用户界面	用于显示提示信息	对话框1	

密码输入框类似于文本输入框，但输入的文本内容始终显示为*，以防止被他人看到，起到保密作用。

2. “网络微数据库”组件和服务

通过“网络微数据库”组件能存取网络远端服务器中的数据，这样用户存取的数据就不局限于本地手机了，也为数据的多用户共享提供了基础。使用网络微数据库并不复杂，但由于网络访问限制问题，App Inventor中的“网络微数据库”组件默认访问的服务地址http://appinvtinywebdb.appspot.com在国内并不可用，因此无法正常实现数据的网络访存功能。

本例所用到的服务地址是在App Inventor的广州服务器中创建的。创建网络微数据库的网址为http://tinywebdb.gzjkw.net。这里创建的网络微数据库（tinywebdb）是相对独立的，一个用户所存储的标签和他人的标签是隔离的，不用担心存储的数据会被他人覆盖。具体使用时，只需将“网络微数据库”组件的“服务器地址”属性设为“http://tinywebdb.gzjkw.net/db.php?user=创建时填写的用户名&pw=创建时填写的密码&v=1”即可。例如，用户名为ai2mooc，密码为appinventor，则“服务器地址”为“http://tinywebdb.gzjkw.net/db.php?user=ai2mooc&pw=appinventor&v=1”。

此外，用户也可以根据需要自行搭建私有的网络存储服务，例如在新浪SAE上搭建网络数据访存服务，具体搭建方法见附录A。搭建好后，把网络微数据库的服务地址设为所搭建的应用服务地址即可。

3. 新建账号和修改密码

“网络微数据库”组件存放数据的模式和“微数据库”组件一样，也是采用“键-值”对的模式（即“标签-存储值”对）。但由于数据是存放于远程网络的，存取都需要一些时间，因此网络微数据库的存取需要设置为异步模式。

微视频
日记用户登录
功能实现讲解

如果是第一次使用日记本功能，需要新建账号和密码，调用网络微数据库的“保存数值”过程即可。“保存数值”过程有两个参数槽，分别是“标签”和“存储值”。当数值存储完成时会触发“数值存储完毕”事件，在这个事件处理器中显示一个通知信息，以增加用户友好性。具体代码模块如图10.11所示。

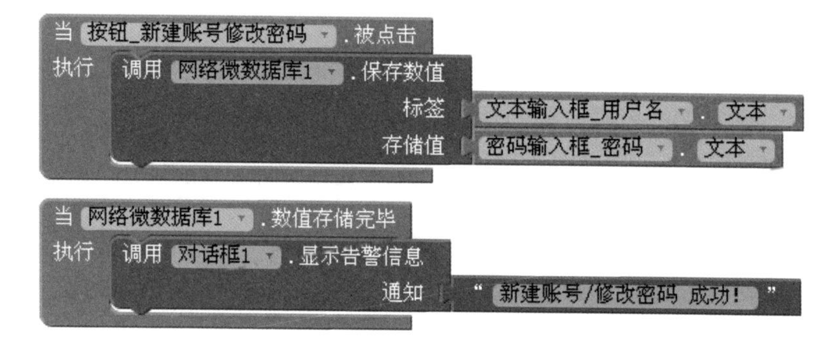

图 10. 11　新建账号和修改密码代码模块

"网络微数据库"组件的"保存数值"过程执行时，如果标签在数据库内不存在，则会新建这个标签和存储值的键值对。但如果标签已经存在，则会用新的存储值覆盖原来的值。因此当按钮被点击时，如果账号不存在，就会新建账号、密码，否则会修改相应账号的密码。

4. 检查账号和密码

在本例中，当用户点击"确定"按钮时，将调用"网络微数据库"组件的"获取数值"过程，通过"标签"参数槽拼接进的值通过远程网络读取该标签所对应的数值。调用该过程后，"网络微数据库"组件会监测是否获取到了数值。一旦有数值被获取到，就进入"获取数值"事件处理器中，根据返回的网络数据库数值和密码是否匹配来确定是进入详细的日记屏幕（Screen_Daily）还是给出账号密码不对的提示信息。具体代码模块如图10.12所示。

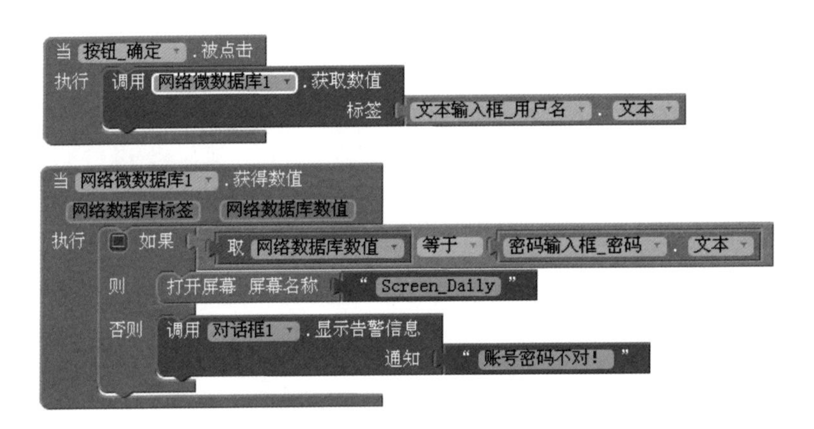

图 10. 12　检查账号和密码代码模块

5. 网络微数据库的安全性

App Inventor中的网络微数据库虽然使用起来非常简单便捷，但是它不够安全，因为无须密码就可以访问。不管是谁建立的数据服务，只要知道服务地址就可以访问，因此绝不能把敏感信息存放在网络微数据库中。也许有人会说，把标签设置得很复杂，这样别人不知道标签是什么，就不能访问对应的存储值了。这个想法虽有一定道理，但并不总能成立，因此最好还是不要冒险。

出于安全性的考虑，"网络微数据库"组件并没有像"微数据库"组件那样提供"清除数据""获取标签"方法，所以一旦把某个标签写入网络微数据库，就不能删除了。如果真的不需要某标签，只能把标签对应的存储值修改为无意义的值。当然，如果忘记了写过哪些标签，也就没办法再获取回来了。

对于安全性要求较高的App，数据还是应该存放在手机内，通过“微数据库”组件进行存取。由于其他人无法访问到手机内存放的数据，所以安全性相对更高。

10.3.4　日记本功能

微视频
日记本的组件设计讲解

新建一个屏幕，取名为“Screen_Daily”，具体组件设计效果如图10.13所示，详细参数如表10.6所示。

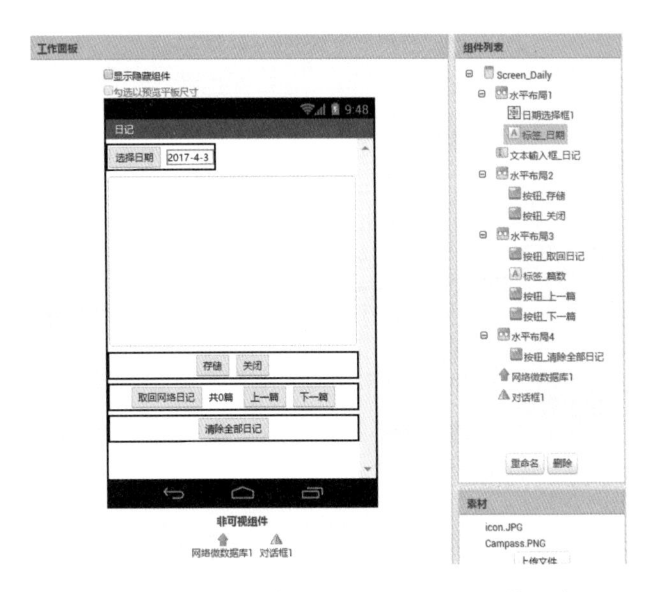

图10.13　日记详情屏幕Screen_Daily组件设计

表10.6　Screen_Daily组件的说明及属性设置

组件	所在组件栏	用途	命名	属性设置
Screen	—	应用默认的屏幕，作为放置其他所需组件的容器	Screen_Daily	标题：日记
水平布局	界面布局	将组件按行排列	水平布局1	背景颜色：透明
日期选择框	用户界面	用于选择日期	日期选择框1	文本：选择日期
标签	用户界面	用于显示日记的日期	标签_日期	文本：2017-4-3
文本输入框	用户界面	输入日记内容	文本输入框_日记	高度：50 percent 提示：请在此输入日记… 允许多行：勾选

续表

组件	所在组件栏	用途	命名	属性设置
水平布局	界面布局	将组件按行排列	水平布局2	背景颜色：透明
按钮	用户界面	用于提交输入的日记内容	按钮_存储	文本：存储
按钮	用户界面	用于关闭本屏幕	按钮_关闭	文本：关闭
水平布局	界面布局	将组件按行排列	水平布局3	背景颜色：透明
按钮	用户界面	用于取回网络中存储的所有日记	按钮_取回日记	文本：取回网络日记
标签	用户界面	用于显示所有的日记篇数	标签_篇数	文本：共0篇
按钮	用户界面	用于显示上一篇日记	按钮_上一篇	文本：上一篇
按钮	用户界面	用于显示下一篇日记	按钮_下一篇	文本：下一篇
网络微数据库	数据存储	用于存储和访问远程网络数据	网络微数据库1	服务地址：http://tinywebdb.gzjkw.net/db.php?user=ai2mooc&pw=appinventor&v=1
对话框	用户界面	用于显示提示信息	对话框1	

微视频
日记本的功能实现讲解

1. 选择日记日期

通过“日期选择框”组件来选择日期，这样比让用户直接在文本输入框中输入日期要方便得多，并且能保证日期的格式统一，不容易出错，比如出现2017-2-30这样无效的日期。日期选择框运行时的效果如图10.14所示。

通过合成日期选择框的年度、月份和日期3个属性值，得到日期标签的文本值。具体代码模块如图10.15所示。

2. 设计日记的数据结构

一篇日记由两部分构成：日期和内容，这两部分可以放在一个列表中。而多篇日记也是一个列表，其中的每个列表项为一个日记列表。为此定义两个列表类型的全局变量：“当前日记”和“全部日记”，如图10.16所示。

当新增一篇日记时，先把日期和日记内容作为两个单元项加入“当前日

图 10. 14　“日期选择框”组件运行效果

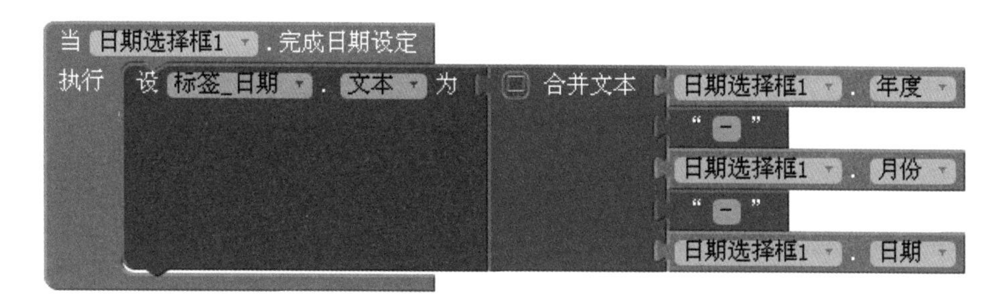

图 10. 15　合成日期标签文本

图 10. 16　定义两个列表类型全局变量

记”列表变量中，然后把“当前日记”变量值作为一个列表单元项加入“全部日记”列表变量中，最后把“全部日记”变量值存入网络微数据库中，标签设为“某人的日记”，如图 10.17 所示。

尽管“全部日记”变量的结构很复杂，不是简单的一个数字或者文本，但也同样可以通过网络微数据库进行存取。另外，图片、声音文件等一般也可以存入网络微数据库中（注：是否支持取决于网络微数据库组件访问的服务，默认的服务 http://appinvtinywebdb.appspot.com 是支持的）。

注意，读者在编写这段代码模块时，需要把标签“某人的日记”修改为一个自己的标签，否则大家共用同一个标签会导致日记数据混乱和被覆盖。

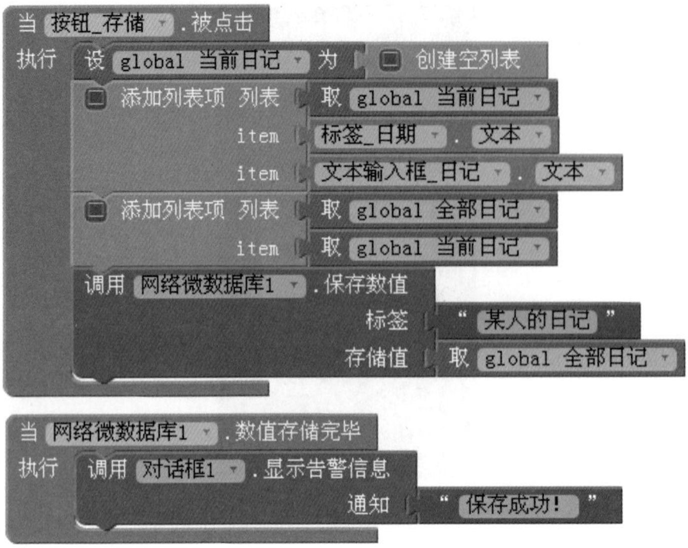

图 10.17　存储日记

3. 获取全部日记

从网络数据库中取回全部日记很简单，通过标签获取数据，并赋给全局变量“全部日记”即可。列表“全部日记”的长度就是日记的篇数，合成为需要的文本后通过标签显示出来，如图10.18所示。

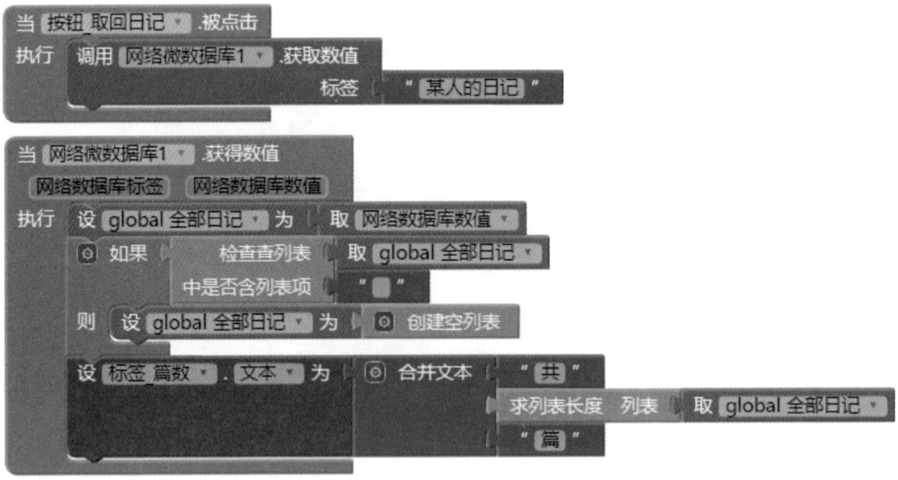

当网络微数据库获取某个标签对应存储的值时，如果这个标签不存在，则返回""，如果把该值当作列表来看，则是包含一个列表项""的列表，长度为1。这和空列表是有区别的，空列表中不包含任何列表项，长度为0。

图 10.18　取回全部日记

4. 查看上一篇 / 下一篇日记

查看上一篇和下一篇日记都需要把日记的内容显示出来，这部分定义为一个“显示当前日记”过程，根据当前日记的位置从列表中找出相应的记录并显示在屏幕上。具体代码模块如图10.19所示。

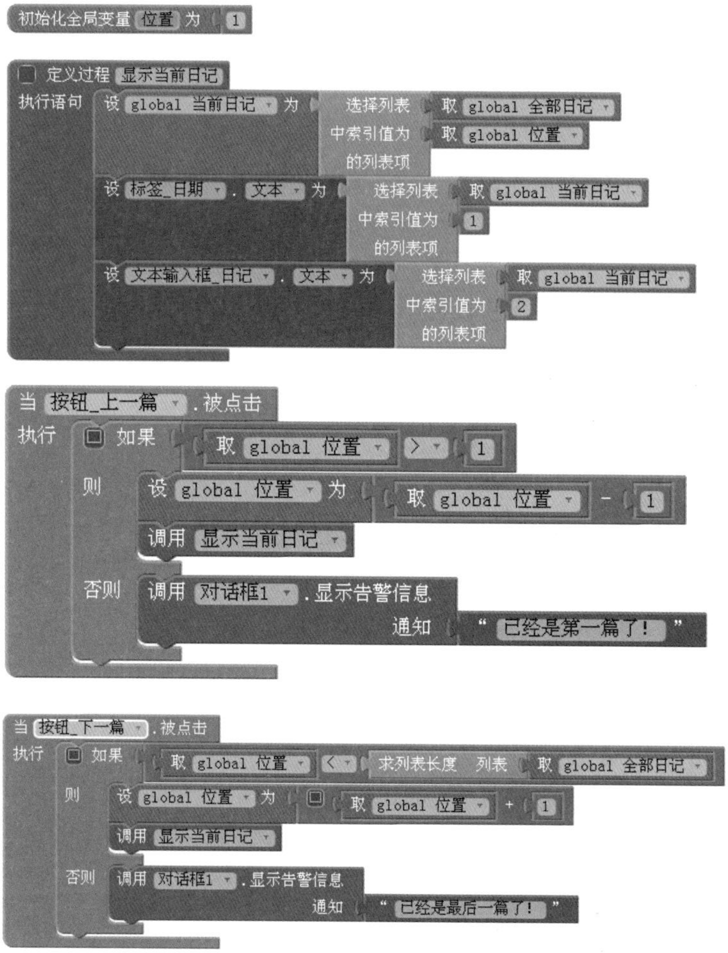

图 10.19　查看日记

5. 清除全部日记

出于安全性的考虑，“网络微数据库”组件没有提供“清除数据”方法，所以不能直接删除日记信息。这里的“清除全部日记”采用了一个间接方法，就是把“某人的日记”这个标签对应的值修改为空，这样就相当于删除了具体信息。具体代码模块如图 10.20 所示。

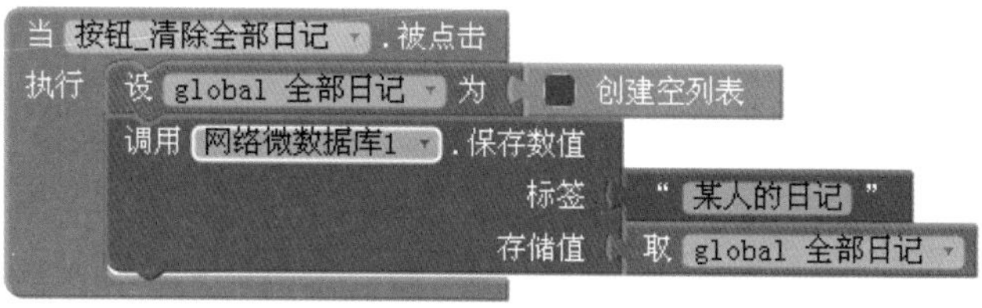

图 10.20　清除全部日记的代码模块

6. 完善 App

当进入日记屏幕时，初始化时应该先取回所有日记，这样在存储新日记时会在原有的日记列表中加入一个新的单元项，否则全部日记列表中就只有新增的那条日记记录，原来的日记记录就丢失了。

当日记数据被取回后，“网络微数据库”组件会触发“获得数值”事件，执行相应的事件处理器中的代码，更新日记的篇数，如图10.21所示。

另外，一个好的习惯是为软件加上一些异常处理代码模块，比如服务器不能访问时，需要给出相应的提示。如图10.22所示，当发生Web服务故障时显示告警信息。

图 10.21　完善 App 的代码模块

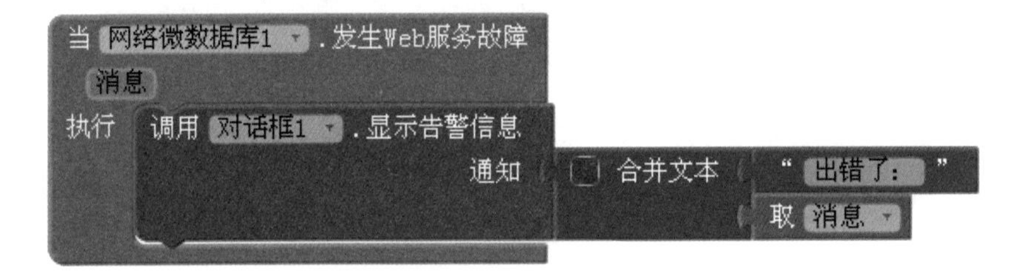

图 10.22　异常处理

微视频
拍照功能设计与实现讲解

7. 返回

当点击“返回”按钮时关闭当前屏幕，如图10.23所示。

图 10.23　返回功能实现

10.3.5　拍照功能

新建一个屏幕，取名为“Screen_Photo”，具体组件设计效果如图10.24所示，详细参数如表10.7所示。

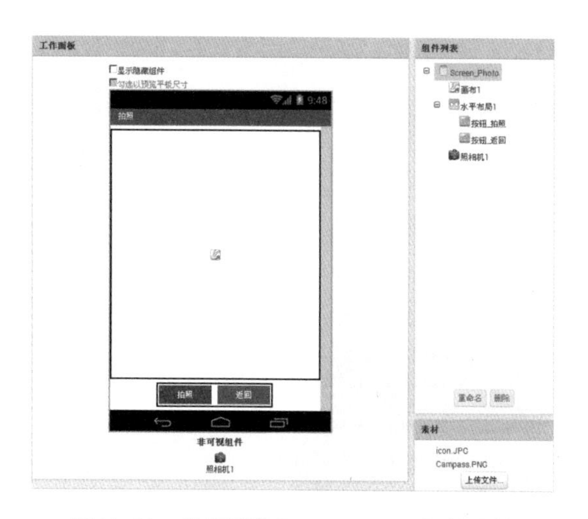

图 10.24　拍照屏幕Screen_Photo组件设计

表 10.7　拍照屏幕Screen_Photo所有组件的说明及属性设置

组件	所在组件栏	用途	命名	属性设置
Screen	—	应用默认的屏幕，作为放置其他所需组件的容器	Screen_Photo	标题：拍照
画布	绘图动画	显示用户拍摄的照片	画布 1	高度：充满 宽度：充满
水平布局	界面布局	将组件按行排列	水平布局 1	背景颜色：透明
按钮	用户界面	用于调用相机进行拍照	按钮_拍照	背景颜色：蓝色 宽度：25 percent 文本：拍照 文本颜色：白色
按钮	用户界面	用于关闭屏幕	按钮_返回	背景颜色：红色 宽度：25 percent 文本：返回 文本颜色：白色
照相机	多媒体	用户拍照	照相机 1	

1. 拍照

“照相机”组件是非可视化组件，可以使用设备中的照相机进行拍照。拍照结束后将触发“拍摄完成”事件，照片保存在设备中，其文件名将存放在事件处理器的“图像位址”参数中，如图10.25所示。在本例中，当拍摄完成时，把“图像位址”参数的值赋给画布的“背景图片”属性，这样画布就能直接显示刚才拍摄的照片。

2. 返回

当点击“返回”按钮时关闭当前屏幕，如图10.26所示。

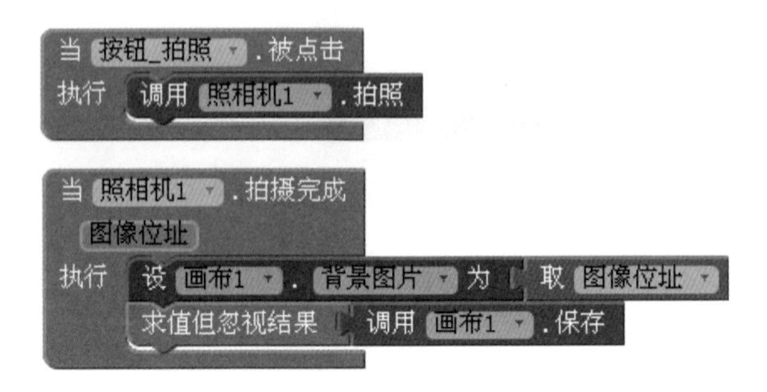

图10.25 拍照功能实现

图10.26 返回功能实现

练习与思考题

1. 讨论、分析“微数据库”组件和“网络微数据库”组件的异同，并说明二者分别在什么场景使用比较合适。
2. 调用“网络微数据库”组件的“保存数值”方法时，如果标签不存在，则会新建这个标签和存储值的键值对；但如果标签已经存在，则会用新的存储值覆盖原来的值。结合这个操作，谈谈网络微数据库的安全性。
3. 当调用“网络微数据库”组件查询某个标签所对应的存储值时，如果标签不存在，会返回什么？
4. 如果要开发一个“通讯录”App，每个用户都包括姓名、单位、电话号码、E-mail、QQ号等信息，应该设计怎样的数据结构来存储这些信息？
5. 采用“网络微数据库”组件存取数据时，为什么建议实现“发生Web服务故障”事件处理器？
6. 比较在室内和室外获取地理位置信息在速度上有什么差异，造成这个差异的主要原因是什么？

实验

1. 行动起来，根据“安安爱旅游”App的教程，自己动手实践一遍，感受整个过程。

2. 多媒体组件栏中有多种组件，除了照相机组件和音效组件外，还有摄像机、音频播放器、录音机、视频播放器等，使用方法都很简单。利用录音机组件开发一个“复读机”App，实现录音并保存、播放录音等功能。

3. 设计开发一个“网络游戏排行榜”App，每次可以输入一个表示得分的整数和玩家的姓名，确定后存储在网络数据库中，并能显示分数排行榜（分数最高的5项，不足5项全部显示）。例如：

   15091　张三

   14005　李四

   3435　王五

   3432　郑六

   257　赵七

第11章 安安的股市

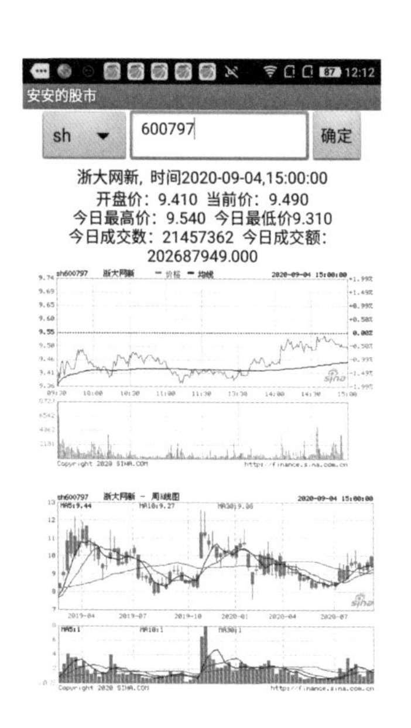

本章以“安安的股市”小应用为例，主要展示如何通过Web服务来获取特定软件功能，实现基于服务的开发。

本章要点

（1）掌握如何利用网络API进行软件开发。

（2）使用“Web客户端”组件访问网络服务。

（3）掌握JSON数据解析方法。

（4）了解基于服务的软件开发。

教学课件
第11章教学课件

微视频
“安安的股市”App
运行演示

案例apk
“安安的股市”apk
安装文件

11.1 “安安的股市”案例演示

“安安的股市”案例演示如图11.1所示。

（1）打开App的首页。

（2）输入sh600797，查看浙大网新股票信息。

（3）在下拉列表框中选择交易所。

（4）查看深交所的sz002230科大讯飞股票信息。

（5）如果输入的股票代码不对，给出错误提示。

（a）主界面

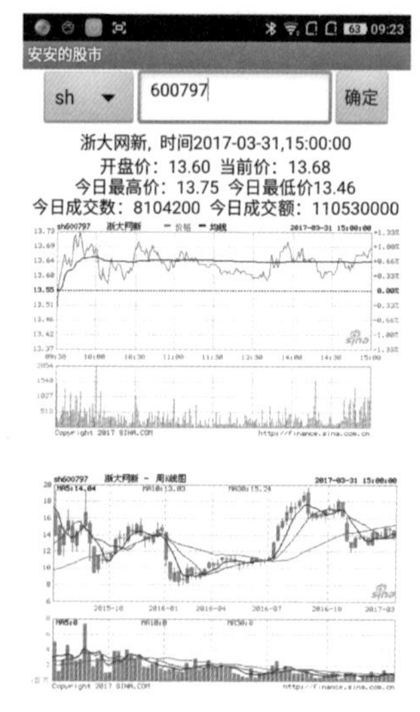

（b）股票信息

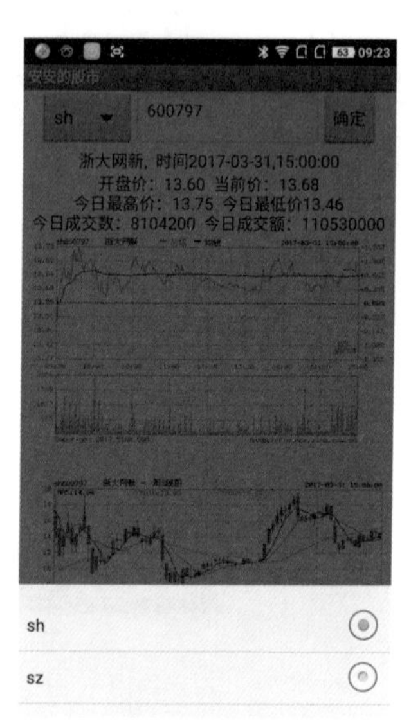

（c）选择交易所

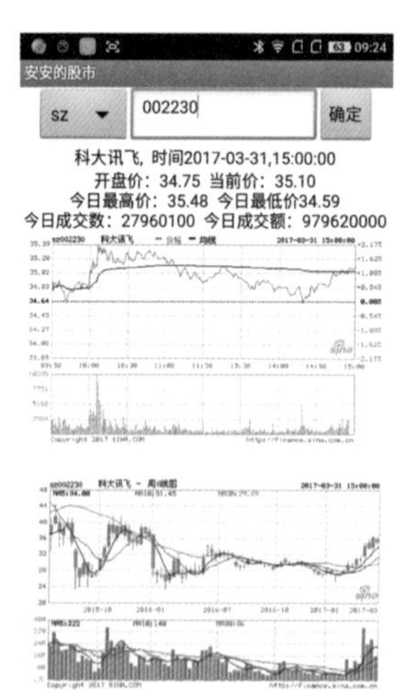

（d）股票信息

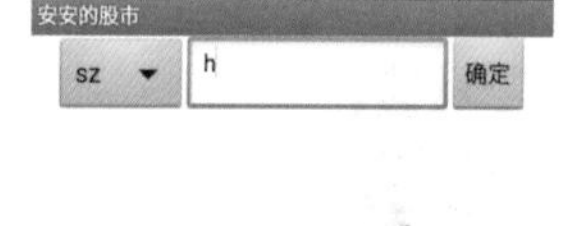

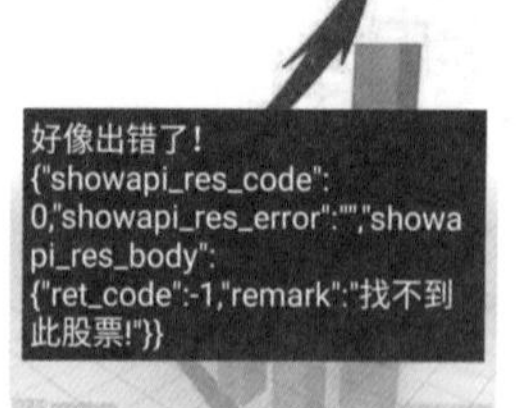

（e）股票代码出错

图11.1 “安安的股市”案例演示

11.2 “安安的股市”组件设计

微视频
组件设计讲解

11.2.1 素材准备

通过“安安的股市”应用的演示，读者可以对该应用的界面、交互和行为都有所了解。为了实现这个效果，需要准备的素材只有一张图片：icon.jpg（图标图片，同时也作为屏幕中间图片），如图11.2所示。该素材可以在本案例实验资源包中找到，也可以换成自己喜欢的图像文件。

案例素材
“安安的股市” App
的素材资源文件包

图 11.2 “安安的股市”资源文件

11.2.2 设计界面

新建一个项目，命名为“Stack”。把项目要用到的素材上传到开发网站后，就可以开始设计用户界面了。

按照图11.3所示添加所有需要的组件，按照表11.1所示设置所有组件的属性。

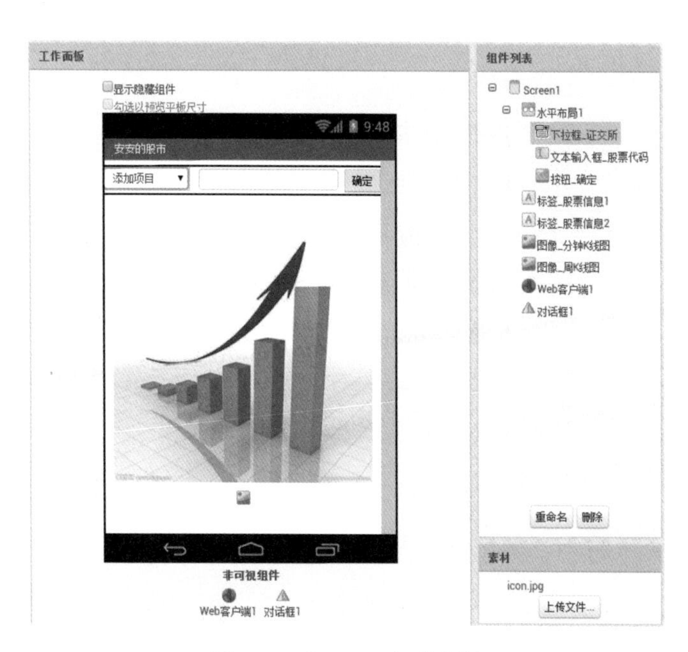

图 11.3 Screen1组件设计

表 11.1 Screen1屏幕所有组件的说明及属性设置

组件	所在组件栏	用途	命名	属性设置
Screen	—	应用默认的屏幕，作为放置其他所需组件的容器	Screen1	水平对齐：居中 AppName：安安的股市 图标：icon.jpg 屏幕方向：锁定竖屏 标题：安安的股市
水平布局	界面布局	实现内部3个组件水平排列布局	水平布局1	
下拉框	用户界面	选择上交所和深交所代码	下拉框_证交所	元素字串：sh,sz 选中项：sh
文本输入框	用户界面	输入股票代码	文本输入框_股票代码	提示：输入股票代码
按钮	用户界面	点击开始查询股票信息	按钮_确定	文本：确定
标签	用户界面	用于显示股票部分文字信息	标签_股票信息1	文本：空
标签	用户界面	用于显示股票部分文字信息	标签_股票信息2	文本：空
图像	用户界面	用于显示股票分钟K线图	图像_分钟K线图	图片：icon.jpg
图像	用户界面	用于显示股票周K线图	图像_周K线图	
Web客户端	通信连接	用于访问Web服务，获取股票信息	Web客户端1	
对话框	用户界面	用于显示异常信息	对话框1	

在文本输入框中设置了“提示”属性的值，当App运行时，如果文本输入框中的文字为空，就会显示灰色的提示文字。这种提示对用户使用比较有帮助。一个好的软件是不需要写一本厚厚的用户使用指南的，而应该是软件本身

就能在适当的场景提示用户如何操作，这样的软件才能称得上是用户友好的。

11.3　了解Web服务

微视频
Web服务讲解

11.3.1　股票查询API简介

股市信息一直在变化，交易数据并非存储在手机本地，因此不能像读取手机中的本地照片那样获得股票交易信息。使用过炒股软件的用户都知道，需要通过网络连接到远程的服务器才能获取实时信息。

股票交易信息复杂，一般开发者难以获取所有的实时交易数据，也缺乏相关技术处理这些海量数据，制作出各类K线图等常用看盘工具。其实开发软件时，未必所有功能都要由开发者独自全部实现，完全可以借助专业机构开发并发布在网络上的API（应用程序开发接口）来实现。这样只需要按照网络API的访问规范就可以实现所需要的功能，开发软件不再是一行代码一行代码地从零开始编写，而是可以像一个装配工一样，把所需要的功能集成在一起，就能开发出属于自己的软件。

本例就是基于阿里云市场的数据与API频道（https://market.aliyun.com/data）所提供的Web服务进行开发的。阿里云市场中提供了各类API服务，开发者可以从中查找自己所需的服务，按照访问接口要求就可以访问集成了，如图11.4所示。

图 11.4　阿里云市场

网络API可能会因服务提供商的业务调整而改变接口甚至停用。用户可以根据需求寻找合适的服务进行集成，调用方法和本例是相通的。

本例所使用的股票查询API可以查询最近一个交易日的股票信息，包括买卖价格、买卖份额、当天的大盘信息以及K线图等，这些信息通过JSON格式提供。具体的API简介主页地址为https://market.aliyun.com/products/57000002/cmapi010845.html#sku=yuncode484500003。

调用网络API服务需要了解一些具体的信息，如接口地址、请求方法和请求参数等，这些信息可以在API简介主页中找到。本例所使用的股票查询API为单支股票行情查询，基本信息如下。

接口地址：http://ali-stock.showapi.com/real-stockinfo。

请求方法：GET。

返回类型：JSON。

API 调用：API 简单身份认证调用方法（APPCODE）。

请求参数包括两部分：一部分是信息头（Headers），该API访问时需要提供AppCode，也就是API密钥；另一部分是请求参数（Query），这里需要提供股票代码code以及是否需要返回指数信息和K线图的参数。具体如表11.2所示。

表11.2　请求参数

名称	类型	是否必需	描述
code	STRING	必选	股票编码，如000002；也可以使用拼音首字母，如腾讯控股的股票代码是txkg
needIndex	STRING	可选	是否需要返回指数信息，1为需要，0为不需要
need_k_pic	STRING	可选	是否需要返回K线图地址，1为需要，0为不需要

11.3.2　API接口调试

股票查询Web服务提供了API调试工具，可以让开发者更加方便地了解和调用。当单击图11.5中的“去调试”按钮时，会进入API调试页面，如图11.6所示。

在API调试页面中输入code、needIndex和need_k_pic等参数值后，单击“发送请求”按钮，就会得到响应信息，也就是查询返回结果，具体如图11.6所示，然后就可以方便地查看这些结果了。

注：AppCode的值是和每个开发者账号绑定的，当注册成为阿里云用户且登录后，就会自动获取当前登录用户的AppCode值。

图 11.5　调试工具

图 11.6　API 调试页面

11.4 “安安的股市”行为编辑

微视频
Web服务调用讲解

对股票查询Web服务有了初步了解后，开发“安安的股市”应用需要解决如下几个问题。

（1）如何发起查询股票信息的请求，让请求信息符合要求？

（2）如何处理返回的数据，分解出所需要的数据？

（3）如何将数据呈现给用户？

下面将围绕这些问题逐个解决，最终完成App的开发。

11.4.1 选择证券交易所代码

国内的证券主板交易市场主要有上海证券交易所和深圳证券交易所，分别简称为上交所和深交所。在采用的网络服务查询接口可以直接通过股票代码查询，比如“科大讯飞”是002230，无须指明是哪个交易所的股票。传统模式是上交所的股票代码要加上前缀“sh”，深交所的要加上前缀“sz”，合成为所提交的股票代码，如“sz002230”。股票代码可以通过文本输入框输入，但为了方便用户输入，本例采用“下拉框”组件让用户直接选择“sh”或“sz”。下拉框有一个“元素字串”属性，在其中输入一个文本字符串，每一项用英文逗号分隔开，如“sh,sz,hz”，那么这个字符串就会被分解为3项，下拉框下拉时就会有3个选项出现。“列表选择框”、“列表显示框”组件中的“元素字串”属性都可以采用类似的方法来填充选项。当选择完成后，本例采用了一个变量“证交所”来保留所选择的内容，供后面合成请求文本之用。实现代码如图11.7所示。

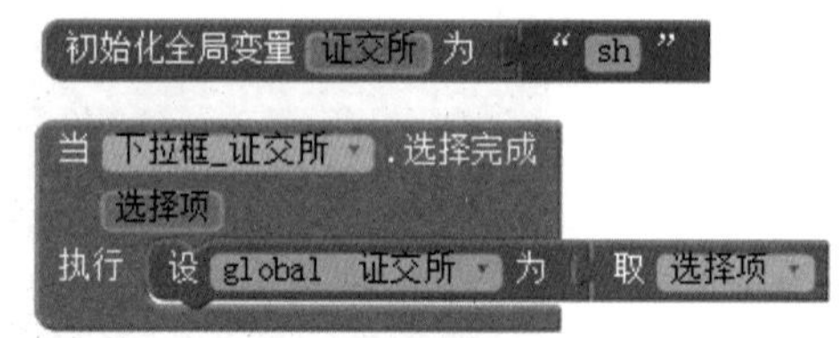

图 11.7　选择交易所代码

11.4.2　合成Web服务请求

访问股票Web服务需要通过网络发起请求。“Web客户端”是一个非可视化组件，可以通过它来发起Web请求并接收返回数据。

发起Web服务请求需要遵循一定的规范，除了必需的服务标识（URI，统一资源标识，全球唯一）外，还要加上必需的参数。本例所访问的服务请求接口是http://ali-stock.showapi.com/real-stockinfo。访问这个接口还需要加上参数信息。此处有3个请求参数：code、needIndex和need_k_pic，其含义解释如表11.2所示。本例目前只是查询单只股票信息，不需要显示大盘指数，所以将needIndex参数设为0，need_k_pic设为1。例如，要访问“科大讯飞”的股票信息，请求如下：http://ali-stock.showapi.com/real-stockinfo?code=sz002230&needIndex=0&need_k_pic=1。

通过合成“证交所”变量值和文本输入框中的文本，最终形成满足要求的请求文本。具体如图11.8所示。

11.4.3　加上服务请求头

除了网址外，很多Web服务还会校验请求的合法性，以确定是不是授权访问。阿里云市场中的服务大多要求提供AppCode，这个AppCode就是开发者的

图 11.8　合成 Web 服务请求网址

身份代码，只要是阿里云的注册用户，登录后都能看到自己的AppCode值。

股票Web服务需要在请求头中提供开发人员的AppCode。在设置请求头时需要注意请求格式，要采用二级列表的形式提供，即参数是一个列表，这个列表中的每一个单元项也是一个列表，在第二级列表中有两个单元项，以“键-值”对的形式存在，即分别是关键字和值。如图11.9所示，第二级列表的第一个单元项内容是“Authorization”，第二个单元项内容是“APPCODE+半角空格+APPCODE值”。注意，这里大小写敏感，不能替换使用。

创建列表　创建列表　" Authorization "
" APPCODE 56b16bb395bd470093e48328f0483c88 "

图 11.9　请求头的二级列表

之所以要采用二级列表模式，是因为请求头中可能有多组参数，每一组就是一个参数的“键-值”对。

设置好请求头和网址后，就可以调用Web客户端的“执行GET请求”方法获取Web服务了。具体实现代码如图11.10所示。

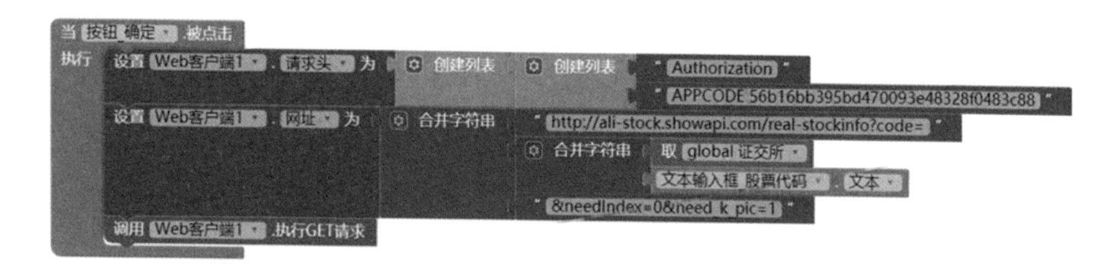

图 11.10　服务请求处理

11.4.4　分析接收到的数据

微视频
分析接收的信息
讲解

当发出Web服务的GET请求后，Web客户端将接收到返回的信息。

Web客户端有一个“保存响应信息”属性，如果选中（值为true），则当收到返回信息时会把返回信息保存为一个文件，激活Web客户端的“获得文件”事件，转入“获得文件”事件处理器。如果没有勾选“保存响应信息”属性，那么一旦收到返回信息，就会触发Web客户端的“获得文本”事件，从而转入“获得文本”事件处理器。在本例中将处理“获得文本”事件，如图11.11所示。

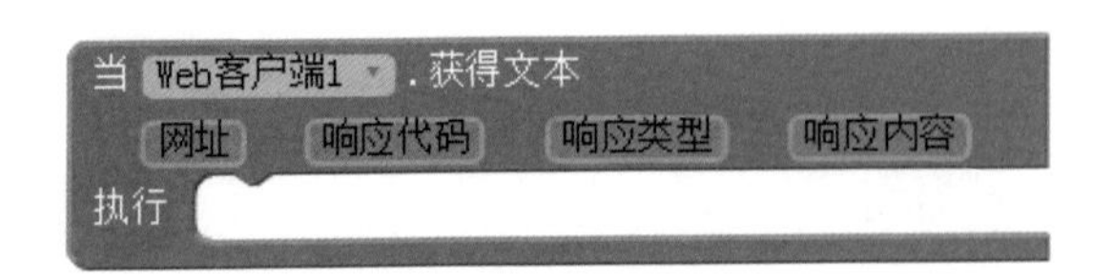

图11.11　Web客户端的“获得文本”事件处理器

Web客户端的“获得文本”事件处理器有4个传入参数。通过响应代码可以判断服务调用的结果。如果一切正常，数据成功返回，响应代码是200，但如果有问题则会是其他值。例如，当请求不合法时，响应代码是400；未授权代码，响应代码为401；未发现请求的资源时，响应代码是404；服务不可用时，响应代码是503。

如果判断响应代码是200，访问正常后，就要开始处理“响应内容”了。本例所访问的股票Web服务通过GET请求返回的是JSON格式的数据。

以“科大讯飞”(股票代码：sz002230)为例，请求服务后返回的JSON格式的数据如下：

{
"showapi_res_error":"",
"showapi_res_code":0,
"showapi_res_body":{
"remark":"",
"ret_code":0,
"k_pic":{
"monthurl":"http://image.sinajs.cn/newchart/monthly/n/sz002230.gif ",
"minurl":"http://image.sinajs.cn/newchart/min/n/sz002230.gif ","

```
                    “weekurl":"http://image.sinajs.cn/newchart/weekly/n/
                    sz002230.gif ",
                    "dayurl":http://image.sinajs.cn/newchart/daily/n/
                    sz002230.gif
                    },
"stockMarket":{
                    "tradeNum":"29861931",
                    "todayMax":"37.200",
                    …        //省略若干行，只列出后面用到的数据
                    "openPrice":"36.790",
                    "nowPrice":"36.980",
                    "date":"2020-09-04",
                    "time":"15:00:00",
                    "name":"科大讯飞”，
                    "tradeAmount":"1098047763.110",
                    "todayMin":"36.380",
                    "code":"002230",
                    "market":"sz",
                    }
            }
}
```

这些JSON格式的返回数据看上去非常复杂，下面对其做简要分析。

11.4.5　JSON数据格式简析

微视频
JSON数据解析讲解

JSON（JavaScript object notation）是一种轻量级的数据交换格式。JSON采用完全独立于语言的文本格式，这一特性使得JSON成为理想的数据交换语言，易于人们阅读和编写，同时也易于机器解析和生成。JSON语法是JavaScript对象表示语法的子集，主要格式规则如下。

（1）数据在键值对中。

（2）数据由逗号分隔。

（3）花括号保存对象。

（4）方括号保存数组。

JSON 值可以是以下类型。

（1）数字（整数或浮点数）。

（2）字符串（在双引号中）。

（3）逻辑值（true 或 false）。

（4）数组（在中括号中）。

（5）对象（在花括号中）。

（6）null。

JSON简单说就是JavaScript 中的对象和数组，所以JSON的数据结构就是对象和数组两种结构，通过这两种结构可以表示各种复杂的结构。

（1）对象：对象在JavaScript中表示为由花括号“{}”括起来的内容，数据结构为 {key: value,key: value,…} 的键值对结构，key为对象的属性，value为对应的属性值，这个属性值的类型可以是数字、字符串、逻辑值、数组、对象等几种。

（2）数组：数组在JavaScript中表示为由中括号“[]”括起来的内容，数据结构为 ["java", "javascript", "vb",…]，数组中的每个元素由逗号“,”分隔开，取值方式和其他语言一样，通过索引（位置）获取，字段值的类型可以是数字、字符串、逻辑值、数组、对象等几种。

11.4.6　找到需要显示的内容

微视频
筛选要显示的数据讲解

下面对照图11.1，分析一下需要在App中显示的内容。

第一行显示的是股票名称和时间，第二行显示的是开盘价和当前价，第三行显示的是今日最高价和今日最低价，第四行显示的是今日成交数和今日成交额。这些信息都可以在"showapi_res_body"."stockMarket"中找到。而下面两幅图分别是分钟K线图和周K线图，这个可以在"showapi_res_body"."k_pic"中找到。因此需要从返回的响应内容中分解出相应的信息。具体实现信息分解和显示的代码模块如图11.12所示。

首先把Web客户端“获得文本”方法的“响应内容”参数经过JSON文本解码后赋给局部变量“网络接收信息”。

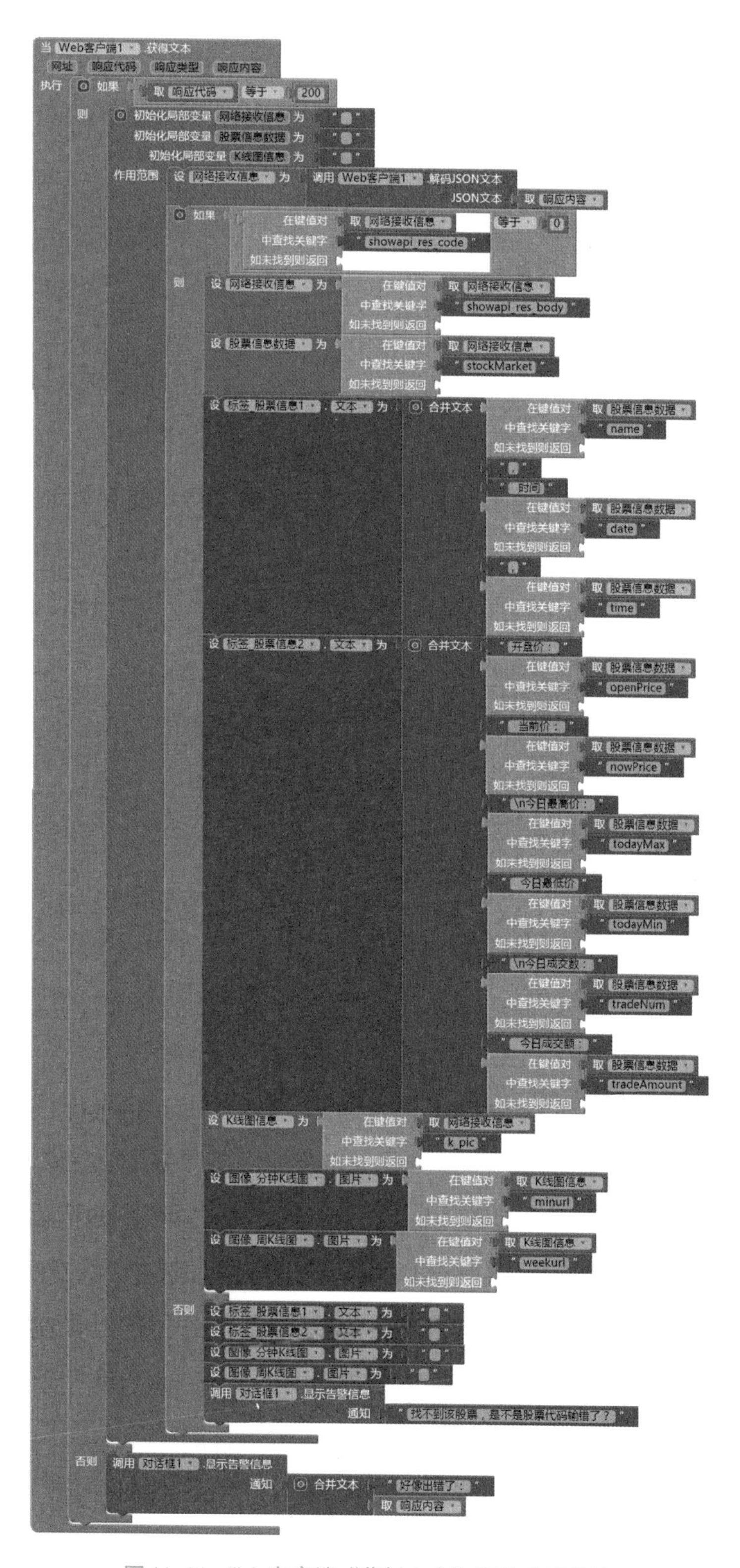

图 11.12　Web 客户端“获得文本”事件处理模块

JSON格式的文本难以直接访问操作，通过“Web客户端”组件提供的“解码JSON文本”方法，可以把传入的JSON格式文本变换成App Inventor更容易处理的列表格式。转换规则如下。

（1）JSON数组被转换为App Inventor中的列表。例如，JSON的数组[x, y, z]会被变换为App Inventor中的列表(x y z)。

（2）只含有一个属性值对（键值对）的JSON对象被转换为只有两个单元项的列表。例如，{totalNumber:47800}会被变换成列表(totalNumber 47800)。

（3）含有多个属性值对（键值对）的对象被转换为一个二级列表，其中每个列表项是一个只有两个单元项的列表。例如，{"name": "科大讯飞", "code": "002230", "date": "2017-03-31"} 会被转换为二级列表 (("name" "科大讯飞") ("code" "002230") ("date" "2017-03-31"))。

（4）经过对象、数组两种结构就组合成复杂的JSON数据结构，相应地被转换为多级列表。

这样所有的JSON数据就都可以通过App Inventor中的列表组件所提供的方法来处理了。

解码以后先在“网络接收信息”列表中查找关键字"showapi_res_code"所对应的值，这可以通过列表组件提供的“在键值对……中查找关键字……”方法来实现。如果没有出现错误，则"showapi_res_code"的取值为0。接下来要先取得"showapi_res_body"，然后再在"showapi_res_body"中找到"stockMarket"，最后才能在."stockMarket"中取得股票名称（关键字为"name"）、日期（关键字为"date"）等系列信息。这些信息被合成为两个文本，分别通过“标签_股票信息1”和“标签_股票信息2”组件显示出来。在“标签_股票信息2”组件的文本合成中实际显示有3行，这是在文本中加入换行符“\n”的缘故。

类似地，可以解析出K线图的信息。图像组件的“图片”属性除了可以关联到本地图片，也可以关联到网络图片，本例中的分钟K线图图像组件的图片实际就是经过解析得到的一个图片网址：http://image.sinajs.cn/newchart/min/n/sz002230.gif。

由于用户可能经常性地输错股票代码，因此最好进行出错预防和提示工作。当输入的股票代码有问题，找不到股票信息时，返回数据中的关键字"showapi_res_code"的值不会为0，因此可以在这里给出出错提示。

11.5　增强功能，一次查询多只股票

微视频
增强版案例展示

11.5.1　修改服务请求

如果想一次查询多只股票的信息，需要访问另一个提供批量查询的API服务接口，基本信息如下。

接口地址：http://ali-stock.showapi.com/batch-real-stockinfo。

请求方法：GET。

返回类型：JSON。

API调用：API简单身份认证调用方法（APPCODE）。

案例apk
"安安的股市"增强版apk安装文件

请求参数包括两部分：一部分是信息头（Headers），该API访问时需要提供AppCode，也就是API密钥；另一部分是请求参数（Query），这里需要提供股票代码code以及是否需要返回指数信息和K线图的参数。具体如表11.3所示。

表11.3　批量查询请求参数

名称	类型	是否必需	描述
needIndex	STRING	可选	是否需要返回当前4大股票指数（上证指数、深证成指、恒生指数、创业板指），1为需要，0为不需要
stocks	STRING	必选	股票编码。多个股票代码间以英文逗号分隔，最多输入10个代码。如果超出，系统只取前10个代码

由于是多只股票的信息，这时返回的JSON数据格式也与单只股票信息有所不同。例如，当向股票服务发出请求http://ali-stock.showapi.com/batch-real-stockinfo?needIndex=0&stocks=sz002230, sh600797时，JSON格式的响应文本如下：

```
{
    "showapi_res_code":0,
```

```
"showapi_res_error":"",
"showapi_res_body":{
        "ret_code":0,
        "list":[
                {
                "todayMax":"35.480",
                …           //省略若干行，只列出后面用到的数据
                "tradeNum":"27960100",
                "openPrice":"34.750",
                "date":"2017-03-31",
                "closePrice":"34.640",
                "time":"15:00:00",
                "name":"科大讯飞",
                "tradeAmount":"979620000.000",
                "todayMin":"34.590",
                "code":"002230",
                "nowPrice":"35.100",
                "market":"sz",
                },
                {
                "todayMax":"13.750",
                …           //中间省略若干行，只列出后面用到的数据
                "tradeNum":"8104246",
                "openPrice":"13.600",
                "date":"2017-03-31",
                "closePrice":"13.550",
                "time":"15:00:00",
                "name":"浙大网新",
                "tradeAmount":"110533673.000",
                "todayMin":"13.460",
```

```
                "code":"600797",
                "nowPrice":"13.680",
                "market":"sh",
                }
        ]
            }
}
```

这次返回的文本和上次返回的文本的不同点主要在于，这次有两只股票的信息，使得股票信息列表list的值由一对方括号包围，其中包含两个对象，每个对象是一只股票的信息，这样list就成为了一个数组。在App Inventor中，需要用“列表”来接纳这个数组，然后针对列表中的每一个元素进行处理。另外还有一点区别是，返回的文本中没有K线图信息。

11.5.2　修改界面

微视频
增强版界面开发
讲解

下面将对前面的例子稍作修改，主要修改点如下。

（1）去掉证交所代码的下拉框，改由用户直接在输入框中输入多个带证交所信息的股票代码。

（2）增加了4个切换股票的按钮，分别是“首条”、“上一条”、“下一条”和“末条”。点击它们可以浏览相应的股票信息。在组件设计阶段，新增的这4个按钮的“启用”属性都不勾选，即开始时都不启用。

这样每个组件的新功能可以直接从名字中体现出来。修改后的界面如图11.13所示。

11.5.3　一次查询多只股票信息的服务请求

微视频
处理多只股票信息
讲解

在App的文本输入框中可以一次输入多只股票的完整代码，如“sz002230，sh600797”，这里不需要再选择证券交易所，因此需要把这些内容合成为完整的网络请求。具体代码模块如图11.14所示。

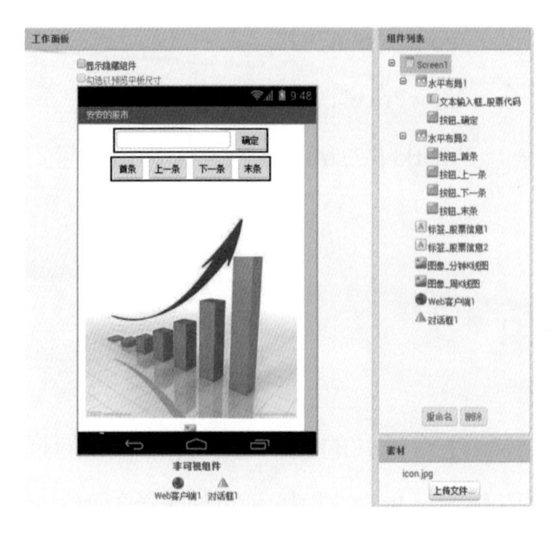

图 11.13　可输入多只股票代码的查询界面

图 11.14　一次查询多只股票信息的服务请求

11.5.4　处理多只股票信息的返回数据

在Web客户端获得文本后，处理思想基本和单只股票类似。但由于是包含多只股票的数据，因此定义一个列表型的全局变量“股票信息列表”，把从list中解析出的所有股票信息放进这个列表中。

此外，由于在App中一次只能显示某一只股票的信息，所以定义了一个变量“当前条”，用于标识当前App要显示的那只股票在所有股票列表中的位置。然后通过调用“显示股票信息”过程，就能显示当前位置的股票信息，如图11.15所示。

“显示股票信息”是一个自定义过程，带有一个参数“位置”，通过这个“位置”参数值来确定要显示的是股票信息列表中的哪一条，然后取出相应的数据赋给对应的组件属性。代码模块如图11.16所示。

虽然通过批量查询的API服务接口返回的数据中并没有K线图的信息，但通过分析可以发现，K线图其实是由http://image.sinajs.cn/newchart/提供的，因此只需按规定格式带入股票代码就能合成正确的访问网址。

图 11.15　处理多只股票信息的返回数据

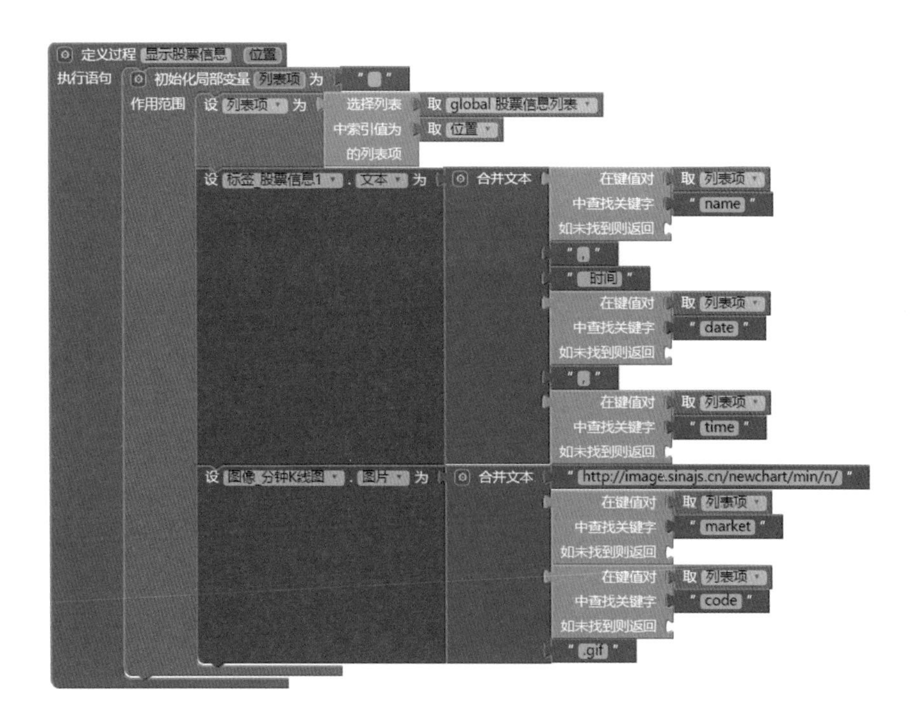

图 11.16　“显示股票信息”过程
（省略了显示“标签_股票信息 2”的文本构造模块和周 K 线图模块）

微视频
切换股票信息讲解

11.5.5 实现股票信息切换

由于已经定义了“显示股票信息”过程，把显示某只股票的信息代码模块都封装好了，因此只需调整过程的输入参数值就可以实现切换显示不同的股票信息。图11.17所示的4个按钮的点击事件处理器基本都可以按照先改变全局变量“当前条”的值，然后把“当前条”的值作为参数去调用“显示股票信息”过程的方式处理。

```
当 按钮_下一条 .被点击
执行 如果 取 global 当前条 < 求列表长度 列表 取 global 股票信息列表
     则 设 global 当前条 为 取 global 当前条 + 1
        调用 显示股票信息
              位置 取 global 当前条

当 按钮_上一条 .被点击
执行 如果 取 global 当前条 > 1
     则 设 global 当前条 为 取 global 当前条 - 1
        调用 显示股票信息
              位置 取 global 当前条

当 按钮_首条 .被点击
执行 设 global 当前条 为 1
     调用 显示股票信息
           位置 取 global 当前条

当 按钮_末条 .被点击
执行 设 global 当前条 为 求列表长度 列表 取 global 股票信息列表
     调用 显示股票信息
           位置 取 global 当前条
```

图 11. 17　可输入多只股票代码的查询界面

11.5.6 控制按钮状态

评判一个软件是否对用户友好有一些基本的规则，比如能否感知当前的状态、按钮是否可以自动调整等。

在本例中，如果只有一只股票，那么“上一条”、“下一条”、“首条”和“末条”这4个按钮其实都没有用，因为没有意义。如果有多只股票，当前条是第一条，那么“上一条”和“首条”是无意义的，应该设置为不可用，但其他两个按钮是有意义的，应该设置为可用。如果当前条是最后一条，则正好相反，“下一条”和“末条”应该设置为不可用，其他两个按钮应该设置为可用。

为了实现按钮状态的自动改变，定义一个过程“设置按钮状态”，内部处理就是根据股票列表的长度和当前条的值来设定4个按钮的可用状态。具体代码模块如图11.18所示。

最后，需要在合适的地方调用“设置按钮状态”过程。显然，在“显示股票信息”过程的最后加上调用语句是合适的，因为每次显示完当前条的股票信息后，正好判断一下当前状态，然后调整按钮的可用状态，这样就达到了增加用户友好性的效果，如图11.19所示。

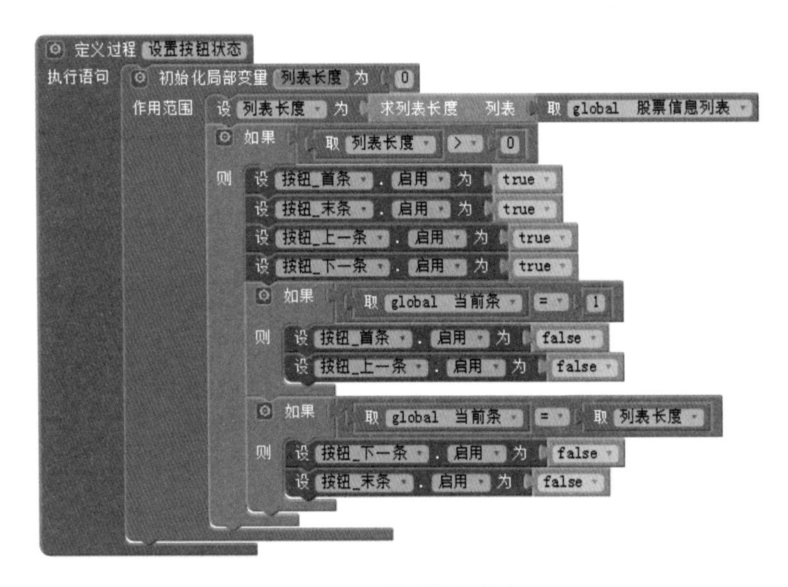

图 11. 18　控制按钮状态

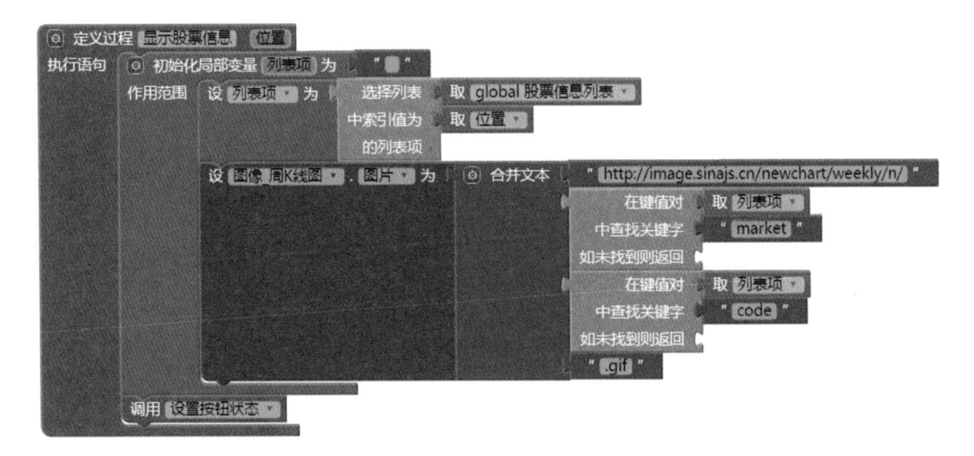

图 11. 19　调用“设置按钮状态”过程（省略了部分模块）

练习与思考题

1. 如何获取阿里云市场的AppCode？为什么有的API调用需要提供AppCode？
2. 案例中的股票Web服务请求头为什么必须采用二级列表？
3. 写出将以下JSON文本转换为App Inventor中列表的结果，并说明是几级列表。

```
{
    "errMsg": "success",
    "retData": {
            "stockinfo": [
                    {
                    "name": "科大讯飞",
                    "code": "sz002230",
                    "monthurl": "sz002230.gif "
                },
                {
                    "name": "浙大网新",
                    "code": "sh600797",
                    "monthurl": sh600797.gif "
                }
                ],
        "market": {
                "shanghai": {
                        "name": "上证指数",
                        "curdot": 3052.781,
                        "curprice": 14.644,
                        "turnover": 15656919
                    },
                "shenzhen": {
                        "name": "深证成指",
                        "curdot": 9988.25,
                        "curprice": 38.332,
```

```
                    "turnover": 21462936
                },
            }
        }
}
```

4. 在一次能查询多只股票的案例中，切换股票是通过按钮进行的。思考和讨论一下，如果希望通过划屏实现股票切换，比如从右往左划动切换到上一只股票，从左往右划动切换到下一只股票，该如何设计？

实验

1. 动手实践“安安的股市”App的开发和调试运行过程。

2. 设计和开发一款“天气预报”App，要求如下。

（1）在阿里云市场（或者其他地方）查找一个可用的天气预报Web API。

（2）基于查找到的天气预报Web API进行App的开发。

（3）能切换城市，并能显示具体的天气预报信息。

附录A 通过新浪SAE搭建网络微数据库服务

A.1 新浪云应用简介

新浪云应用（Sina App Engine，SAE）是国内较具影响力的公有云计算平台，支持PHP、Java、Python语言，提供Web应用/业务开发托管、运行所需的众多服务。新浪云应用的网址是http://www.sinacloud.com/sae.html，通过浏览器访问，首页如图A.1所示。

图A.1 新浪云应用首页

如果要新建自己的服务，需要通过新浪微博账号登录，如果没有微博账号，需要先注册。

用户登录后单击“进入控制台”按钮，会显示平台应用的基本信息，界面如图A.2所示。

图A.2 新浪云控制台

A.2 建立Python应用

A.2.1 新建Python应用

在应用管理中创建新应用，输入相关信息，运行环境选择Python 2.7的空应用，如图A.3所示。

图A.3 新建Python 2.7应用

建立成功后将进入代码管理页面，如图A.4所示。选择右边的SVN模式。代码管理模式选定后不能更改。

图A.4 选择SVN代码管理模式

代码仓库选择完毕后会进入代码管理页面，如图 A.5 所示。

图 A. 5　SVN代码仓库

此时新建的应用还没有部署过任何代码，需要创建一个版本。单击“创建版本”按钮，会提示输入版本号，这时保持版本号为1，以后如果有改动可以再增大版本号，如图A.6所示。

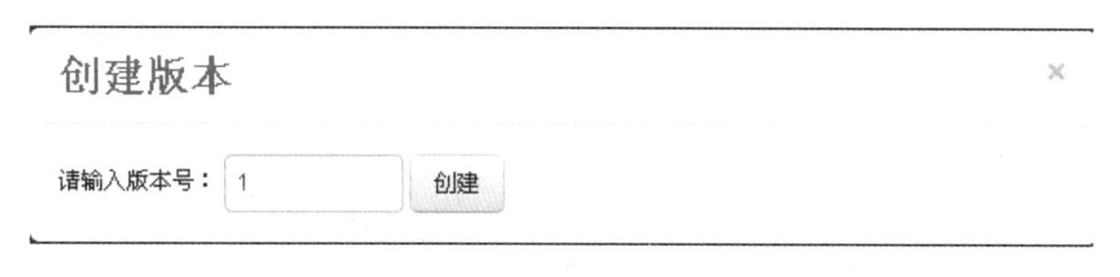

图 A. 6　新建版本

单击“创建”按钮后要求验证安全密码，输入登录密码即可，如图A.7所示。

安全登录

请输入您的安全密码以继续操作

安全认证

找回密码

关闭　安全验证

图 A. 7　输入安全密码

A.2.2　编辑Python代码

通过安全验证后，会看到一个版本为1的应用条目，给出了版本创建时间、链接等信息，并提供编辑代码、上传代码包和删除的操作链接，如图A.8所示。

图 A.8　代码管理

单击“编辑代码”链接，进入编辑页面，双击左侧文件列表中的“index.wsgi”文件，就可以在编辑器中编辑该文件的内容了，如图 A.9 所示。

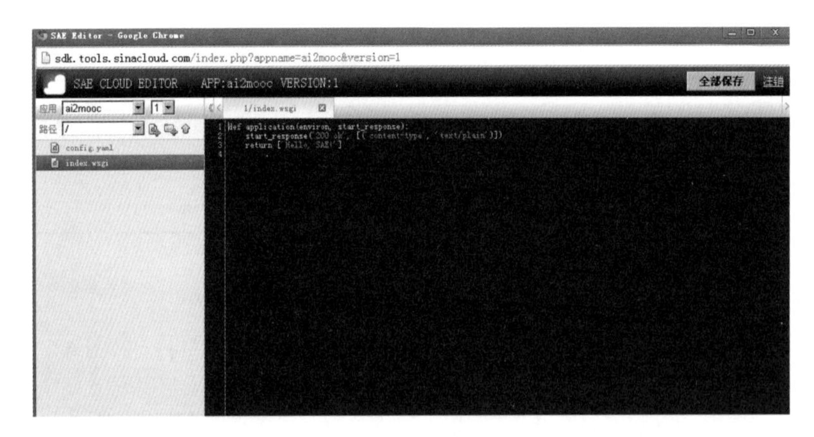

图 A.9　编辑代码

把 index.wsgi 替换为如下内容：

```
# -*- coding: utf-8 -*-
import sae
import web
import json
urls = (
        '/', 'Hello',
        '/storeavalue', 'StoreAValue',
        '/getvalue', 'GetValue'
        )
```

案例素材
index. wsgi

```
class Hello:
    def GET(self):
    return "Its Webservice for TinyWebDB, please call it through storeavalue or
getvalue"

class StoreAValue:
    def GET(self):
        return "ok"
    def POST(self):
        data=web. input()
        aitag=data. tag
        aivalue=data. value
        db=web. database(
                    dbn='mysql', host=sae. const. MYSQL_HOST,
                    port=int(sae. const. MYSQL_PORT),
                    user=sae. const. MYSQL_USER,
                    pw=sae. const. MYSQL_PASS,
                    db=sae. const. MYSQL_DB,
                    charset='utf8')
    results = db. select('test', where="tag='"+aitag+"'")
    if len(results)==0:
        db.insert('test', tag=aitag, value=aivalue)
    else:
        db. update('test', where="tag='"+aitag+"'", value=aivalue)
    result = ["STORED", aitag, aivalue]
    return json. dumps(result)

class GetValue:
    def GET(self):
        return "ok"
```

```
    def POST(self):
        data=web. input()
        aitag=data. tag
        db=web. database(
                                dbn='mysql', host=sae. const. MYSQL_HOST,
                                port=int(sae. const. MYSQL_PORT),
                                user=sae. const. MYSQL_USER,
                                pw=sae. const. MYSQL_PASS,
                                db=sae. const. MYSQL_DB,
                                charset='utf8')
        results = db. select('test', where="tag='"+aitag+"'")
        if len(results)==0:
            aivalue-None
        else:
            for a in results:
                aivalue=a.value
                result = ["VALUE", aitag, aivalue]
                return json. dumps(result)


app = web.application(urls, globals()).wsgifunc()
application = sae.create_wsgi_app(app)
```

替换后的代码编辑窗口如图A.10所示，单击“全部保存”按钮，关闭编辑窗口即可。如何编写这些Python代码已经超出了本书的讲解范围，有兴趣的读者可以查找Python程序设计的相关书籍和课程学习，在此不再详述。

至此，服务的Python代码已经部署完毕了，但目前还不能正常工作，因为还需要数据库的支持。

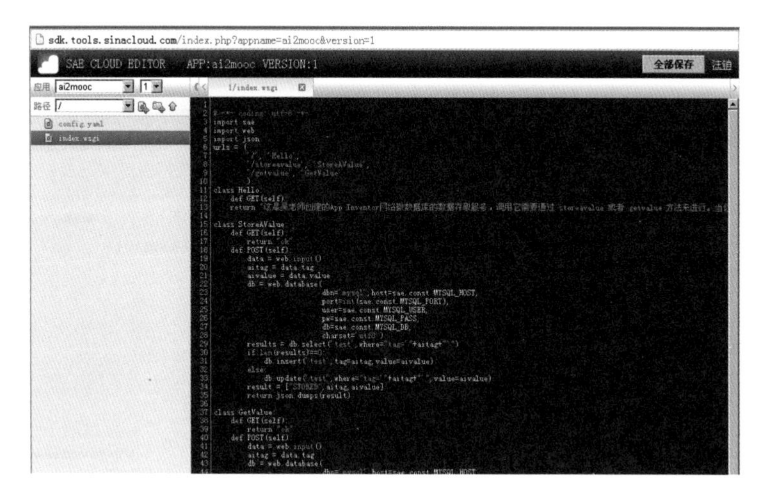

图A.10　替换后的代码

A.3　建立MySQL数据库

A.3.1　新建MySQL数据库

单击左侧菜单栏“数据库服务”菜单中的“共享型MySQL”选项，如图A.11所示，进入“共享型MySQL”页面，如图A.12所示。

图A.11　选择“共享型MySQL”选项

图A.12　“共享型MySQL”页面

首先要初始化MySQL数据库，成功后进入管理页面，如图A.13所示。

图A.13　初始化MySQL

A.3.2　建立数据表

单击“管理MySQL”链接，进入管理MySQL页面，提示需要新建一个数据表，如图A.14所示。

图A.14　新建表

表的名字取为test，字段数为2（这两个字段名都不能修改，因为前面的Python代码中会根据表名来访问，如果这里取了别的名字，那么Python代码也要做相应修改）。

两个字段信息如表A.1所示。设置界面如图A.15所示。

表A.1　字段信息

字段	类型	长度/值	索引	注释
tag	VARCHAR	255	PRIMARY	用于存储标签
value	TEXT			用于存储值

图 A. 15　表字段信息

设置完成后会提示表已经建立成功，并显示表信息页面，如图A.16所示。

图 A. 16　新建成功结果

A. 4　测试服务

至此，就完成了在SAE中创建App Inventor的“网络微数据库”组件可用的网络数据存取服务。下面进行初步测试。

打开浏览器，在地址栏中输入服务的网址http://1.ai2mooc.applinzi.com进行访问，把ai2mooc换为自己的应用名称。当浏览器中显示如图A.17所示的文字，说明新建的服务在正常运行，可以进一步测试数据存取是否可用。

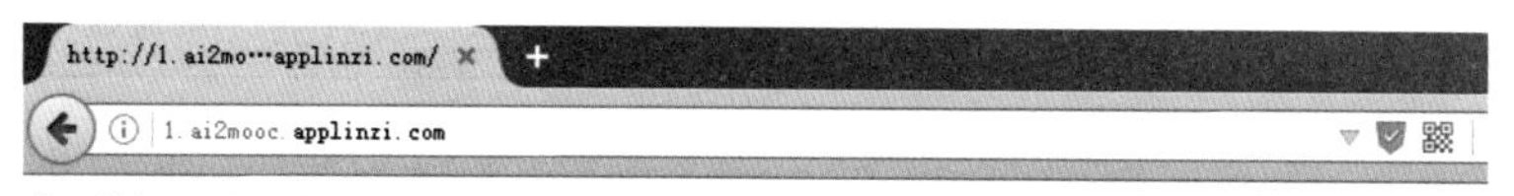

图 A. 17　访问服务

A.5 开发测试应用案例

这里开发一个简单的AI测试项目，用于测试服务的读写功能。

A.5.1 组件设计

组件设计比较简单，如图A.18所示。

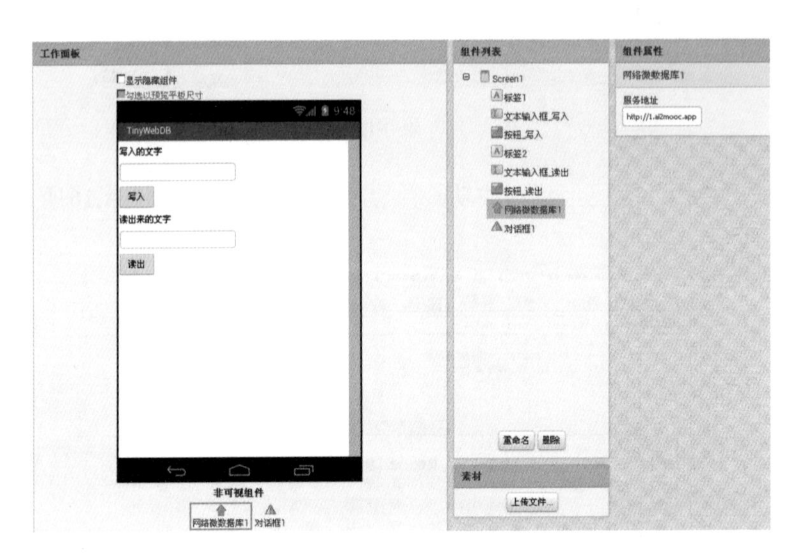

图A.18 测试项目组件设计

网络微数据库的服务地址设为http://1.ai2mooc.applinzi.com（自行测试时，修改为刚才搭建的应用服务地址）。

A.5.2 逻辑设计

逻辑设计的代码模块如图A.19～图A.21所示。

图A.19 写入数据的模块

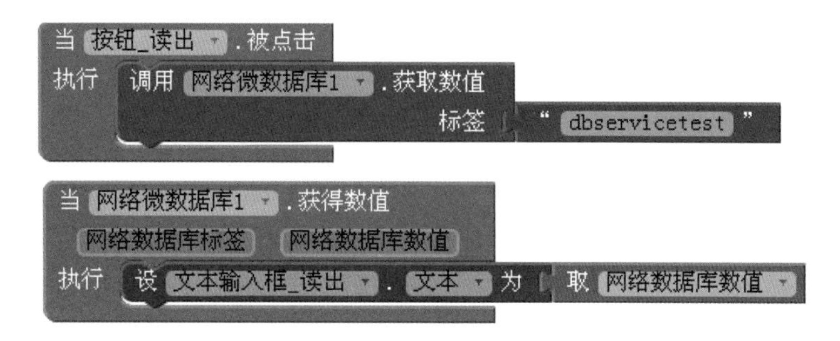

图A. 20　读出数据的模块

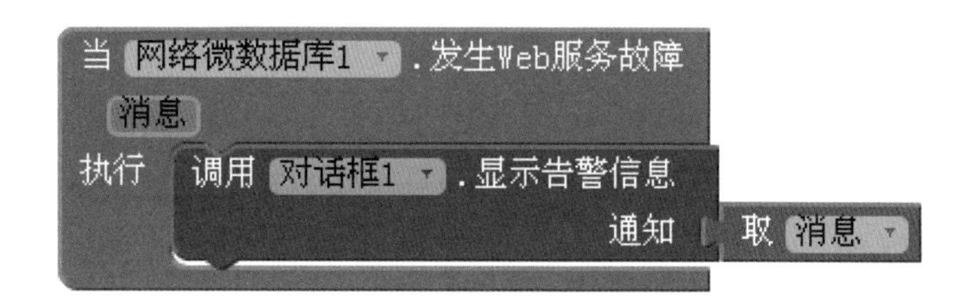

图A. 21　显示Web服务故障信息模块

A.5.3　案例运行和测试

在“写入的文字”文本框中输入“第一次测试”，点击“写入”按钮，提示“成功！”；点击“读出”按钮，在“读出来的文字”文本框中出现了刚才写入的文字，说明服务能正常工作，如图A.22所示。

图A. 22　测试App运行界面

附录B
安装和使用扩展组件

App Inventor开发平台已经提供了功能丰富的组件，而且这些组件还在不断扩展开发的过程中，可以预见，将来会有更多、更好用的组件被逐步集成到开发平台中。

现阶段，除了App Inventor的官方开发团队在开发组件，还有很多App Inventor爱好者也在开发新的组件来满足不同的需求，这些组件可能还不够成熟，没有被集成进官方开发平台，但如果要使用，也完全可以通过App Inventor提供的扩展功能加入开发者的项目中。App Inventor的开放性和可扩展性让App开发更加简单、强大。

B.1 App Inventor扩展组件

App Inventor的扩展组件官方网页的网址是http://appinventor.mit.edu/extensions，如图B.1所示，网页中列出了部分扩展组件，包括低功耗蓝牙组件BluetoothLE、触屏手势检测组件ScaleDetector等。

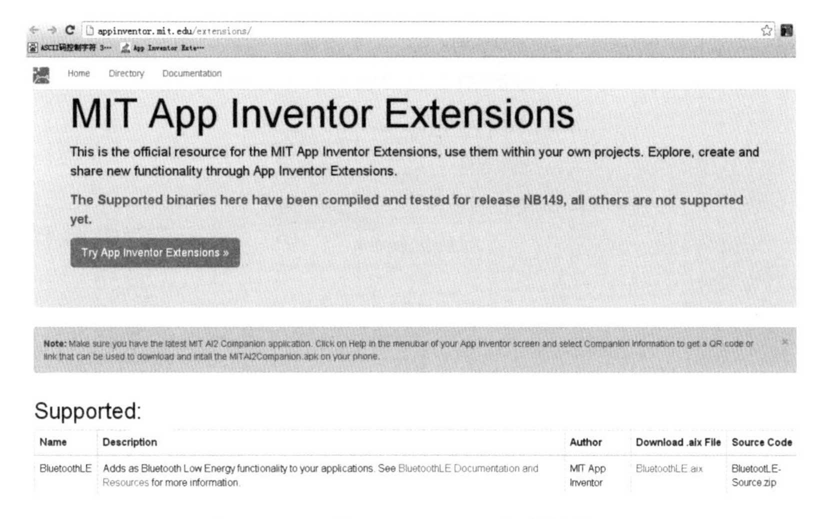

图B.1 MIT的App Inventor组件扩展页

此外，还有一些第三方开发的扩展组件，如在网址http://puravidaapps.com/extensions.php中收集了不少可用的扩展组件，包括账号管理扩展组件、粘贴板扩展组件等。有这方面需求的开发者可以加以利用。

B.2 安装和使用扩展组件案例：ScaleDetector

触屏手势检测组件ScaleDetector可以检测两个手指在屏幕上触摸的手势，是两指分开还是并拢，并可以针对这个手势编写相应的事件处理代码。下面将以ScaleDetector组件的安装和使用为例来进行说明。

B.2.1 下载和安装ScaleDetector扩展组件

（1）下载ScaleDetector组件的安装文件edu.mit.appinventor.ScaleDetector.aix。App Inventor的扩展组件安装文件是以aix为扩展名的。

（2）在App Inventor的组件设计页面的组件面板区域找到最后一栏Extension，单击Import extension链接，如图B.2所示。

图B.2 组件面板中的扩展项

（3）选择下载好的文件，单击Import按钮进行导入，如图B.3所示。

（4）可以为导入的组件重命名，或者保留原组件名称，如图B.4所示。

（5）单击“确定”按钮后就导入成功了，可以发现在组件面板的Extension栏中多了一个新的组件ScaleDetector，如图B.5所示。

至此，就可以使用扩展组件了，使用方式和App Inventor中自带的组件类似。

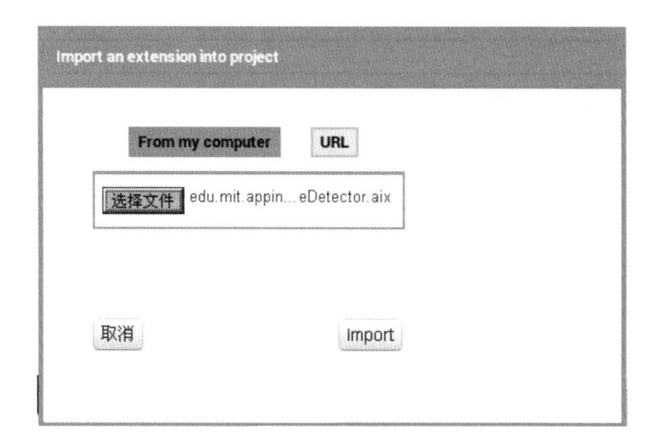

图B.3　导入下载的扩展组件安装文件

Rename extension

Extension name　ScaleDetector

取消　确定

图B.4　为扩展组件重命名

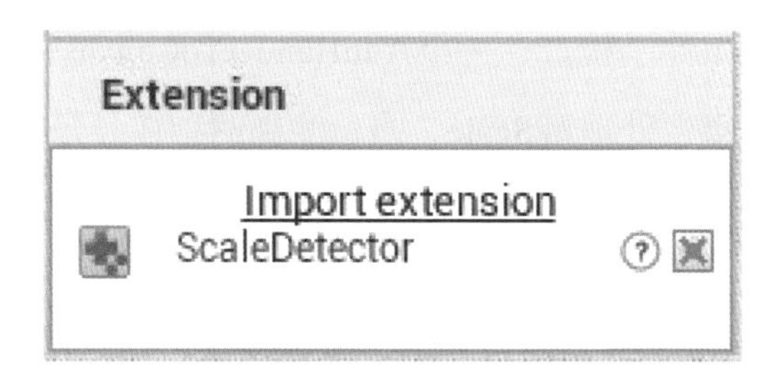

图B.5　已经导入的扩展组件栏

案例apk
ScaleDetector案例apk安装文件

B.2.2　ScaleDetector扩展组件使用案例

本例将简单展示ScaleDetector扩展组件的用法。案例App的运行效果如下：画布上有一个红色的小球，当检测到两指在合拢时，小球将变小；如果两指在分开，则小球变大。具体操作如下：

（1）新建一个项目，安装好ScaleDetector扩展组件。

注意：扩展组件是存在于某个具体项目中的，并不是在一个项目中安装一次就可以在其他所有的项目中使用。

（2）进行组件设计，如图B.6所示。

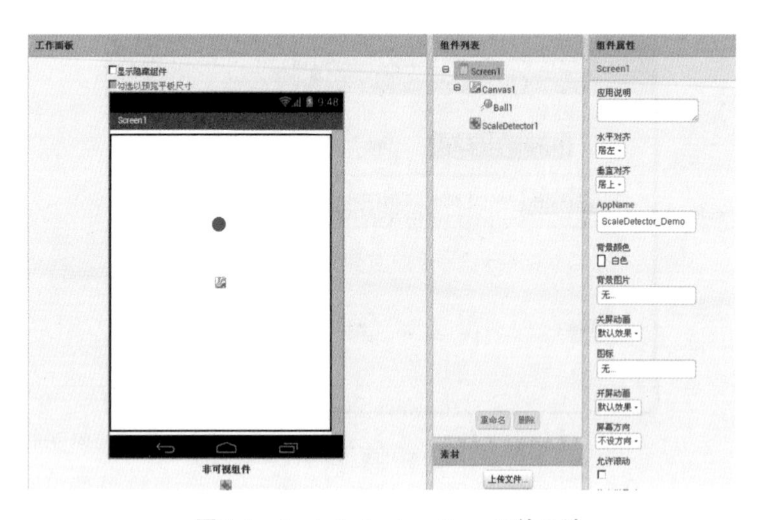

图B.6　ScaleDetector_Demo组件设计

在Screen1中有3个组件，分别是画布组件、球形精灵组件和ScaleDetector组件。画布组件的宽度和高度都设为充满；球形精灵组件的半径设为10，颜色为红色；ScaleDetector组件在组件设计阶段没有属性可以设置。

（3）编写逻辑行为代码。

ScaleDetector组件提供了一个MyCanvas属性，就是该组件所关联的画布组件，手势触摸需要在某个画布组件上检查；一个AddHanderToCanvas过程，即关联某个画布组件的过程；还有一个事件处理器Scale，当检测到两指在分开时，scaleFactor大于1，如果两指在合拢，则scaleFactor小于1，如图B.7所示。

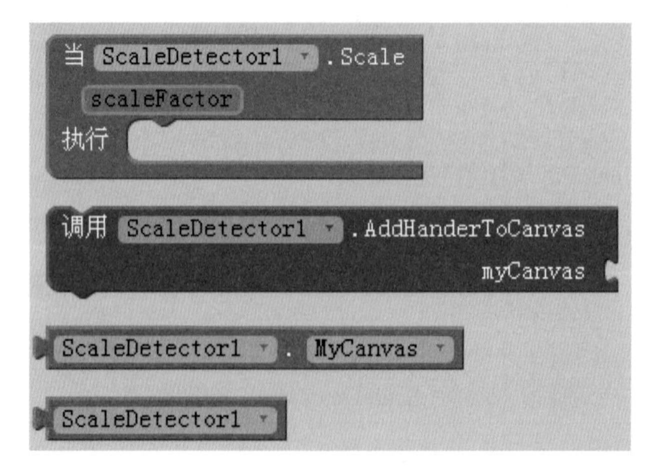

图B.7　ScaleDetector组件提供的关联模块

在屏幕初始化时，让ScaleDetector1组件和Canvas1组件关联，并初始化小球的状态。具体如图B.8所示。

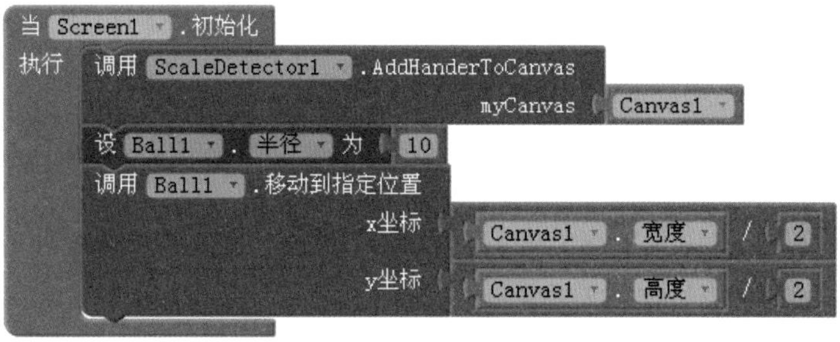

图B.8　屏幕初始化

当检测到两指之间的距离在变化时，如果是两指分开，则scaleFactor将大于1，让小球的半径增大；否则让小球的半径减小。具体代码模块如图B.9所示。

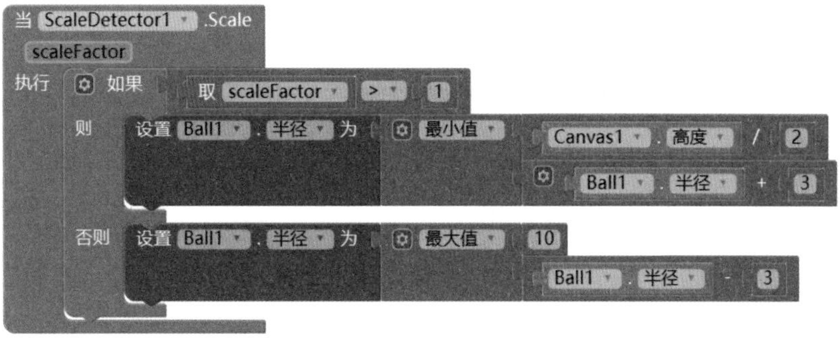

图B.9　处理两指手势变化

如果需要，可以触碰画布，重新设置小球的位置。具体代码模块如图B.10所示。

这样就完成了示例App的开发，可以打包安装运行了。打包安装过程和没有使用扩展组件的项目一样。

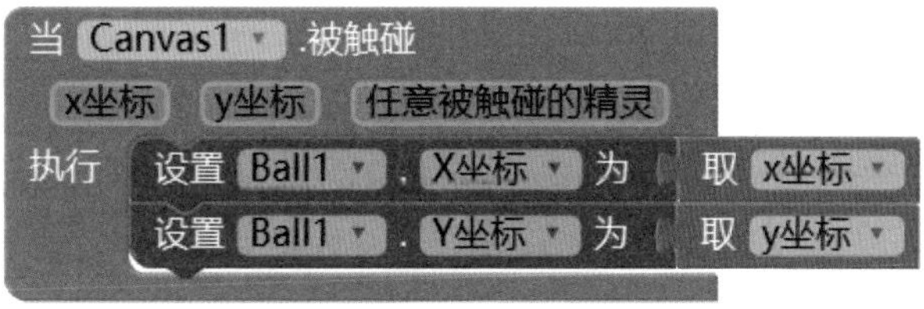

图B.10　设置小球位置

B.2.3　使用了扩展组件的项目文件发布

当App通过测试运行后，就可以发布使用了扩展组件的项目源文件（aia文件）了。这个过程也和没有使用扩展组件的项目源文件一样，可以通过“导出项目（.aia）”菜单功能导出项目源文件。其他用户可以像导入普通项目源文件一样直接将其导入，不需要提前安装这些扩展组件，因为项目中使用到的扩展组件已经被包含在aia文件中了，会自动导入。

B.3 删除扩展组件

如果要在一个项目中删除导入的扩展组件，只需要单击扩展组件旁边的☒按钮，就会弹出对话框询问是否需要删除，如图B.11所示。单击“确定”按钮后，扩展组件及相关的代码模块都会被删除。

图B.11 删除扩展组件

参考文献

［1］黄仁祥，金琦，易伟. 人人都能开发安卓App：App Inventor 2应用开发实战[M]. 北京：机械工业出版社，2014.

［2］王向辉，张国印，谢晓芹. 可视化开发Android应用程序：拼图开发模式App Inventor[M].北京：清华大学出版社，2014.

［3］Kloss J H. Android Apps with App Inventor: the Fast and Easy Way to Build Android Apps[M]. Boston: Addison-Wesley Professional, 2012.

［4］吴明晖. 面向计算思维的App Inventor课程建设与实践[J]. 杭州电子科技大学学报（自然科学版），2015, 35(2):93–97.

郑重声明

防伪查询说明

用户购书后刮开封底防伪涂层，使用手机微信等软件扫描二维码，会跳转至防伪查询网页，获得所购图书详细信息。

防伪客服电话　（010）58582300

网络增值服务使用说明

一、注册/登录

访问http://abook.hep.com.cn/，点击“注册”，在注册页面输入用户名、密码及常用的邮箱进行注册。已注册的用户直接输入用户名和密码登录即可进入“我的课程”页面。

二、课程绑定

点击“我的课程”页面右上方“绑定课程”，正确输入教材封底防伪标签上的20位密码，点击“确定”完成课程绑定。

三、访问课程

在“正在学习”列表中选择已绑定的课程，点击“进入课程”即可浏览或下载与本书配套的课程资源。刚绑定的课程请在“申请学习”列表中选择相应课程并点击“进入课程”。

如有账号问题，请发邮件至：abook@hep.com.cn。